机电专业新技术普及丛书

变频器实用技术（三菱）

主　编　王　建　徐洪亮
副主编　张　宏　李　伟　娄志勇　姚满庆　孙　胜
参　编　李迎波　汤　瑞　李卫东　王锡辉　李修霞
　　　　寇　爽
主　审　张　凯
参　审　王春晖

机 械 工 业 出 版 社

本书根据企业实际生产需要，结合典型项目的变频器及PLC，详细介绍了三菱FR-E700系列变频器的实用技术，且实例设计紧密联系生产一线。本书主要内容包括：变频器的基础知识、基本操作、基本应用、典型应用等。

本书内容取材于生产一线，实用性强，是电气自动化专业高技能型人才的培养用书，可作为企业培训部门、职业技能鉴定培训机构的教材，也可作为从事变频器应用及开发的工程技术人员的参考书，还可作为有关人员的自学用书。

图书在版编目（CIP）数据

变频器实用技术（三菱）/王建，徐洪亮主编. —北京：机械工业出版社，2011.5（2025.7重印）
（机电专业新技术普及丛书）
ISBN 978-7-111-34283-0

Ⅰ.①变…　Ⅱ.①王…②徐…　Ⅲ.①变频器　Ⅳ.①TN773

中国版本图书馆CIP数据核字（2011）第074289号

机械工业出版社（北京市百万庄大街22号　邮政编码100037）
策划编辑：朱　华　责任编辑：王振国　韩　静
版式设计：霍永明　责任校对：刘怡丹
封面设计：路恩中　责任印制：常天培
河北虎彩印刷有限公司印刷
2025年7月第1版·第16次印刷
184mm×260mm·13.5印张·332千字
标准书号：ISBN 978-7-111-34283-0
定价：35.00元

电话服务　　网络服务
客服电话：010-88361066　机　工　官　网：www.cmpbook.com
010-88379833　机　工　官　博：weibo.com/cmp1952
010-68326294　金　书　网：www.golden-book.com
封底无防伪标均为盗版　机工教育服务网：www.cmpedu.com

丛书编委会

前言

FOREWORD

随着经济全球化进程的不断深入，发达国家的制造能力加速向发展中国家转移，我国已成为全球的加工制造基地，这就凸显了我国高技能型人才严重短缺的现实问题，特别是对掌握数控加工技术以及自动化新技术的人员的需求变得越来越多，而很多工人碍于条件，无法到学校接受系统的数控加工技术以及自动化新技术的职业教育。此外，对于离开校园数年虽有一定工作经验的人员，但还需要进行充电，以适应新技术的发展需要。

为解决上述矛盾，丛书编委会组织一批学术水平高、经验丰富、实践能力强的企业、行业一线专家在充分调研的基础上，结合企业实际需要，共同研究培训目标，编写了这套机电专业新技术普及丛书。

本套丛书的编写特色有：

1. 坚持“以技能为核心，面向青年工人的继续充电、继续提高”为培养方针，普及企业和技术工人急需的高新技术，加快高技能人才的培养，更好地满足企业的用人需求。

2. 更注重实际工作能力和动手技能的培养，内容贴近生产岗位，注重实用，力图实现培训的“短、平、快”，使学员经过培训后即能胜任本岗位的工作。

3. 编写内容充分体现一个“新”字，即充分反映新知识、新技术、新工艺和新设备，紧跟科技发展的潮流，具有先进性和前瞻性。

4. 编写内容以解决实际问题为切入点，尽量采用以图代文、以表代文的编写形式，最大限度降低学员的学习难度，提高读者的学习兴趣。

本套丛书涉及数控技术和电气技术两大领域，是面向有志于学习数控加工、机电一体化以及自动控制实用技术的，并从事过相关工作的技术工人的培训用书，也适合有一定经验的工人进行自学或转岗培训之用。

我们希望这套丛书能成为读者的良师益友，能为读者提供有益的帮助！

由于时间和水平有限，书中难免存在不足之处，敬请广大读者批评指正。

编　者

目录
CONTENT

第一章 变频器的基础知识

第一节 变频器的结构

变频器是将固定频率的交流电变换为频率连续可调的交流电的装置。变频器技术随着微电子技术、电力电子技术、计算机技术和自动控制技术等的不断发展而发展，其应用越来越普及。变频器的外形如图 1-1 所示。

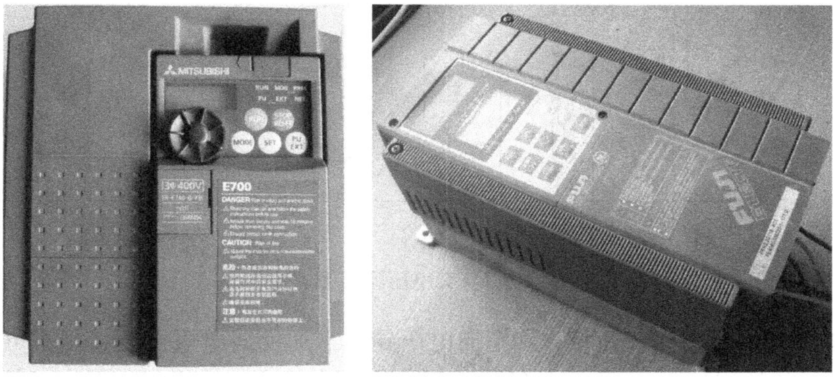

a)　　　　b)

图 1-1　变频器的外形

a）E700 系列三菱变频器　b）富士变频器

一、变频器的结构

通用变频器由主电路和控制电路组成，其基本结构如图 1-2 所示。主电路包括整流器、中间直流环节和逆变器。控制电路由运算电路、检测电路、控制信号的输入/输出电路和驱动电路组成。

1. 主电路

（1）整流电路　整流电路的主要作用是把三相（或单相）交流电转变成直流电，为逆变电路提供所需的直流电源。按使用的器件不同，整流电路可分为不可控整流电路和可控整流电路，如图 1-3 所示。

不可控整流电路使用的器件为电力二极管（PD），可控整流电路使用的器件通常为普通晶闸管（SCR）。

1）电力二极管（PD）：指可以承受高电压、大电流，具有较大耗散功率的二极管。电

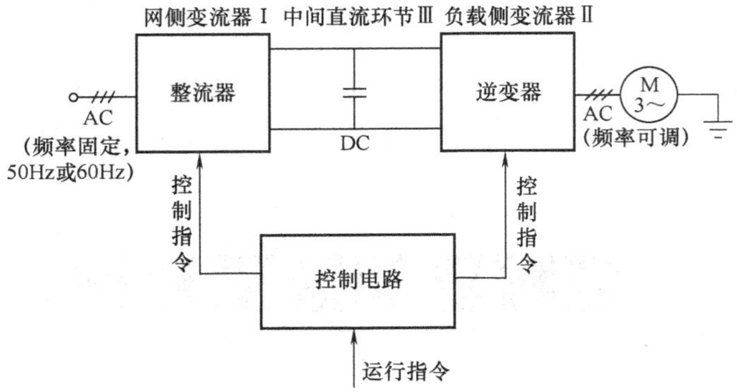

图 1-2　通用变频器的基本结构

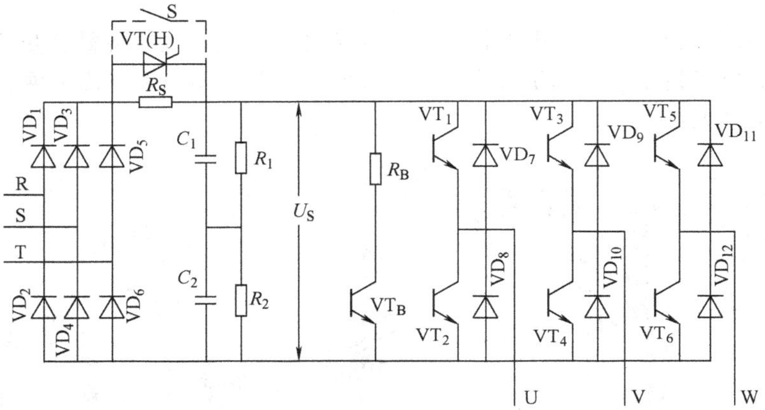

图 1-3　交-直-交电压型变频器主电路

力二极管的内部结构是一个 PN 结，加正向电压导通，加反向电压截止，是不可控的单向导通器件。电力二极管与普通二极管的结构、工作原理和伏安特性相似，但它们的主要参数和选择原则不尽相同。电力二极管的图形符号如图 1-4a 所示，其中，A 为阳极，K 为阴极，其伏安特性如图 1-4c 所示，其主要参数有正向平均电流 I_F、反向重复峰值电压 U_{RRM}、反向不重复峰值电压 U_{RSM}和正向平均电压 U_F 等。

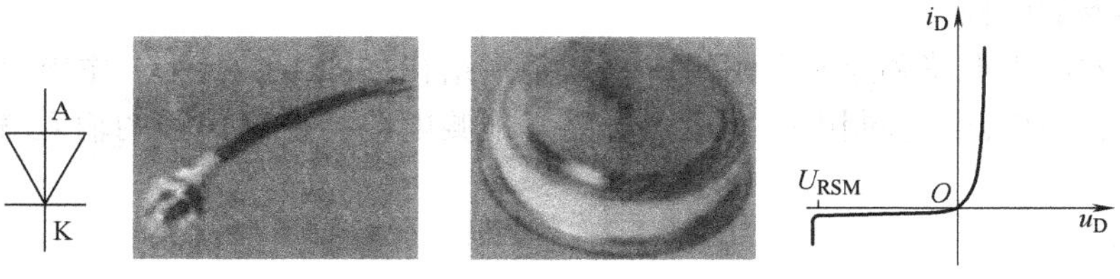

a)　　b)　　c)

图 1-4　电力二极管的图形符号、外形和伏安特性

a）图形符号　b）外形　c）伏安特性

2）普通晶闸管（SCR）：普通晶闸管是双极型电流控制器件，其图形符号如图 1-5a 所示，其中，A 为阳极，K 为阴极，G 为门极，其伏安特性如图 1-5b 所示。当对晶闸管的阳

极和阴极两端加正向电压，同时在它的门极和阴极两端也适当加正向电压时，晶闸管导通。但导通后门极失去控制作用，不能用门极控制晶闸管关断，所以它是半控型器件。它的主要参数有断态重复峰值电压 U_{DRM}、反向重复峰值电压 U_{RRM}、通态平均电压 $U_{T(AV)}$、通态平均电流 $I_{T(AV)}$、维持电流 I_H、擎住电流 I_L 和通态浪涌电流 I_{TSM} 等。

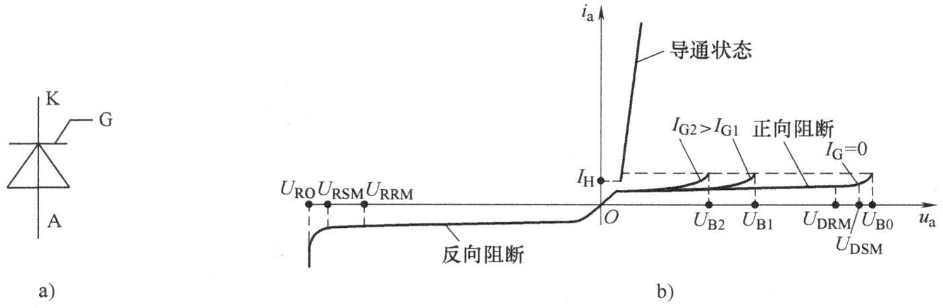

图 1-5　普通晶闸管的图形符号和伏安特性

a）图形符号　b）伏安特性

（2）滤波电路　滤波电路通常由若干个电解电容并联成一组，如图 1-3 中的 C_1 和 C_2。为了解决电容 C_1 和 C_2 的均压问题，在两电容旁各并联一个阻值相等的均压电阻 R_1 和 R_2。

在图 1-3 中，串联在整流桥和滤波电容之间的限流电阻 R_s 和短路开关（虚线所画开关）组成了限流电路。当变频器接入电源的瞬间，将有一个很大的冲击电流经整流桥流向滤波电容，整流桥可能因电流过大而在接入电源的瞬间受到损坏，限流电阻 R_s 可以削弱该冲击电流，起到保护整流桥的作用。在许多新的变频器中 R_s 已由晶闸管替代。

（3）直流中间电路　由整流电路可以将电网的交流电源整流成直流电压或直流电流，但这种电压或电流含有电压或电流纹波，会影响直流电压或电流的质量。为了减小这种电压或电流的波动，需要加电容器或电感器作为直流中间环节。

对电压型变频器来说，直流中间电路通过大容量的电容对输出电流进行滤波。

对电流型变频器来说，直流中间电路通过电感对输出电流进行滤波。

（4）逆变电路　逆变电路是变频器最主要的部分之一，它的功能是，在控制电路的控制下将直流中间电路输出的直流电压转换为电压、频率均可调的交流电压，实现对异步电动机的变频调速控制。变频器中应用最多的是三相桥式逆变电路，如图 1-6 所示，它是由电力晶体管（GTR）组成的三相桥式逆变电路，该电路主要是对开关器件进行控制。目前，常用的开关器件有门极关断（GTO）晶闸管、电力晶体管（GTR 或 BJT）、功率场效应晶体管（P-MOSFET）以及绝缘栅双极型晶体管（IGBT）等，在实际应用时要查阅相关使用手册。

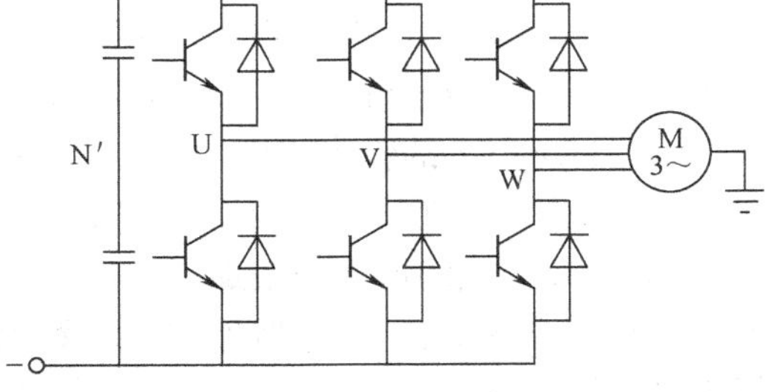

图 1-6　三相桥式逆变电路

1）门极关断（GTO）晶闸管的导通控制与晶闸管一样，但是在它的门极加负电压可使其关断，具有自关断能力，属于全控型器件，其结构和图形符号如图 1-7 所示，其中，A 为阳极，K 为阴极，G 为门极。它的外形与普通晶闸管一样，其开关特性示意图如图 1-8 所示，图中，t_d 为延迟时间，t_r 为上升时间，t_s 为储存时间，t_f 为下降时间，t_t 为尾部时间。它的大多参数与普通晶闸管相同，另外还有最大可关断阳极电流 I_{TGQM} 和关断增益 G_{off} 等参数。

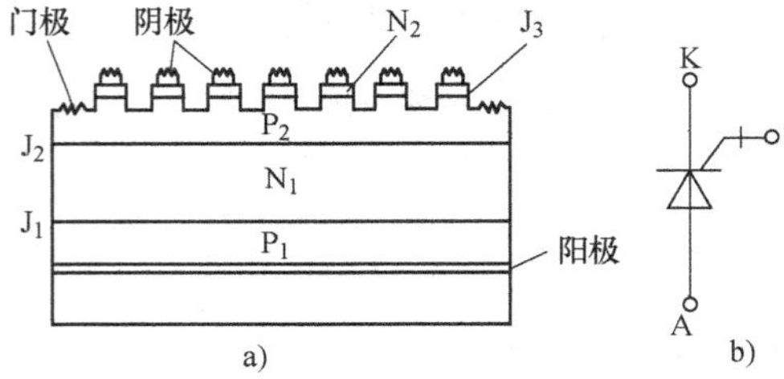

图 1-7　门极关断晶闸管的结构和图形符号

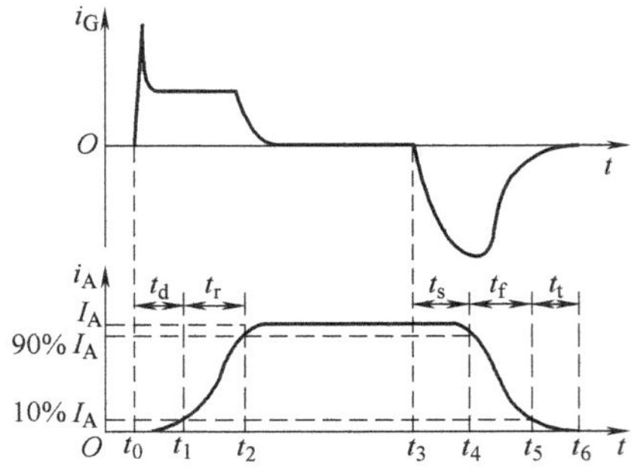

图 1-8　开关特性示意图

2）电力晶体管通常又称为双极型晶体管，是一种大功率高反压晶体管，属于全控型器件。它的工作原理与普通中、小功率晶体管相似，但它主要工作在开关状态，不用于信号的放大，它所承受的电压和电流数值大。GTR 作为大功率开关应用最多的是 GTR 模块，其结构和外形如图 1-9 所示，其中，B 为基极、C 为集电极、E 为发射极。主要参数有反向击穿电压 U_{CEO}、最大工作电流 I_{CM}、集电极最大耗散功率 P_{CM}、导通时间 t_{on} 和关断时间 t_{off} 等。

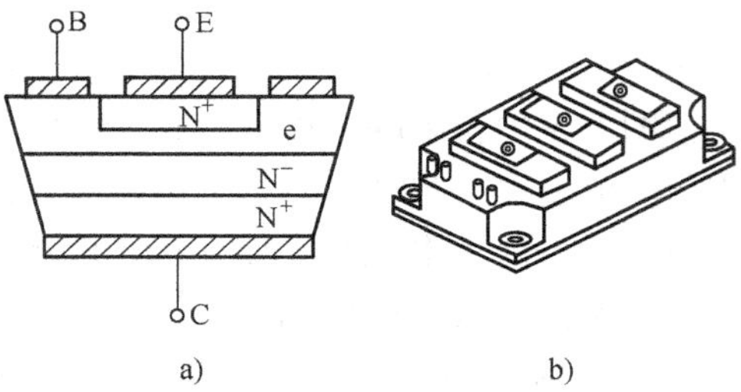

图 1-9　GTR 模块的结构和外形
a）结构　b）外形

3）电力 MOS 场效应晶体管（P-MOSFET）是单极型全控器件，属于电压控制。具有驱动功率小、控制线路简单、工作频率高的特点，其结构和图形符号如图 1-10 所示，其中，G 为栅极，D 为漏极，S 为源极。P-MOSFET 的转移特性如图 1-11 所示，当 $u_{GS} < U_T$ 时，i_D 近似为零；当 $u_{GS} > U_T$ 时，随着 u_{GS} 的增大，i_D 也增大，当 i_D 较大时，i_D 与 u_{GS} 的关系近似为线性。P-MOSFET 的输出特性如图 1-12 所示，输出特性分为可调电阻区Ⅰ、饱和区Ⅱ和雪崩区Ⅲ三个区域。在可调电阻区Ⅰ中，器件的阻值是变化的；在饱和区Ⅱ中，当 u_{GS} 不变时，i_D 几乎不随 u_{DS} 的增加而增加，近似为一常数，当 P-MOSFET 用作线性放大时，就工作在该区；在雪崩区Ⅲ，当 u_{DS} 增加到某一数值时，就会使漏极 PN 结反偏，电压过高，发生雪崩击穿，漏极电流 i_D 突然增加，造成器件的损坏，使用时应避免出现这种情况。P-MOSFET 的主要参数有漏源击穿电压 $U_{(BR)DS}$、漏极连续电流 I_D、漏极峰值电流 I_{DM}、栅极峰值电流 I_{DM}、栅源击穿电压 $U_{(BR)GS}$、开启电压 U_T、极间电容 C 和通态电阻 R_{on} 等。

4）绝缘栅双极型晶体管（IGBT）是复合型全控器件，具有输入阻抗高、工作速度快、通态电压低、阻断电压高、承受电流大等优点，是功率开关电源和逆变器的理想电力半导体器件。IGBT 模块的外形、结构和图形符号如图 1-13 所示，其中，G 为栅极，C 为集电极，

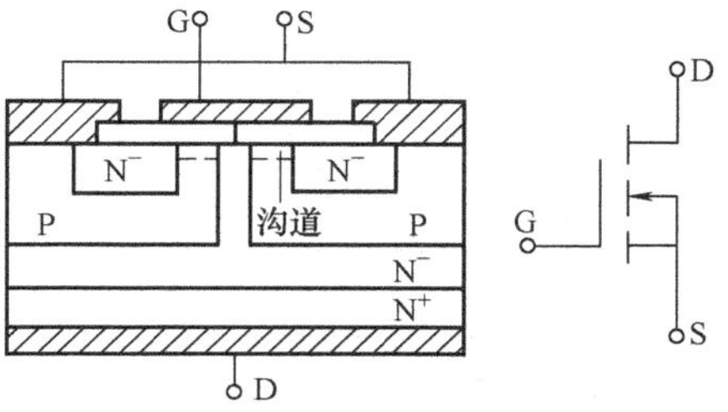

a)　　b)

图 1-10　P-MOSFET 的结构和图形符号

a）结构　b）图形符号

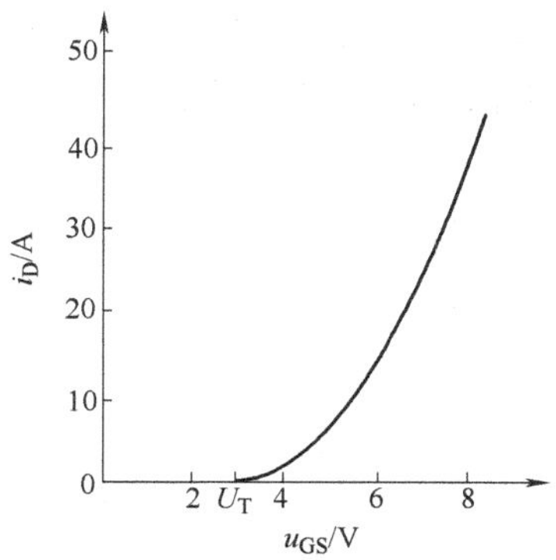

图 1-11　P-MOSFET 的转移特性

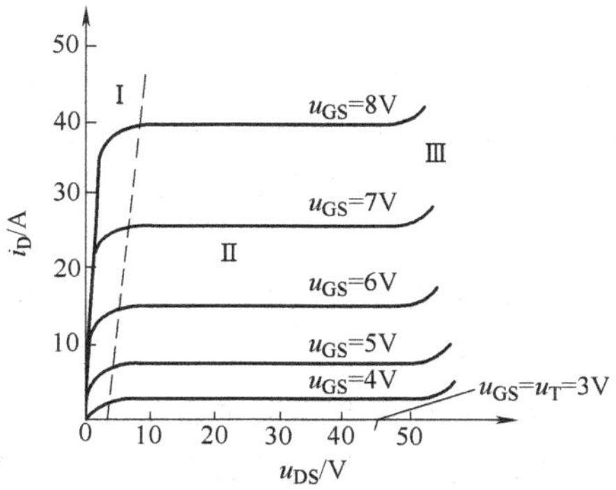

图 1-12　P-MOSFET 的输出特性

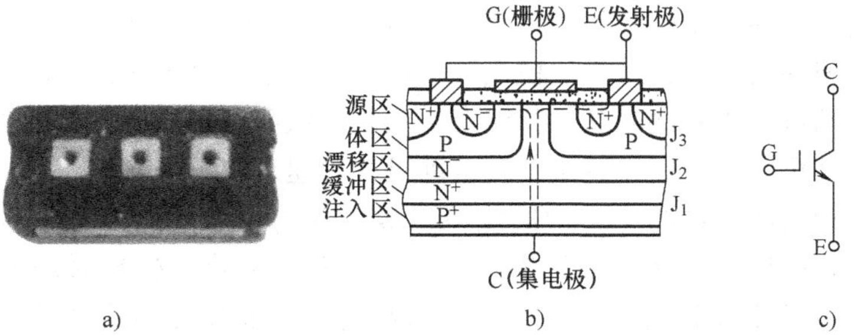

a)　　b)　　c)

图 1-13　IGBT 模块的外形、结构和图形符号

a）外形　b）结构　c）图形符号

E 为发射极。IGBT 的导通和关断是由栅极电压来控制的。当栅极加正电压时，P-MOSFET内形成沟道，IGBT 导通；当栅极加负电压时，P-MOSFET 内的沟道消失，EGBT 关断。IGBT 的传输特性如图 1-14a 所示，当 u_{GE}小于开启电压 U_{GE}(th）时，IGBT 处于关断状态；当 u_{GE}大于开启电压 U_{GE}(th）时，IGBT 开始导通，i_C 与 u_{GE}基本呈线性关系。IGBT 的输出特性如图 1-14b 所示，该特性描述以栅射电压 u_{GE}为控制变量时，集电极电流 i_C 与集射极间电压 u_{CE}之间的关系。IGBT 的输出特性可分为三个区域：正向阻断区、有源区和饱和区。IGBT

的主要参数有集电极-发射极击穿电压 U_{CES}、栅极-发射极击穿电压 U_{GES}、集电极额定最大直流 I_C、集电极-发射极间的饱和压降 U_{CE}(sat) 和开关频率 f_{ON} 等。

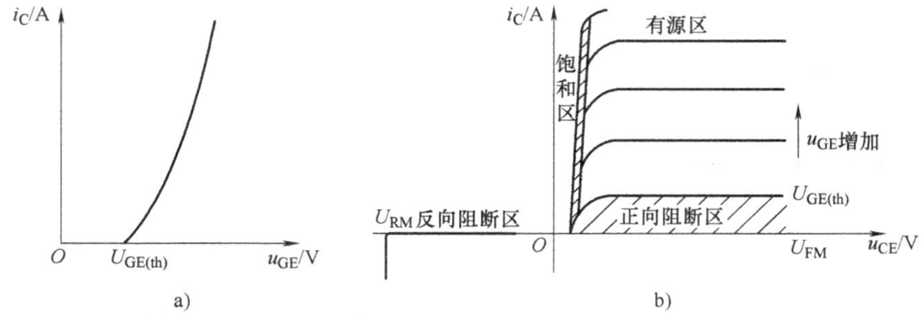

图 1-14　IGBT 的静态特性

a）传输特性　b）输出特性

在中小容量的变频器中多采用 PWM 开关方式的逆变电路，换流器件为大功率晶体管（GTR）、绝缘栅双极晶体管（IGBT）或功率场效应晶体管（P-MOSFET）。随着门极关断（GTO）晶闸管的容量和可靠性的提高，在中大容量的变频器中采用 PWM 开关方式的 GTO 晶闸管逆变电路逐渐成为主流。

在图 1-3 所示的电路中，由开关管器件 VT_1 ~ VT_6 构成的电路称为逆变桥，由 VD_7 ~ VD_{12} 构成续流电路。续流电路的作用如下：

① 为电动机绕组的无功电流返回直流电路提供通路。

② 当频率下降使同步转速下降时，为电动机的再生电能回馈至直流电路提供通路。

③ 为电路的寄生电感在逆变过程中释放能量提供通路。

（5）能耗制动电路　在变频调速中，电动机的降速和停机是通过减小变频器的输出频率，从而降低电动机的同步转速的方法来实现的。当电动机减速时，在频率刚减小的瞬间，电动机的同步转速随之降低，由于机械惯性，电动机转子转速未变，使同步转速低于电动机的实际转速，电动机处于发电制动运行状态，负载机械和电动机所具有的机械能量被回馈给电动机，并在电动机中产生制动转矩，使电动机的转速迅速下降。

电动机再生的电能经过图 1-3 中的续流二极管 VD_7 ~ VD_{12} 全波整流后，反馈到直流电路。由于直流电路的电能无法回馈给电网，在 C_1 和 C_2 上将产生短时间的电荷堆积，形成“泵生电压”，使直流电压升高。当直流电压过高时，可能损坏换流器件。变频器的检测单元检测到直流回路电压 U_s 超过规定值时，控制功率管 VT_B 导通，接通能耗制动电路，使直流回路通过 R_B 电阻释放电能。

2. 变频器控制电路

为变频器的主电路提供通断控制信号的电路称为控制电路，其主要任务是完成对逆变器开关器件的开关控制和提供多种保护功能。控制电路的控制方式有模拟控制和数字控制两种。目前已广泛采用了以微处理器为核心的全数字控制技术，主要靠软件完成各种控制功能，以充分发挥微处理器计算能力强和软件控制灵活性高的特点，完成许多模拟控制方式难以实现的功能。控制电路主要由以下几部分组成。

（1）运算电路　运算电路的主要作用是将外部的速度、转矩等指令信号同检测电路的电流、电压信号进行比较运算，决定变频器的输出频率和电压。

（2）信号检测电路　将变频器和电动机的工作状态反馈至微处理器，并由微处理器按事先确定的算法进行处理后为各部分电路提供所需的控制或保护信号。

（3）驱动电路　驱动电路的作用是为变频器中逆变电路的换流器件提供驱动信号。当逆变电路的换流器件为晶体管时，称为基极驱动电路；当逆变电路的换流器件为 SCR、IGBT或 GTO 晶闸管时，称为门极驱动电路。

（4）保护电路　保护电路的主要作用是对检测电路得到的各种信号进行运算处理，以判断变频器本身或系统是否出现异常。当检测到异常时，就进行各种必要的处理，如使变频器停止工作或抑制电压、电流值等。

二、变频器的分类

1. 按变换环节分类

（1）交-交变频器　单相交-交变频器的原理框图如图 1-15 所示。它只需要一个变换环节就可以把恒压恒频（CVCF）的交流电源转换为变压变频（VVVF）的交流电源。因此称为直接变频器，或称为交-交变频器。

图 1-15　单相交-交变频器的原理框图

（2）交-直-交变频器　交-直-交变频器又称为间接变频器。基本组成电路有整流电路和逆变电路两部分，整流电路将工频交流电整流成直流电，逆变电路再将直流电逆变成频率可调节的交流电。根据变频电源的性质可分为电压型变频和电流型变频。交-直-交变频器的原理框图如图 1-16 所示。

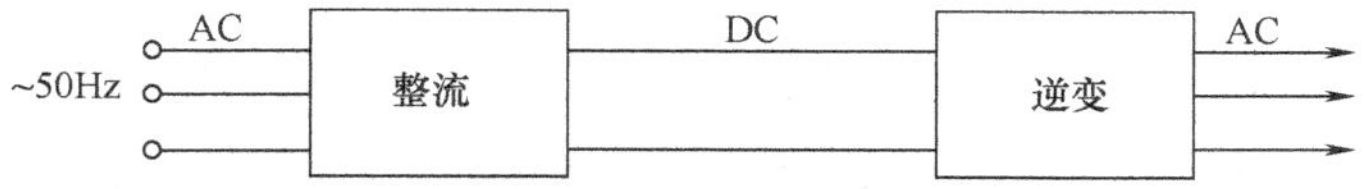

图 1-16　交-直-交变频器的原理框图

1）电压型变频器。在电压型变频器中，整流电路产生的直流电压通过电容进行滤波后供给逆变电路。由于采用大电容滤波，故输出电压波形比较平直，在理想情况下可以看成一个内阻为零的电压源，逆变电路输出的电压为矩形波或阶梯波。电压型变频器多用于不要求正反转或快速加减速的通用变频器中。电压型变频器的主电路结构如图 1-17a 所示。

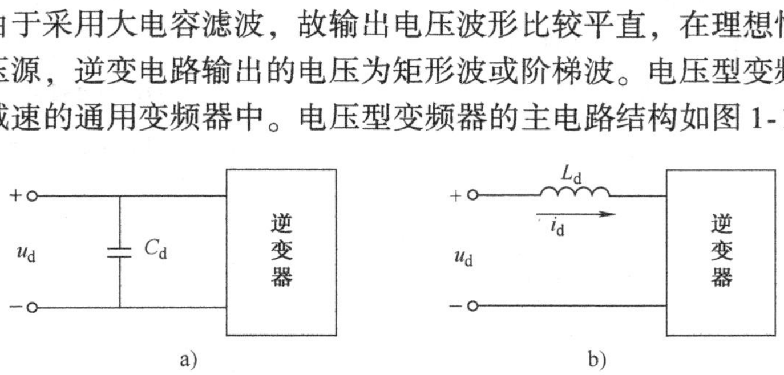

图 1-17　电压型和电流型变频器的主电路结构

a）电压型变频器　b）电流型变频器

这种变频器在大多数情况下采用 6 脉波运行方式，晶闸管在一个周期内导通 180°，该电路的特点是：中间直流环节的储能元件采用大电容，负载的无功功率将由它来缓冲。由于大电容的作用，主电路直流电压 E_d 比较平稳，电动机端的电压为方波或阶梯波。由于直流电源内阻比较小，相当于电压源，故称为电压源型变频器或电压型变频器。

对负载电动机而言，变频器是一个交流电压源，在不超过容量限度的情况下，可以驱动多台电动机并联运行，具有不选择负载的通用性。它的缺点是电动机处于再生发电状态时，回馈到直流侧的无功能量难以回馈给交流电网。要实现这部分能量向电网的回馈，必须采用可逆变流器，如图 1-18 所示，电网侧变流器采用两套全控整流器反并联，电动时由电桥Ⅰ供电，回馈时电桥Ⅱ作有源逆变运行（$\alpha>90°$），将再生能量回馈给电网。

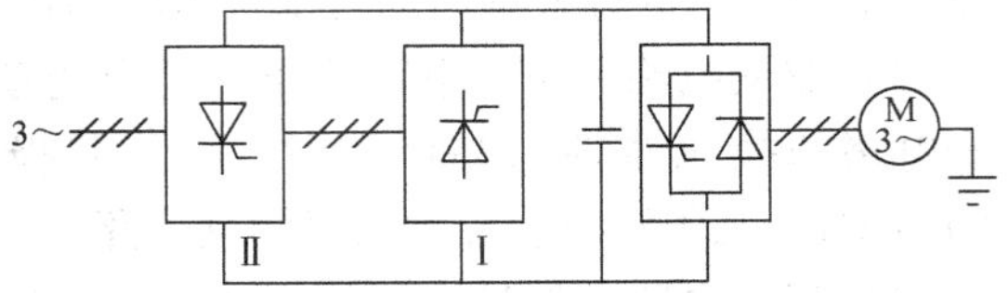

图 1-18　再生能量回馈型电压型变频器

2）电流型变频器。当交-直-交变频器的中间直流环节采用大电感滤波时，直流电流波形比较平直，因而电源内阻很大，对负载来说基本上是一个电流源，逆变电路输出的电流为矩形波。电流型变频器适用于频繁可逆运转的变频器和大容量的变频器中。电流型变频器的主电路结构如图 1-17b 所示。这种电流型变频器，其逆变器中晶闸管每周期工作 120°，属于 120°导电型。

电流型变频器的一个较突出的优点是，当电动机处于再生发电状态时，回馈到直流侧的再生电能可以方便地回馈到交流电网，不需要在主电路内附加任何设备，只要利用电网侧的不可逆变流器改变其输出电压极性（触发延迟角 $\alpha>90°$）即可。

这种电流型变频器可用于频繁加减速的大功率电动机的传动，在大功率风机和泵类节能调速中也有所应用。

（3）交-交变频器和交-直-交变频器的主要特点　下面以表格的形式加以对比，见表 1-1。

表 1-1　交-直-交变频器与交-交变频器的主要特点比较

类别 / 比较项目	交-直-交变频器	交-交变频器
换能形式	两次换能，效率略低	一次换能，效率较高
换流方式	强迫换流或负载谐振换流	电源电压换流
装置元器件数量	元器件数量较少	元器件数量较多
调频范围	频率调节范围宽	一般情况下，输出的最高频率为电网频率的 1/3 ~ 1/2
电网功率因数	用可控整流调压时，功率因数在低压时较低；用斩波器或 PWM 方式调压时，功率因数高	较低
适用场合	可用于各种电力拖动装置、稳频稳压电源和不停电电源	特别适用于低速大功率拖动

2. 根据调压方式的不同分类

根据调压方式的不同，交-直-交变频器又分为脉幅调制和脉宽调制两种。

（1）脉幅调制　脉幅调制是改变电压源的电压 E_d 或电流源的电流 I_d 的幅值进行输出控制的方式。因此，在逆变器部分只控制频率，整流器部分只控制电压或电流。

脉冲幅值调制方式（Pulse Amplitude Modulation），简称 PAM 方式，是通过改变直流电压的幅值进行调压的方式。在此类变频器中，逆变器只负责调节输出频率，而输出电压的调节则由相控整流器（见图 1-19）或直流斩波器（见图 1-20）通过调节直流电压 E_d 去实现。采用相控整流器调压时，电网侧的功率因数随调节深度的增加而降低，而采用直流斩波器调压时，电网侧的功率因数在不考虑谐波影响时，可以达到 $\cos\varphi_1 \approx 1$。

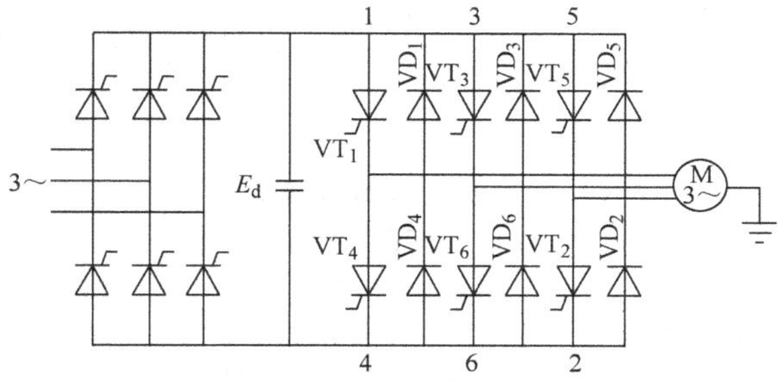

图 1-19　相控整流器

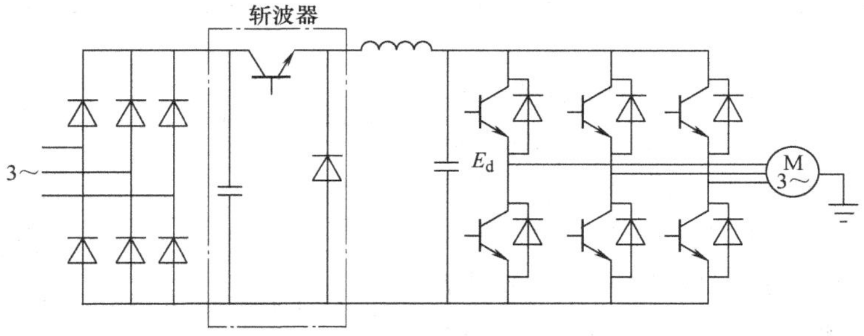

图 1-20　采用直流斩波器的 PAM 方式

PAM 方式下，高压和低压时 6 脉冲方波逆变器的输出线电压波形如图 1-21 所示。

（2）脉宽调制（PWM）　脉宽调制指变频器输出电压的大小是通过改变输出脉冲的占空比来实现的。脉冲宽度调制方式简称 PWM 方式。PWM 变频器最常见的主电路如图 1-22a 所示。变频器中的整流器采用不可控的二极管整流电路。变频器的输出频率和输出电压的调节均由逆变器按 PWM 方式来完成。

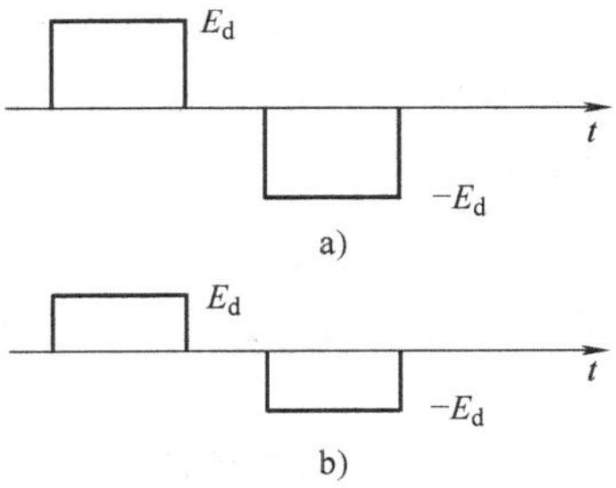

图 1-21　输出线电压波形
a）高压时　b）低压时

PWM 变频器的调压原理的波形示意图如图 1-22b 所示。利用参考电压波 u_r 与载频三角波 u_c 互相比较来决定主开关器件的导通时间而实现调压，即利用脉冲宽度的改变来得到幅值不同的正弦基波电压。这种参考信号为正弦波、输出电压平均值近似为正弦波的 PWM 方式称为正弦 PWM 调制，简称 SPWM（Sinusoidal Pulse Width Modulation）方式。通用变频器采用 SPWM 方式调压，是一种最常采用的方案。

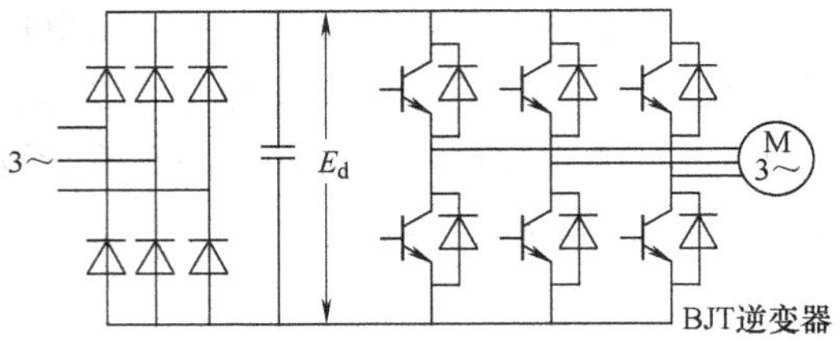

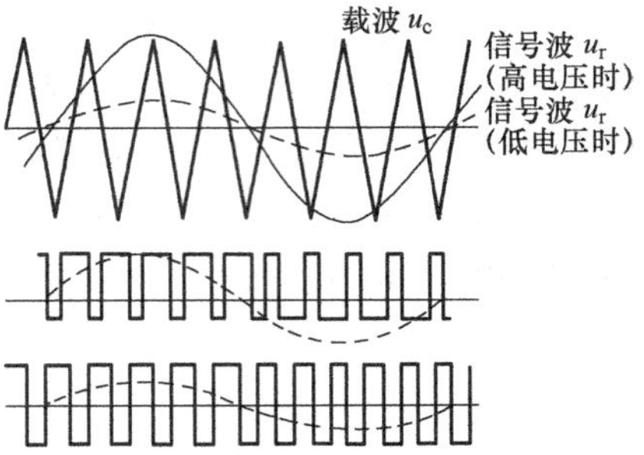

图 1-22　PWM 变频器

a）主电路　b）调压原理的波形示意图

3. 按变频的控制方式分类

按控制方式不同，变频器可以分为 U/f 控制、转差频率控制和矢量控制三种类型。

（1）U/f 控制变频器　U/f 控制即压频比控制。它的基本特点是对变频器输出的电压和频率同时进行控制，通过保持 U/f 恒定使电动机获得所需的转矩特性。基频以下可以实现恒转矩调速，基频以上则可以实现恒功率调速。这种方式控制电路成本低，多用于精度要求不高的通用变频器。

U/f 控制方式又称为 VVVF 控制方式，其简化的原理框图如图 1-23 所示。主电路中逆变器采用 BJT，用 PWM 方式进行控制。逆变器的控制脉冲发生器同时受控于频率指令 f^* 和电压指令 U，而 f^* 与 U 之间的关系是由 U/f 曲线发生器（U/f 模式形成）决定的。这样经 PWM 控制之后，变频器的输出频率 f、输出电压 U 之间的关系就是 U/f 曲线发生器所确定的关系。由图可见，转速的改变是靠改变频率的设定值 f^* 来实现的。电动机的实际转速要根据负载的大小，即转差率的大小来决定。负载变化时，在 f^* 不变的条件下，转子转速将随负载转矩的变化而变化，故 U/f 控制方式常用于调速精度要求不十分严格或负载变化较小的场合。

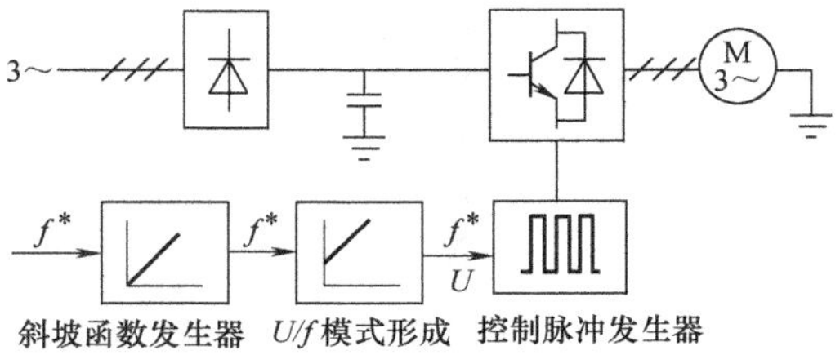

图 1-23　U/f 控制方式

U/f 控制是转速开环控制，无需速度传感器，控制电路简单，负载可以是通用标准异步电动机。U/f 控制方式通用性强，经济性好，是目前通用变频器产品中使用较多的一种控制方式。

（2）SF 控制变频器　SF 控制即转差频率控制，是在 U/f 控制基础上的一种改进方式。在 U/f 控制方式下，如果负载变化，转速也会随之变化，转速的变化量与转差率成正比。U/f 控制的静态调速精度较差，可采用转差频率控制方式来提高调速精度。采用转差频率控制方式，变频器通过电动机、速度传感器构成速度反馈闭环调速系统。变频器的输出频率由电动机的实际转速与转差频率之和来自动设定，从而达到在调速控制的同时也使输出转矩得到控制。该方式是闭环控制，故与 U/f 控制相比，调速精度与转矩动特性较优。但是由于这种控制方式需要在电动机轴上安装速度传感器，并需依据电动机特性调节转差，故通用性较差。

（3）矢量控制变频器　矢量控制是一种对交流电动机新的控制思想和控制技术，也是异步电动机的一种理想调速方法。采用 U/f 控制方式和转差频率控制方式的控制思想都建立在异步电动机的静态数学模型上，因此动态性能指标不高。采用矢量控制方式可提高变频调速的动态性能。VC 的基本思想是将异步电动机的定子电流分解为产生磁场的电流分量（励磁电流）和与其相垂直的产生转矩的电流分量（转矩电流），并分别加以控制，即模仿直流电动机的控制方式对电动机的磁场和转矩分别进行控制，可获得类似于直流调速系统的动态性能。由于在这种控制方式中必须同时控制异步电动机定子电流的幅值和相位，即控制定子电流矢量，故这种控制方式被称为 VC。

VC 方式使异步电动机的高性能成为可能。VC 变频器不仅在调速范围上可以与直流电动机相匹敌，而且可以直接控制异步电动机转矩的变化，所以已经在许多需要精密或快速控制的领域得到应用。

（4）变频器三种控制方式的比较　变频器三种控制方式的特性比较见表 1-2。

表 1-2　变频器三种控制方式的特性比较

比较项目＼类别		U/f 控制	SF 转差频率控制	VC 矢量控制
加减速特性		加减速控制有限度，④象限运转时在零速度附近有空载时间，过电流抑制能力小	加减速控制有限度（比 U/f 控制有提高），④象限运转时通常在零速度附近有空载时间，过电流抑制能力一般	加减速时的控制无限度，可以进行连续④象限运转，过电流抑制能力大
速度控制	范围	1:10	1:20	1:100 以上
	响应	—	5～10rad/s	30～100rad/s
	控制精度	根据负载条件转差频率发生变动	与速度检出精度、控制运算精度有关	模拟最大值的 0.5% 数字最大值的 0.05%
转矩控制		原理上不可能	除车辆调速等外，一般不适用	适用 可以控制静止转矩
通用性		基本上不需要因电动机特性差异进行调整	需要根据电动机特性给定转差频率	按电动机不同的特性需要给定磁场电流、转矩电流、转差频率等多个控制量
控制构成		最简单	较简单	稍复杂

4. 按用途分类

（1）通用变频器　通用变频器的特点是其通用性。随着变频技术的发展和市场需要的不断扩大，通用变频器也在朝着两个方向发展：一是低成本的简易型通用变频器；二是高性能的多功能通用变频器。它们分别具有以下特点：

简易型通用变频器是一种以节能为主要目的而简化了一些系统功能的通用变频器。它主要应用于水泵、风扇、鼓风机等对于系统调速性能要求不高的场合，并具有体积小、价格低等方面的优势。

高性能的多功能通用变频器在设计过程中充分考虑了在变频器应用中可能出现的各种需要，并为满足这些需要在系统软件和硬件方面都做了相应的准备。在使用时，用户可以根据负载特性选择算法并对变频器的各种参数进行设定，也可以根据系统的需要选择厂家所提供的各种备用选件来满足系统的特殊需要。高性能的多功能通用变频器除了可以应用于简易型变频器的所有应用领域之外，还可以广泛应用于电梯、数控机床、电动车辆等对调速系统的性能有较高要求的场合。

（2）专用变频器

1）高性能专用变频器。随着控制理论、交流调速理论和电力电子技术的发展，异步电动机的 VC 得到发展，VC 变频器及其专用电动机构成的交流伺服系统已经达到并超过了直流伺服系统。此外，由于异步电动机还具有环境适应性强、维护简单等许多直流伺服电动机所不具备的优点，在要求高速、高精度的控制中，这种高性能交流伺服变频器正在逐步代替直流伺服系统。

2）高频变频器。在超精密机械加工中常要用高速电动机。为了满足其驱动的需要，出现了采用 PAM 控制的高频变频器，其输出主频可达 3kHz，驱动两极异步电动机时的最高转速为 180000r/min。

3）高压变频器。高压变频器一般是大容量的变频器，最高功率可做到 5000kW，电压等级为 3kV、6kV、10kV。

第二节　变频器的原理

一、变频器的基本工作原理

异步电动机的同步转速，即旋转磁场的转速为

$$n_1 = \frac{60f_1}{p} \tag{1-1}$$

式中　n_1——同步转速（r/min）；

f_1——定子电流频率（Hz）；

p——极对数。

异步电动机的轴转速为

$$n = n_1(1-s) = \frac{60f_1}{p}(1-s) \tag{1-2}$$

式中　s——异步电动机的转差率，$s = (n_1 - n)/n_1$。

改变异步电动机的供电频率，可以改变其同步转速，实现调速运行。

对异步电动机进行调速控制时，希望电动机的主磁通保持额定值不变。磁通太弱，则铁心利用不充分，同样的转子电流下，电磁转矩小，电动机的负载能力下降；磁通太强，则处于过励磁状态，使励磁电流过大，这就限制了定子电流的负载分量，为使电动机不过热，负载能力也要下降。异步电动机的气隙磁通（主磁通）是由定、转子合成磁动势产生的，如何才能使气隙磁通保持恒定呢？由电动机理论可知，三相异步电动机定子每相电动势的有效

值为

$$E_1 = 4.44 f_1 N_1 \Phi_m \tag{1-3}$$

式中 E_1——旋转磁场切割定子绕组产生的感应电动势（V）；

f_1——定子电流频率（Hz）；

N_1——定子相绕组有效匝数；

Φ_m——每极磁通量（Wb）。

由式（1-3）可知，Φ_m 的值是由 E_1 和 f_1 共同决定的，对 E_1 和 f_1 进行适当的控制，就可以使气隙磁通 Φ_m 保持额定值不变。具体分析如下：

（1）基频以下的恒磁通变频调速　这是考虑从基频（电动机额定频率为 f_{1n}）向下调速的情况。为了保持电动机的负载能力，应保持气隙主磁通 Φ_m 不变，这就要求在降低供电频率的同时降低感应电动势，保持 E_1/f_1 = 常数，即保持电动势与频率之比为常数进行控制。这种控制又称为恒磁通变频调速，属于恒转矩调速方式。

但是，E_1 难于直接检测和直接控制。当 E_1 和 f_1 的值较高时，定子的漏阻抗压降相对比较小，如忽略不计，则可以近似地保持定子相电压 U_1 和频率 f_1 的比值为常数，即认为 $U_1 = E_1$，保持 U_1/f_1 = 常数即可，这就是恒压频比控制方式，是近似的恒磁通控制。

当频率较低时，U_1 和 E_1 都较小，定子漏阻抗压降（主要是定子电阻压降）不能再忽略。这种情况下，可以人为地适当提高定子电压，以补偿定子电压降的影响，使气隙磁通基本保持不变，如图 1-24 所示。其中，曲线 1 为 $U_1/f_1 = C$ 时的电压与频率的关系，曲线 2 为有电压补偿时（近似地 $E_1/f_1 = C$）的电压与频率的关系。实际装置中 U_1 与 f_1 的函数关系并不如曲线 2 所示那样简单。通用变频器中 U_1 与 f_1 之间的函数关系有很多种，可以根据负载性质和运行状况加以选择。

（2）基频以上的弱磁变频调速　这是考虑由基频开始向上调速的情况。频率由额定值 f_{1N} 向上增大，但电压 U_1 受额定电压 U_{1N} 的限制不能再升高，只能保持 $U_1 = U_{1N}$ 不变。这必然会使主磁通随着 f_1 的上升而减小，相当于直流电动机弱调速的情况，属于近似的恒功率调速方式。

综合上述两种情况，异步电动机变频调速的基本控制方式如图 1-25 所示。

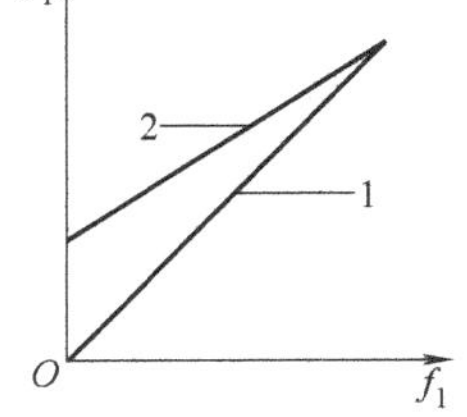

图 1-24　U/f 的控制关系

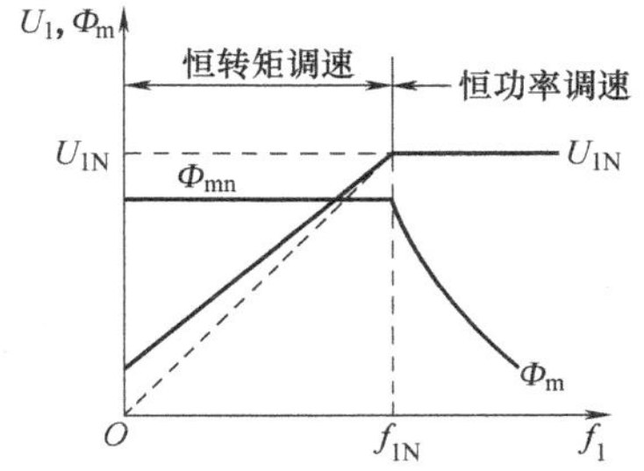

图 1-25　异步电动机变频调速的基本控制方式

由上面的分析可知，异步电动机的变频调速必须按照一定的规律同时改变其定子电压和频率，即必须通过变频装置获得电压频率均可调节的供电电源，实现所谓的 VVVF（Variable Voltage Variable Frequency）调速控制。通过变频器可达到这种异步电动机变频调速的基本要求。

二、变频器的脉宽调制技术

脉宽调制控制方式就是对逆变电路开关器件的通断进行控制，使输出端得到一系列幅值相等而宽度不等的脉冲，其脉冲宽度随正弦规律变化，用这些脉冲来代替正弦波所需要的波形。也就是在输出波形的一个周期中产生若干个脉冲，使各脉冲的等值电压为正弦波形，所获得的输出波形平滑且低次谐波少。按一定的规则对各脉冲的宽度进行调制，既可以改变逆变电路输出电压的大小，也可以改变输出频率的大小。

图 1-26 所示为电压型相控交-直-交型变频电路。为了使输出电压和输出频率都得到控制，变频器通常由一个可控整流电路和一个逆变电路组成，控制整流电路以改变输出电压，控制逆变电路以改变输出频率。图 1-27 所示为电压型 PWM 交-直-交型变频电路。图 1-27 中的可控整流电路在这里由不可控整流电路代替，逆变电路采用自关断器件。这种 PWM 型变频电路的主要特点有：可以得到相当接近正弦波的输出电压；整流电路采用二极管，可获得接近于 1 的功率因数；电路结构简单；通过控制输出脉冲宽度可以改变输出电压，加快了变频过程的动态响应。

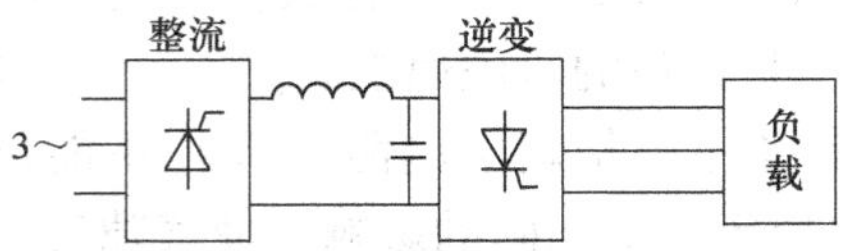

图 1-26　电压型相控交-直-交型变频电路

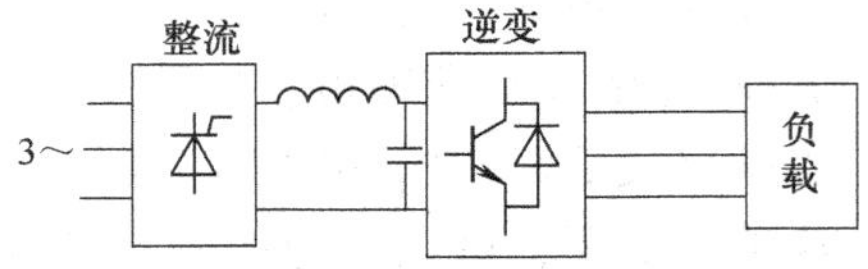

图 1-27　电压型 PWM 交-直-交型变频电路

基于上述原因，在自关断器件出现并成熟后，PWM 控制技术获得了很快的发展，已成为电力电子技术中一个重要的组成部分。

1. PWM 控制的基本原理

在采样控制理论中有一个重要的结论：即冲量相等而形状不同的窄脉冲加在具有惯性的环节上，其效果基本相同。冲量指窄脉冲的面积。这里所说的效果基本相同，是指该环节的输出响应波形基本相同。如把各输出波形用傅里叶变换分析，则它们的低频段特性非常接近，仅在高频段略有差异。如图 1-28a、b、c 所示的面积（即冲量）都等于 1。把它们分别加在具有相同惯性的同一环节上，输出响应基本相同。脉冲越窄，输出波形的差异越小。

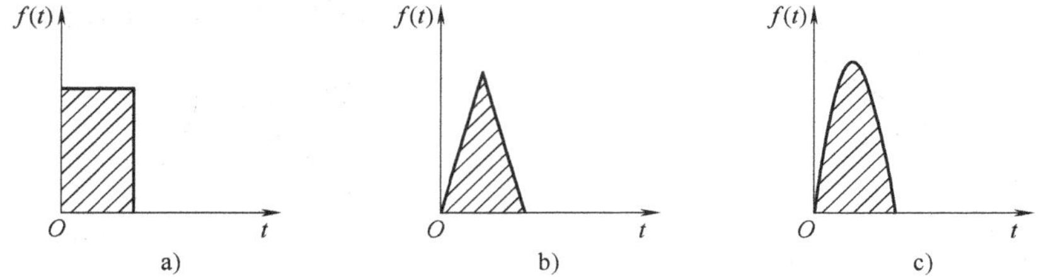

图 1-28　冲量相等形状不同的三种窄脉冲

a）矩形脉冲　b）三角形脉冲　c）正弦半波脉冲

上述结论是 PWM 控制的重要理论基础。下面来分析如何用一系列等幅而不等宽的脉冲代替正弦波。

把图 1-29a 所示的正弦半波波形 N 等分，就可把正弦半波看成由 N 个彼此相连的脉冲所组成的波形。这些脉冲宽度相等，都等于 π/N，但幅值不等，且脉冲顶部不是水平直线，而是曲线，各脉冲的幅值按正弦规律变化。如果把上述脉冲序列用同样数量的等幅而不等宽的矩形脉冲序列代替，使矩形脉冲的中点和相应正弦等分的中点重合，且使矩形脉冲和相应正弦部分面积（冲量）相等，就得到图 1-29b 所示的脉冲序列，这就是 PWM 波形。可以看出，各脉冲的宽度是按正弦规律变化的。根据冲量相等效果相同的原理，PWM 波形和正弦半波是等效的。对于正弦波的负半周，也可以用同样的方法得到 PWM 波形。像这种脉冲的宽度按正弦规律变化而和正弦波等效的 PWM 波形，也称为 SPWM（Sinusoidal PWM）波形。

在 PWM 波形中，各脉冲的幅值是相等的，要改变等效输出正弦波的幅值时，只要按同一比例系数改变各脉冲的宽度即可。因此，图 1-30 的交-直-交型变频器中，整流电路采用不可控的二极管电路即可，PWM 逆变电路输出的脉冲电压就是直流侧电压的幅值。

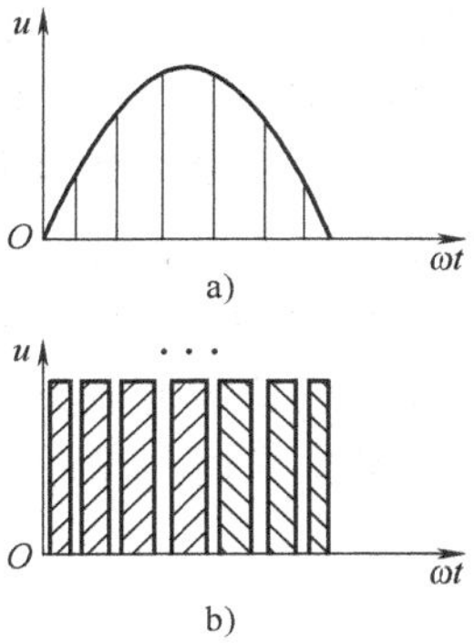

图 1-29　原理示意图

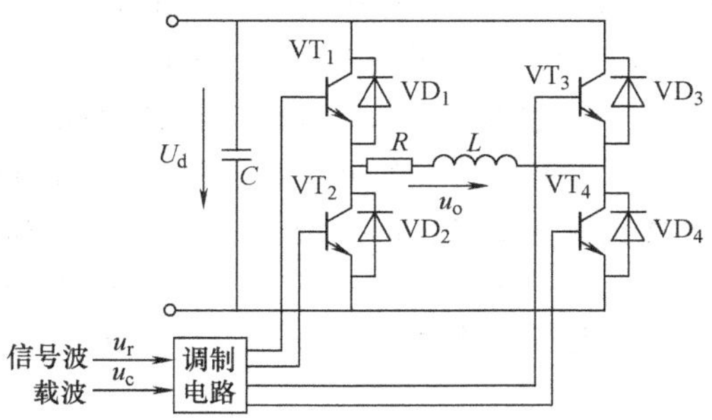

图 1-30　单相桥式 PWM 逆变电路

根据上述原理，在给出了正弦波频率、幅值和半个周期内的脉冲数后，PWM 波形各脉冲的宽度和间隔就可以准确地计算出来。按照计算结果控制电路中各开关器件的通断，就可以得到所需要的 PWM 波形。但是，这种计算很繁琐，正弦波的频率、幅值等变化时，结果都会变化。较为实用的是采用调制的方法，即把所希望的波形作为调制信号，把接受调制的信号作为载波，通过对载波的调制得到所期望的 PWM 波形。一般采用等腰三角波作为载波，因为等腰三角波上下宽度与高度呈线性关系且左右对称，当它与任何一个平缓变化的调制信号波相交时，如果在交点时刻控制电路中开关器件的通断，就可以得到宽度正比于信号波幅值的脉冲，这正好符合 PWM 控制要求。当调制信号波为正弦波时，所得到的波形就是 SPWM 波形，这种情况使用最广，本章所介绍的 PWM 控制主要就是指 SPWM 控制。当调制信号不是正弦波时，也能得到与调制信号等效的 PWM 波形。

图 1-30 所示为采用电力晶体管作为开关器件的电压型单相桥式逆变电路。假设负载为电感性，对各晶体管的控制按下面规律进行：在正半周期，让晶体管 VT_1 一直保持导通，而让晶体管 VT_4 交替通断。当 VT_1 和 VT_4 都导通时，负载上所加的电压为直流电源电压 U_d；当 VT_1 导通而使 VT_4 关断后，由于电感性负载中的电流不能突变，负载电流将通过二极管 VD_3 续流，若忽略晶体管和二极管的导通压降，则负载上所加电压为零。如负载电流较大，那么直到使 VT_4 再一次导通之前，VD_3 一直持续导通；如负载电流较快地衰减到零，在 VT_4 再一次导通之前，负载电压也一直为零。这样，负载上的输出电压 u_o 就可得到零和 U_d 交替的两种电平。同样，在负半周期，让晶体管 VT_2 保持导通。当 VT_3 导通时，负载被加上负

电压 $-U_d$；当 VT_3 关断时，VD_4 续流，负载电压为零，负载电压 u_o 可得到 U_d 和零交替的两种电平。这样，在一个周期内，逆变器输出的 PWM 波形就由 $\pm U_d$ 和 0 三种电平组成。

控制 VT_4 或 VT_3 通断的方法如图 1-30 所示。载波 u_c 在信号波 u_r 的正半周为正极性的三角波，在负半周为负极性的三角波，调制信号 u_r 为正弦波。在 u_r 和 u_c 的交点时刻控制晶体管 VT_4 或 VT_3 的通断，在 u_r 的正半周，VT_1 保持导通，当 $u_r > u_c$ 时使 VT_4 导通，负载电压 $u_o = -u_d$；当 $u_r < u_c$ 时，使 VT_4 关断，$u_o = 0$；在 u_r 的负半周，VT_1 关断，VT_2 保持导通，当 $u_r < u_c$ 时使 VT_3 导通，$u_o = -u_d$；当 $u_r > u_c$ 时，使 VT_3 关断，$u_o = 0$。这样，就得到了 PWM 波形，如图 1-31 所示，图中的虚线 u_{of} 表示 u_o 中的基波分量。像这种在 u_r 的半个周期内三角波载波只在一个方向变化，所得到的 PWM 波形也只在一个方向变化的控制方式称为单极性 PWM 控制方式。

与单极性 PWM 控制方式不同的是双极性 PWM 控制方式。图 1-30 所示的单相桥式逆变电路在采用双极性控制方式时的波形如图 1-32 所示。仍然在调制信号 u_r 和载波信号 u_c 的交点时刻控制各开关器件的通断。在 u_r 的正负半周，对各开关器件的控制规律相同，当 $u_r > u_c$ 时，给晶体管 VT_1 和 VT_4 以导通信号，给 VT_2 和 VT_3 以关断信号，输出电压 $u_o = -u_d$。可以看出，同一个半桥上下两个桥臂晶体管的驱动信号极性相反，处于互补工作方式。当感性负载电流较大时，直到下一次 VT_1 和 VT_4 重新导通前，负载电流方向始终未变，VD_2 和 VD_3 持续导通，而 VT_2 和 VT_3 始终未导通。从 VT_2 和 VT_3 导通向 VT_1 和 VT_4 导通切换时，VD_1 和 VD_4 的续流情况和上述情况类似。

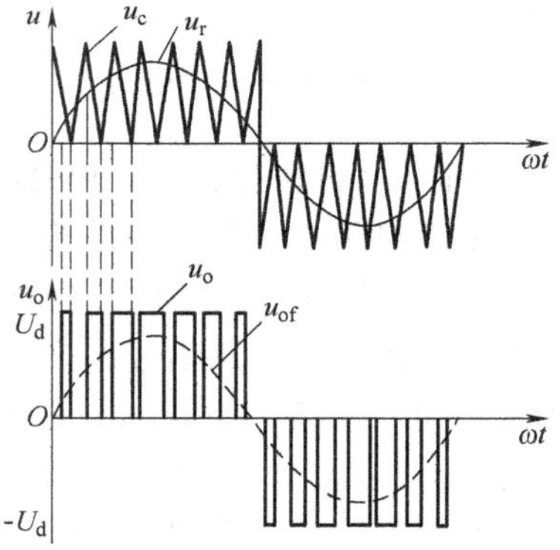

图 1-31　单极性 PWM 波形

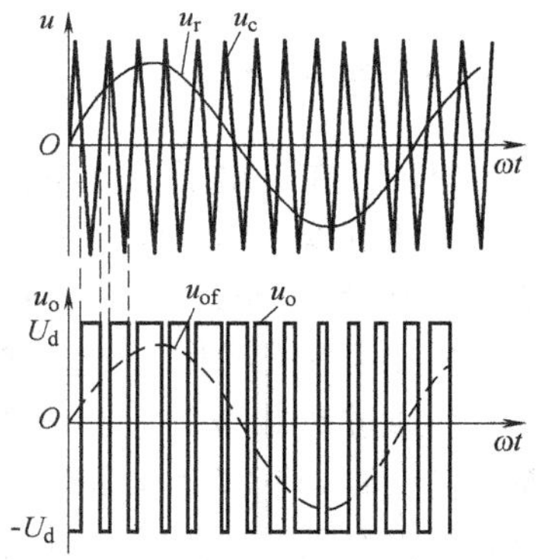

图 1-32　双极性 PWM 波形

在 PWM 型逆变电路中，使用最多的是图 1-33 所示的三相桥式逆变电路，其控制方式一般都采用双极性方式。U、V 和 W 三相的 PWM 控制通常共有一个三角波载波 u_c，三相调制信号 u_{rU}、u_{rV} 和 u_{rW} 的相位依次相差 120°。U、V 和 W 各相功率开关器件的控制规律相同，现以 U 相为例来说明。当 $u_{rU} > u_c$ 时，给上桥臂晶体管 VT_1 以导通信号，给下桥臂晶体管 VT_4 以关断信号，则 U 相相对于直流电源假想中点 N′的输出电压 $u_{UN'} = u_d/2$。当 $u_{rU} < u_c$ 时，给 VT_4 以导通信号，给 VT_1 以关断信号，则 $u_{UN'} = -u_d/2$。VT_1 和 VT_4 的驱动信号始终是互补的。当给 VT_1（或 VT_4）加导通信号时，可能是 VT_1（或 VT_4）导通，也可能是二极管 VD_1（或 VD_4）续流导通，这要由感性负载中原来电流的方向和大小来决定，和单相桥式逆变电路双极性 PWM 控制时的情况相同。V 相和 W 相的控制方式和 U 相相同，$u_{UN'}$、$u_{VN'}$ 和

$u_{WN'}$的波形如图 1-34 所示，这些波形都只有 $\pm u_d$ 两种电平。像这种逆变电路相电压（$u_{UN'}$、$u_{VN'}$、$u_{WN'}$）只能输出两种电平的三相桥式电路，无法实现单极性控制。图中线电压 u_{UV} 的波形可由 $u_{UN'}-u_{VN'}$得出。当 VT_1 和 VT_6 导通时，$u_{UV}=U_d$；当 VT_3 和 VT_4 导通时，$u_{UV}=-U_d$；当 VT_1 和 VT_3 或 VT_4 和 VT_6 导通时，$u_{UV}=0$。因此，逆变器输出线电压由 $\pm U_d$、0 三种电平构成。图 1-33 中的负载相电压可由下式求得：

$$u_{UN}=u_{UN'}-\frac{(u_{UN'}+u_{VN'}+u_{WN'})}{3}$$

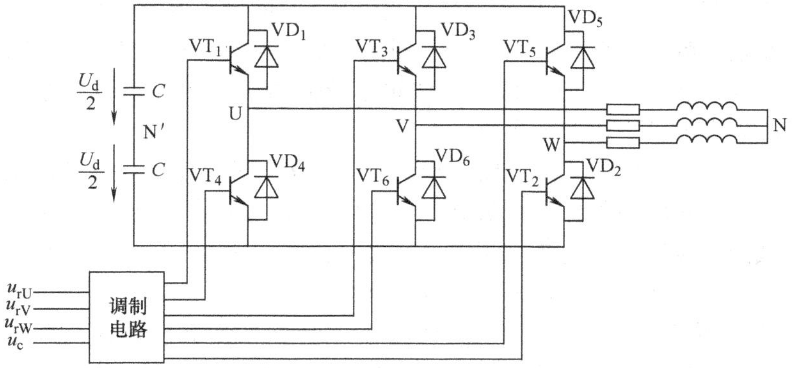

图 1-33　三相桥式逆变电路

从图 1-34 中可以看出，它由（±2/3）U_d、（±1/3）U_d 和 0 共五种电平组成。在双极性 PWM 控制方式中，同一相上下两个管子的驱动信号都是互补的。但实际上为了防止上下两个管子直通而造成短路，在给一个桥臂加关断信号后，再延迟 Δt 时间，然后再给另一个施加导通信号。延迟时间的长短主要由功率开关器件的关断时间决定。这个时间将影响输出的 PWM 波形，使其偏离正弦波。

2. PWM 型逆变电路的控制方式

在 PWM 型逆变电路中，载波频率 f_c 与调制信号频率 f_r 之比 $N=f_c/f_r$ 称为载波比。根据载波和信号波是否同步及载波比的变化情况，PWM 逆变电路可以分为异步调制和同步调制两种控制方式。

（1）异步调制　载波信号和调制信号不保持同步关系的调制方式称为异步调制。图 1-34 中的波形就是异步调制三相 PWM 波形。在调制信号的半个周期内，输出脉冲的个数不固定，脉冲相位也不固定，正负半周期的脉冲不对称，同时，半周期内前后 1/4 周期的脉冲也不对称。

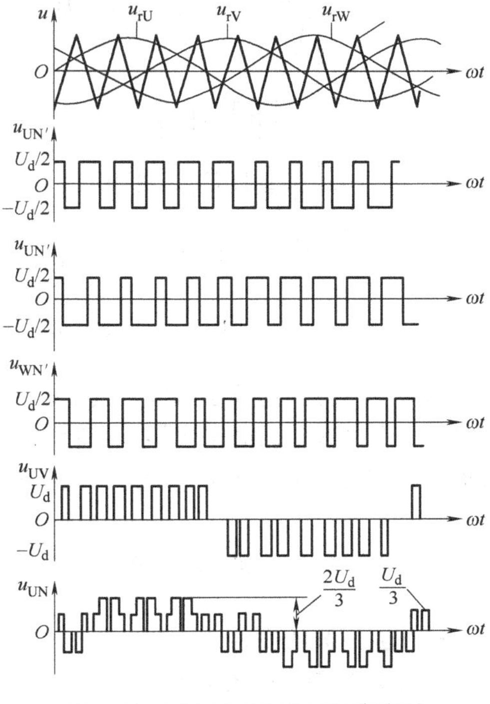

图 1-34　三相 PWM 逆变电路波形

当调制信号频率较低时，载波比 N 较大，半周期内的脉冲数较多，正负半周期脉冲不对称和半周期内前后 1/4 周期脉冲不对称的影响都较大，输出波形接近正弦波。当调制信号频率增高时，载波比 N 减小，半周期内的脉冲数减少，输出脉冲的不对称性影响就变大，还会出现脉冲的跳动。同时，输出波形和正弦波之间的差异也变大，电路输出特性变坏。对于三相 PWM 型滤波电路来说，三相输出的对称性变差。因此，在采用异步调制方式时，希望尽快提高载波频率，以便在控制信号频率较高时仍能保持较大的载波比，改善输出特性。

（2）同步调制　载波比 N 等于常数，并在变频时使载波信号和调制信号保持同步的调制方式称为同步调制，如图 1-35 所示的波形是 $N=9$ 时的同步调制三相 PWM 波形。

在逆变电路输出频率很低时，因为在半周期内输出脉冲的数目是固定的，所以由 PWM 产生的 f_c 附近的谐波频率也相应降低。这种频率较低的谐波通常不易滤除，如果负载为电动机，就会产生较大的转矩脉动和噪声。

为克服上述缺点，一般都采用分段同步调制的方法，即把逆变电路的输出频率范围划分成若干个频段，每个频段内都保持载波比 N 恒定，不同频段的载波比不同。在输出频率的高频段采用较低的载波比，以使载波频率不致过高，使在功率不致过低而导致负载产生不利的影响，各频段的载波比应该都取 3 的整数倍且为奇数。

如图 1-36 所示为分段同步调制的一个例子，各频率段的载波比标在图中。为了防止频率在切换点附近时载波比来回跳动，在各频率切换点采用了后切换的方法。图中切换点处的实线表示输出频率增高时的切换频率，虚线表示输出频率降低时的切换频率，前者略高于后者而形成后切换。载波频率还受到微型计算机计算速度和控制算法计算量的限制。

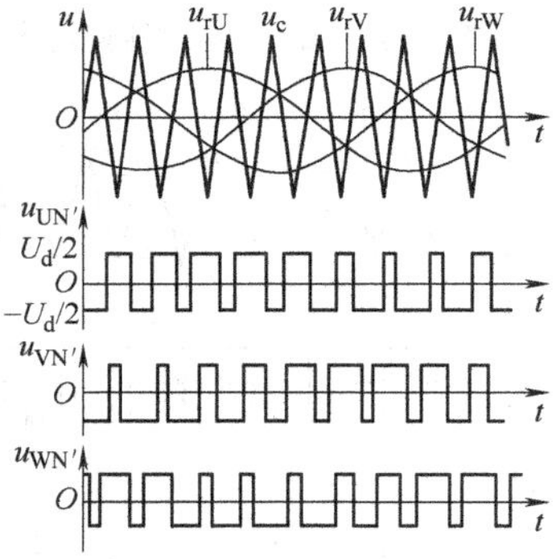

图1-35　同步调制三相 PWM 波形

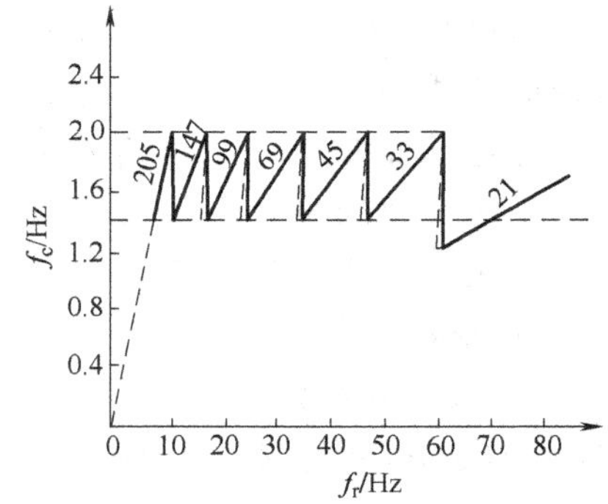

图 1-36　分段同步调制

同步调制方式比异步调制方式复杂一些，但使用微型计算机控制时还是容易实现的。也有些电路在低频输出时采用异步调制方式，而在高频输出时切换到同步调制方式，这种方式可把两者的优点结合起来，和分段同步调制方式的效果接近。

第三节　变频器的安装与维护

一、变频器的安装

1. 通用变频器的安装要求

变频器属于电子器件装置，为了确保变频器安全、可靠地稳定运行，变频器的安装环境应满足下列要求：

（1）环境温度　温度是影响变频器使用寿命及可靠性的重要因素，一般要求为 -10 ~ 40℃。如果散热条件好（如除去外壳），则上限温度可提高到50℃。如果变频器长期不用，存放温度最好为 -10 ~30℃。如果不能满足这些条件，应安装空调。

（2）环境湿度　相对湿度不超过90%（无结露现象）。对于新建厂房和在阴雨季节时，每次开机前，应检查变频器是否有结露现象，以避免变频器发生短路故障。

（3）安装场所　在海拔1000m以下使用。如果海拔超过1000m，则散热能力下降，变频器最大允许输出电流和电压都要降低。

在室内使用时，安装位置应在无直射阳光、无腐蚀性气体及易燃气体、尘埃少的环境。潮湿、腐蚀性气体及尘埃是造成变频器内部电子器件生锈、接触不良、绝缘性能降低的重要因素。对于有导电性尘埃的场所，要采用封闭结构。对有可能产生腐蚀性气体的场所，应对控制板进行防腐处理。

2. 安装说明

（1）墙挂式安装　由于变频器本身具有较好的外壳，故在一般情况下，允许直接靠墙安装，称为墙挂式。如图1-37所示。

为了具有良好的通风，变频器与周围阻挡物之间的距离应符合以下要求：

1）两侧应大于或等于100mm。

2）上下方应大于或等于150mm。

为了改善冷却效果，所有变频器都应垂直安装。此外，为了防止异物掉在变频器的出风口而阻塞风道，最好在变频器出风口的上方加装保护网罩。

（2）柜式安装　当周围的尘埃较多时，或和变频器配用的其他控制电器较多而需要和变频器安装在一起时，采用柜式安装。具体的安装方法如下：

1）在比较洁净、尘埃很少时，尽量采用柜外冷却方式，如图1-38a所示。

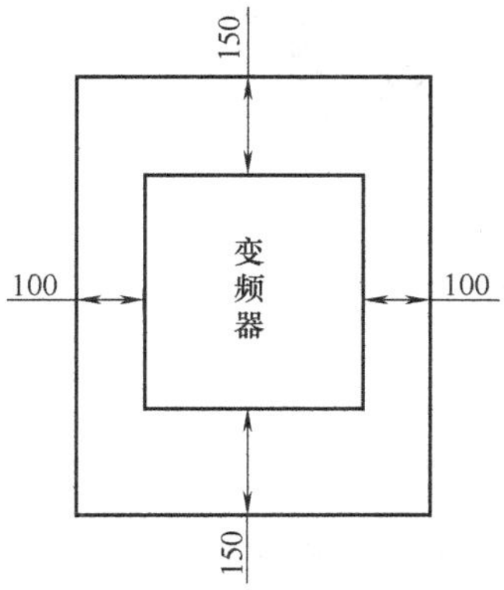

图1-37　墙挂式安装变频器周围的间隙

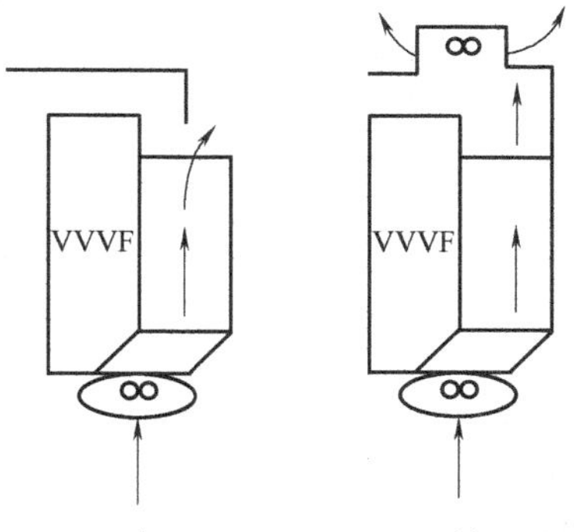

图1-38　变频器的柜式安装

a）柜外冷却方式　b）柜内冷却方式

2）如果采用柜内冷却方式，应在柜顶加装抽风式冷却风扇。冷却风扇的位置应尽量在变频器的上方，如图1-38b所示。

当一台控制柜内装有两台或两台以上变频器时，应尽量并排安装（横向排列），如图

1-38a 所示，如必须采用纵向排列时，则应在两台变频器间加一块隔板，以避免下面变频器出来的热风直接进入到上面的变频器内，如图 1-39 所示。

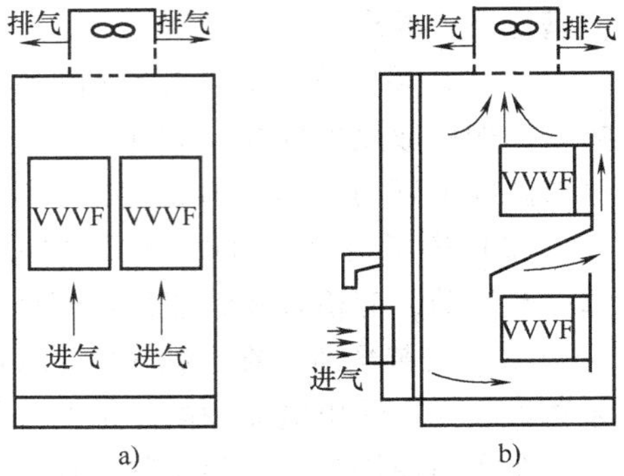

图 1-39　两台变频器在电气柜中的安装方法
a）横向排列　b）纵向排列

变频器在控制柜内请勿上下颠倒或平放安装，变频控制柜在室内的空间位置，要便于变频器的定期维护。

3. 安装注意事项

1）变频器使用了塑料零件，为了不造成破损，要小心使用，不要在前盖板上施加太大的力。

2）变频器应安置在不易受振动的地方，注意台车、冲床等的振动。

3）注意周围的温度。周围温度对变频器使用寿命的影响很大，因此安装场所的周围温度不能超过允许温度（－10～＋50℃）。

4）安装在不可燃的表面上。变频器工作时可能达到很高的温度（最高约 150℃），为了使热量易于散发，变频器应安装在不可燃的表面上，并在其周围留有足够的空间散热，如图 1-40 所示。

5）避免安装在阳光直射、高温和潮湿的场所。

6）避免安装在油雾、易燃性气体、棉尘及尘埃等较多的场所，或安装在可阻挡任何悬浮物质的封闭型屏板内。

7）变频器要用螺钉垂直且牢固地安装在安装板上，方向如图 1-40a 所示。

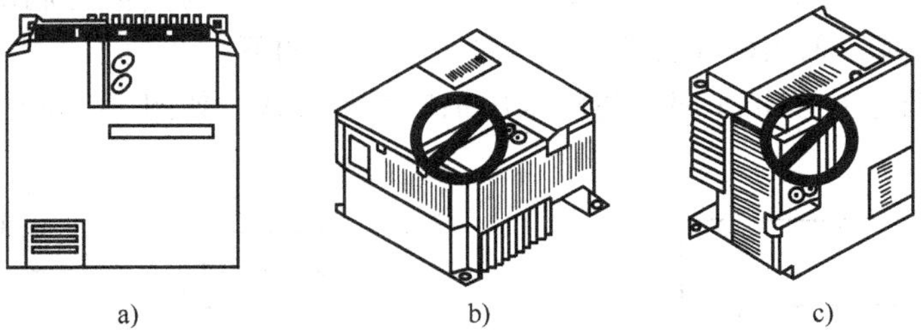

图 1-40　变频器的安装
a）正确　b）、c）错误

二、变频器的日常维护与检查

1. 日常检查

变频器在运行过程中，可以从设备外部目视检查运行状况有无异常。主要检查项目有：

1）电源电压是否在允许范围内。

2）冷却系统是否运转正常。

3）变频器、电动机是否过热、变色或有异味。

4）变频器、电动机是否有异常振动和异常声音。

5）安装地点的环境有无异常。

2. 变频器的定期维护

定期维护应放在暂时停产期间，在变频器停机后进行。主要项目有：

1）对紧固件进行必要的紧固。

2）清扫冷却系统积尘。

3）检查绝缘电阻是否在允许范围内。

4）检查导体、绝缘物是否有腐蚀、变色或破损。

5）确认保护电路的动作。

6）检查冷却风扇、滤波电容器、接触器等的工作情况。

3. 维护时的注意事项

1）操作前必须切断电源，且在主电路滤波电容器放电完毕、电源指示灯 HL 熄灭后再进行作业，以确保操作者的安全。

2）在出厂前，生产厂家都已对变频器进行了初始设定，一般不能任意改变这些设定。而在改变了初始设定后又希望恢复初始设定值时，一般需进行初始化操作。

3）在新型变频器的控制电路中使用了许多 CMOS 芯片，如果用手指直接触摸电路板，将会使这些芯片因静电作用而损坏。

4）在通电状态下不允许进行改变接线或拔插连接件等操作。

5）在变频器工作过程中不允许对电路信号进行检查。这是因为连接测量仪表时所出现的噪声以及误操作可能会使变频器出现故障。

6）当变频器发生故障而无故障显示时，注意不能再轻易通电，以免引起更大的故障。这时应对断电进行电阻特性参数测试，初步查找故障原因。

三、变频器的接线

1. 主电路的接线

（1）主电路的基本接线　变频器主电路的基本接线如图 1-41 所示。变频器的输入端和输出端是绝对不允许接错的。万一将电源进线接到了 U、V、W 端，则不管哪个逆变管导通，都将引起两相间的短路而将逆变管迅速烧坏，如图 1-42 所示。

注意：不能用接触器 KM 的触头来控制变频器的运行和停止，应该使用控制面板上的操作键或接线端子上的控制信号来控制；变频器的输出端不能接电力电容器或浪涌吸收器；电动机的旋转方向如果和生产工艺要求不一致，最好用调换变频器输出相序的方法，不要用调换控制端子 FWD 或 REV 的控制信号的方法来改变电动机的旋转方向。

设计与工频电源的切换电路时，某些负载是不允许停机的。当变频器万一发生故障时，必须迅速将电动机切换到工频电源上，使电动机不停止工作。切换的主电路及控制电路如图 1-43 所示。

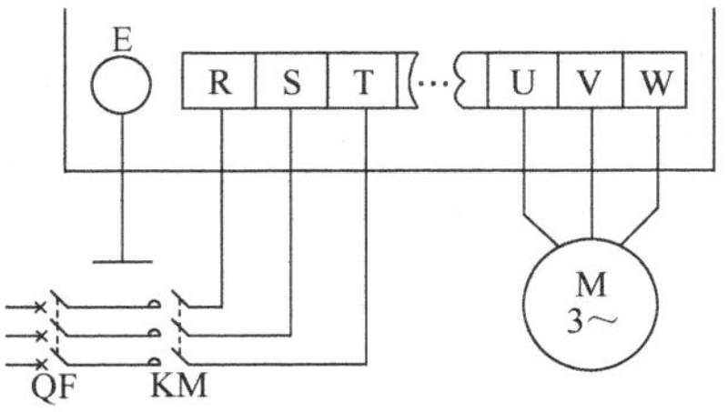

图 1-41　主电路的基本接线

注：QF—空气断路器；KM—接触器；R、S、T—变频器的输入端，接电源进线；U、V、W—变频器的输出端，接电动机；E—变频器的地端。

（2）主电路线径的选择

1）电源与变频器之间的导线。一般来说，变频器的主电路线径的选择方法和同功率普通电动机的电线选择方法相同。考虑到其输入侧的功率因数往往较低，应本着宜大不宜小的原则来决定线径。

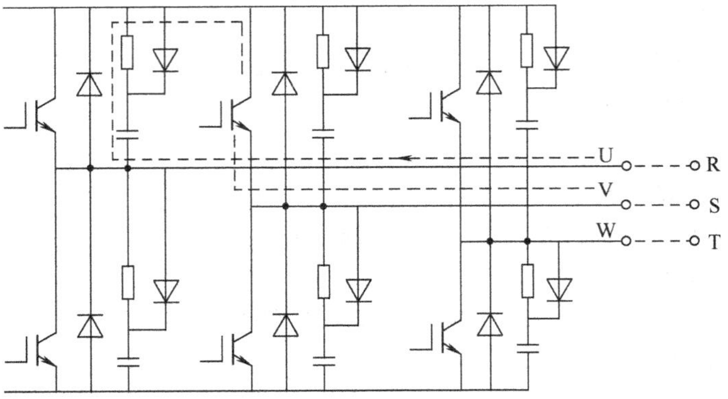

图 1-42　电源接错的后果

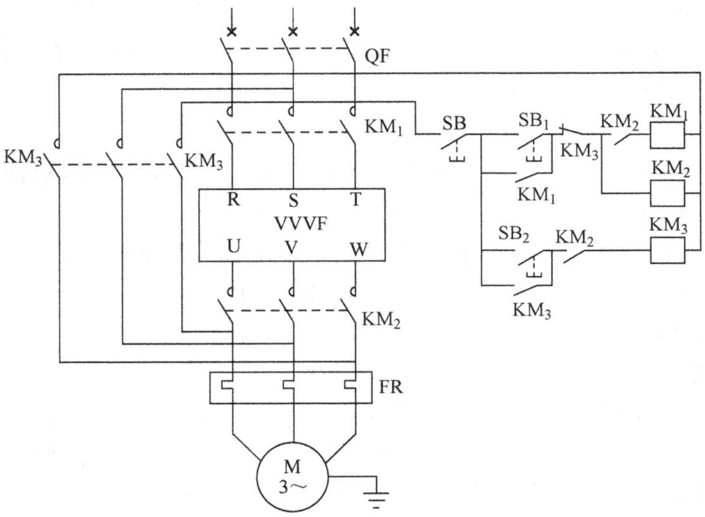

图 1-43　切换的主电路及控制电路

2）变频器与电动机之间的导线。因为频率下降时，电压也要下降，在电流相等的条件下，线路电压降 ΔU 在输出电压中的比例将上升，而电动机得到电压的比例则下降，有可能导致电动机发热。所以在决定变频器与电动机之间的导线时，最关键的因素便是线路电压降的影响。一般要求 $\Delta U \leqslant (2\sim3)\%U_N$。

ΔU 的计算公式为

$$\Delta U = \frac{I_{MN}R_0\sqrt{3}}{1000}$$

式中　I_{MN}——电动机的额定电流，(A)；

R_0——单位长度（每米）导线的电阻，(m·Ω/m)。

常用电动机引出线的单位长度电阻值见表 1-3。

表 1-3 常用电动机引出线的单位长度电阻值

标称截面积/mm^2	1.0	1.5	2.5	4.0	6.0	10.0	16.0	25.0	35.0
R_0/(m·Ω/m)	17.8	11.9	6.92	4.40	2.92	1.73	1.10	0.69	0.49

2. 控制电路的接线

(1) 模拟量控制线　模拟量控制线主要包括：

1) 输入侧的给定信号线与反馈信号线。

2) 输入侧的频率信号线和电流信号线。模拟量信号的抗干扰能力较低，因此必须使用屏蔽线。屏蔽层靠近变频器的一端，应接控制电路的公共端（COM），而不要接到变频器的地端（E）或大地，如图 1-44 所示。屏蔽层的另一端应该悬空。布线时还应该遵守以下原则：

① 尽量远离主电路 100mm 以上。

② 尽量不和主电路交叉，如必须有交叉时，应采取垂直交叉的方法。

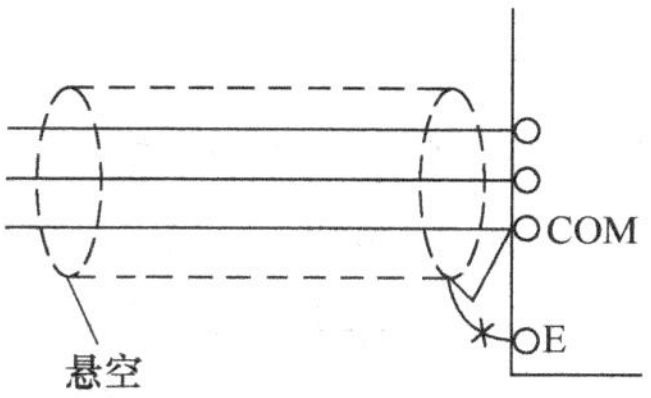

图 1-44　屏蔽线的接法

(2) 开关量控制线　如起动、点动、多挡转速控制等方式。一般来说，模拟量控制线的接线原则也都适用于开关量控制线。但开关量的抗干扰能力较强，故在距离不远时，允许不使用屏蔽线，但同一信号的两根线必须绞在一起。如果操作台离变频器较远，应该先将控制信号转变成能远距离传送的信号，再将能远距离传送的信号转变成变频器所要求的信号。

(3) 变频器的接地　所有变频器都专门有一个接地端子"E"，用户应将此端子与大地相接。当变频器和其他设备一起接地时，或有多台变频器一起接地时，每台设备都分别与地线相接，如图 1-45a 所示；不允许将一台设备的接地端和另一台设备的接地端相接后再接地，如图 1-45b 所示。

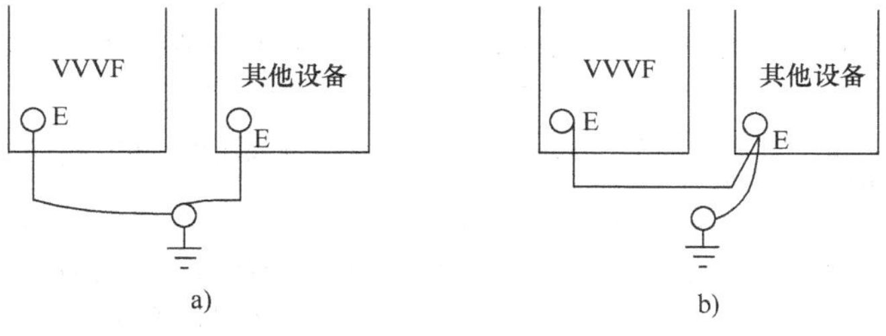

图 1-45　变频器和其他设备的接地
a) 正确接法　b) 错误接法

(4) 大电感线圈的浪涌电压吸收电路　接触器、电磁继电器的线圈及其他各类电磁铁的线圈都具有很大的电感。在接通和断开的瞬间，由于电流的突变，它们会产生很高的感应电动势，因而在电路内形成峰值很高的浪涌电压，导致内部控制电路的误动作。所以，在所有电感线圈的两端，必须接入浪涌电压吸收电路。在大多数情况下，可采用阻容吸收电路，如图 1-46a 所示；在直流电路的电感线圈中，也可以只用一个二极管，如图 1-46b 所示。

四、变频器的外部接口电路

变频器的外部接口电路通常包括逻辑控制指令输入电路、频率指令输入/输出电路、过

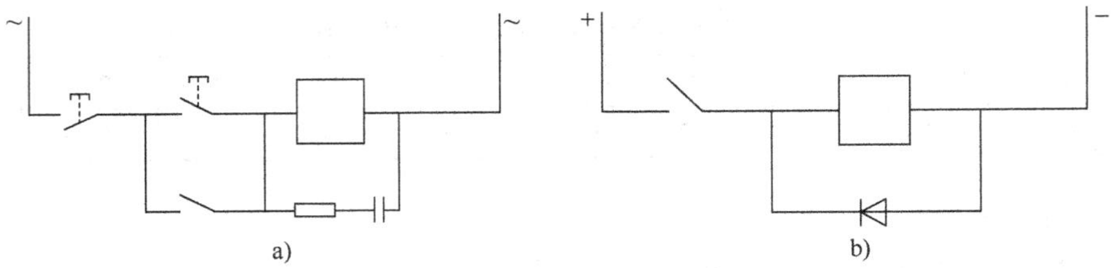

图 1-46　变频器浪涌电压吸收电路的接线

a）阻容吸收电路　b）直流吸收电路

程参数检测信号输入/输出电路和数字信号输入/输出电路等。而变频器和外部信号的连接需要通过相应的接口进行，如图 1-47 所示。

1. 主电路端子和接地端子的功能

主电路端子和接地端子的功能见表 1-4。

表 1-4　主电路端子和接地端子的功能

端子标记	端子名称	说　明
R/L1、S/L2、T/L3	交流电源输入	连接三相工频电源 当使用高功率因数变流器（FR-HC，MT-HC）及共直流母线变流器（FR-CV）时不要连接任何东西
U、V、W	变频器输出连接	连接三相笼型异步电动机
+、PR	制动电阻连接	拆下端子 R、PX 间的短路片，在端子 +、PR 间连接作为任选件的制动电阻器（0.1kΩ、0.2kΩ 电阻器不能连接）
+、-	制动单元连接	连接制动单元（FR-BU2），共直流母线变流器及高功率因数变流器
+、P1	连接改善功率因数的直流电抗器	拆下端子 P/+、P1 间的短路片，连接上直流电抗器
PR、PX	内置制动器回路连接用	端子 PR、PX 间连接有短路片的状态（初始状态）下，内置的制动器回路为有效（7.5kW 以下的产品已配备）
⏚	变频器接地	变频器箱体的接地端子，应良好接大地

注：单相电源输入时，输入端子为 L1、N。

2. 控制电路端子的功能

控制电路输入端子的功能见表 1-5，控制电路输出端子的功能见表 1-6，通信端子的功能见表 1-7。

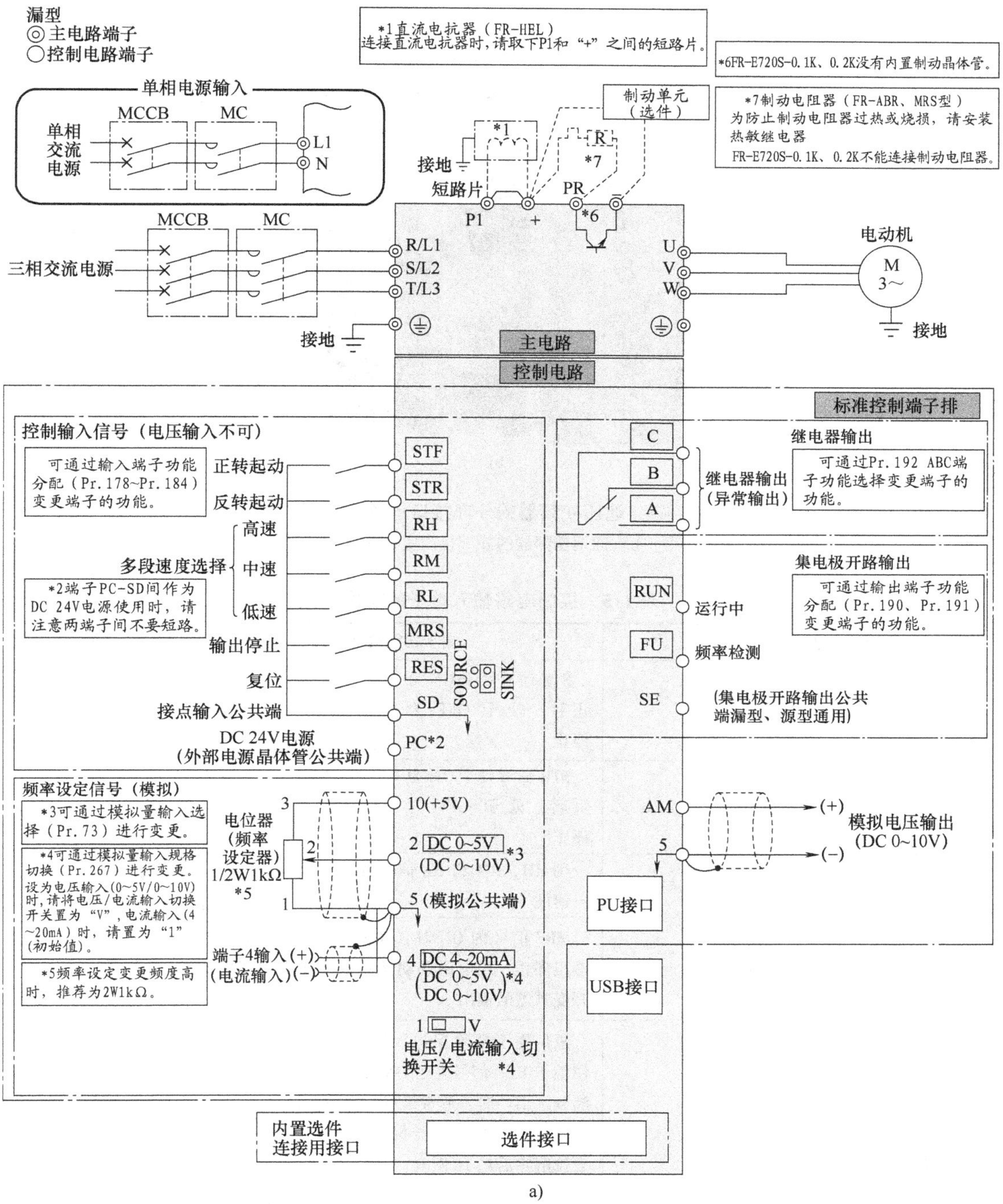

a)

图1-47 通用变频器的外部接口示意图

a）通用变频器的外部接口示意图

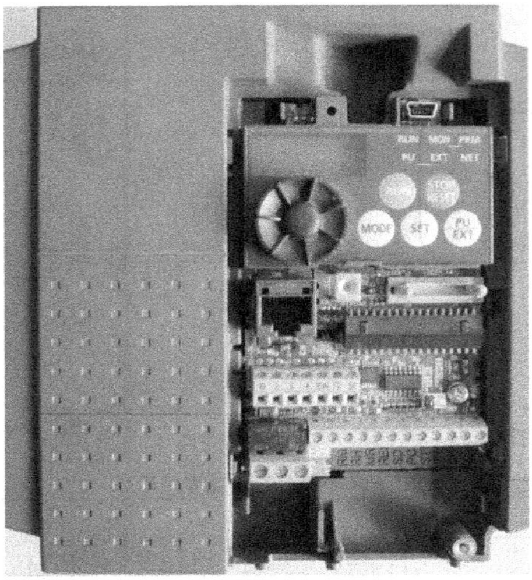

b)

图 1-47　通用变频器的外部接口示意图（续）

b）通用变频器的外部接口实物图

表 1-5　控制电路输入端子的功能

<table>
<tr><th>种类</th><th>端子标记</th><th>端子名称</th><th colspan="2">端子功能说明</th><th>额定规格</th></tr>
<tr><td rowspan="7">接点输入</td><td>STF</td><td>正转起动</td><td>STF 信号处于 ON 为正转，处于 OFF 为停止</td><td rowspan="2">STF、STR 信号同时为 ON 时变成停止指令</td><td rowspan="5">输入电阻为 4.7kΩ，开路电压为 DC 21 ~ 27V，短路电流为 DC 4 ~ 6mA</td></tr>
<tr><td>STR</td><td>反转起动</td><td>STR 信号处于 ON 为反转，处于 OFF 为停止</td></tr>
<tr><td>RH、RM、RL</td><td>多段速度选择</td><td colspan="2">用 RH、RM 和 RL 信号的组合可以选择多段速度</td></tr>
<tr><td>MRS</td><td>输出停止</td><td colspan="2">MRS 信号为 ON 时（20ms 以上），变频器输出停止，用电磁制动停止电动机时用于断开变频器的输出</td></tr>
<tr><td>RES</td><td>复位</td><td colspan="2">复位用于解除保护回路动作的保持状态。使端子 RES 信号处于 ON 在 0.1s 以上，然后断开。出厂时，通常设置为复位。根据 Pr. 75 的设定，仅在变频器报警发生时可能复位，复位解除后约 1s 恢复</td></tr>
<tr><td rowspan="2">JOG</td><td>点动模式选择</td><td colspan="2">JOG 信号为 ON 时选择点动运行（初期设定），用起动信号（STF 和 STR）可以点动运行</td><td rowspan="2">输入电阻为 2kΩ，短路电流为 DC 8 ~ 13mA</td></tr>
<tr><td>脉冲列输入</td><td colspan="2">JOG 端子也可以作为脉冲列输入端子使用。在作为脉冲列输入端子使用时，有必要变更 Pr. 291 的设定值（最大输入脉冲数：100k 脉冲/s）</td></tr>
</table>

（续）

种类	端子标记	端子名称	端子功能说明	额定规格
接点输入	RT	第二功能选择	RT信号为ON时，第二功能被选择。 设定了第二转矩提升或第二V/F（基准频率）时，也可以用RT信号处于ON时选择这些功能	输入电阻为2kΩ，短路电流为DC 8～13mA
	AU	端子4输入选择	只有把AU信号置为ON时端子4才能用（频率设定信号为DC 4～20mA可以操作）。AU信号置为ON时，端子2（电压输入）的功能将无效	
		PTC输入	AU端子也可以作为PTC输入端子使用（电机的温度保护），用作PTC输入端子时，要把AU/PTC切换开关切换到PTC侧	
	CS	瞬停再起动选择	CS信号预先处于ON，瞬时停电再恢复时变频器便可自动起动，但这种运行方式必须设定有关参数，因为出厂设定为不能再起动	
	SD	公共输入端子（漏型）（初始设定）	接点输入端子（漏型逻辑）	—
		外部晶体管公共端（源型）	源型逻辑时，当连接晶体管输出（集电极开路输出），例如可编程控制器（PLC）时，将晶体管输出用的外部公共电源接到该端子时，可防止因漏电引起的误动作，该端子可以使用24V、0.1A电源。当选择源型时，该端子作为接点输入端子的公共端	
		DC 24V公共端	0.1A电源（PC端子）的公共输出端子，与端子5及端子SE绝缘	
	PC	外部晶闸管输出公共端，DC 24V电源接入公共端（源型）	当选择漏型时，当连接晶体管输出（即电极开路输出），例如可编程控制器（PLC）时，将晶体管输出用的外部公共电源接到该端子时，可以防止因漏电引起的误动作，该端子可以使用24V、0.1A的电源。当选择源型时，该端子作为接点输入端子的公共端	电源范围为DC 19.2～28.8V，消耗电流为10mA

（续）

种类	端子标记	端子名称	端子功能说明	额定规格
频率设定	10E	频率设定用电源	按出厂状态连接频率设定电位器时，与端子10连接。当连接到10E时，请改变端子2的输入规格	DC 10V，允许负载电流为10mA
	10			DC 5V，允许负载电流为10mA
	2	频率设定（电压）	如果输入为DC 0～5V（或DC 0～10V，0～20mA），当输入为5V（或10V，20mA）时成最大输出频率，输入频率与输入电压成正比。DC 0～5V（出厂值）与DC 0～10V，0～20mA的输入切换用PR.73进行控制。电流输入为0～20mA时，电流/电压输入切换开关设为ON	电压输入的情况下，输入电阻为10kΩ±1kΩ，最大许可电压为DC 20V；电流输入的情况下，输入电阻为245Ω±5Ω，最大许可电流为30mA
	4	频率设定（电流）	如果输入为DC 4～20mA（或DC 0～5V，DC 0～10V），当20mA时成最大输出频率，输出频率与输入成正比。只有AU信号置为ON时此输入信号才会有效（端子2的输入将无效）。DC 4～20mA（出厂值）、DC 0～5V与DC 0～10V的输入切换用Pr.267进行控制。电压输入为0～5V（0～10V）时，电流/电压输入切换开关设为OFF。端子功能的切换通过Pr.858进行设定	
	1	辅助频率设定	输入DC 0～5V或DC 0～10V时，端子2或4的频率设定信号与这个信号相加，用参数单元Pr.73进行输入DC 0～5V或DC 0～10V（出厂设定）的切换。通过Pr.868进行端子功能的切换	输入电阻为10kΩ±1kΩ，最大许可电压为DC±20V
	5	频率设定公共端	请不要将频率设定信号端子（端子1、2或4）和模拟输出端子CA、AM的公共端子接大地	—

表1-6　控制电路输出端子的功能

种类	端子标记	端子名称	端子功能说明	额定规格
接点	A1、B1、C1	继电器输出1（异常输出）	指示变频器因保护功能动作时输出停止的转换接点	输入电阻为4.7kΩ，开路电压为DC 21～27V，短路电流为DC 4～6mA
	A2、B2、C2	继电器输出2	1c接电出力	

（续）

<table>
<tr><th>种类</th><th>端子标记</th><th>端子名称</th><th colspan="2">端子功能说明</th><th>额定规格</th></tr>
<tr><td rowspan="6">集电极开路</td><td>RUN</td><td>变频器正在运行</td><td colspan="2">变频器输出频率为起动频率（初始值为0.5Hz）以上时为低电平，正在停止或正在直流制动时为高电平</td><td rowspan="2"></td></tr>
<tr><td>SU</td><td>频率到达</td><td colspan="2">输出频率达到设定频率的±10%（出厂时为低电平）</td></tr>
<tr><td>OL</td><td>过负载报警选择</td><td colspan="2">当失速保护功能动作时为低电平，当失速保护功能解除时为高电平</td><td rowspan="4">输入电阻为2kΩ，短路电流为DC 8～13mA</td></tr>
<tr><td>1PF</td><td>瞬时停电</td><td colspan="2">瞬时停电，电压不足保护动作时为低电平</td></tr>
<tr><td>FU</td><td>频率检测</td><td colspan="2">输出频率为任意设定的检测频率以上时为低电平，未达到检测频率时为高电平</td></tr>
<tr><td>SE</td><td>集电极开路输出公共端</td><td colspan="2">端子RUN、SU/OL/1PF/FU的公共端子</td></tr>
<tr><td>脉冲输出</td><td>CA</td><td>模拟电流输出</td><td rowspan="2">可以从多种监示项目中选一种作为输出信号，输出信号与监示项目的大小成正比</td><td rowspan="2">输出项目输出频率（出厂值设定）</td><td>容许负载阻抗为200～450Ω，输出信号为DC 0～20mA</td></tr>
<tr><td>模拟输出</td><td>AM</td><td>模拟信号输出</td><td>输出信号为DC 0～10V，许可负载电流为1mA（负载阻抗在10kΩ以上），分辨率为8位</td></tr>
</table>

3. 改变控制的逻辑

输入信号出厂时设定为漏型逻辑（SINK）。为了转换控制逻辑，需要转换控制电路端子台背面的跳线。（输出信号不论插头位置如何，均可使用漏型逻辑及源型逻辑）。

表 1-7 通信端子的功能

种类	端子标记		端子名称	端子功能说明
RS-485	—		PU 接口	通过 PU 接口，进行 RS-485 通信。（仅一对一连接）
	RS-485 端子	TXD +	变频器传输端子	通过 RS-485 端子，进行 RS-485 通信 遵守标准：E1A-485（RS-485） 通信方式：多站点通信 通信速率：300 ~ 38400bit/s 最长距离：500m
		TXD −		
		RXD +	变频器接收端子	
		RXD −		
		SG	接地	
USB	—		USB 连接器	与个人计算机通过 USB 连接后，可以实现 FR-Configurator 的操作 接口：支持 USB1.1 传输速度：12Mbit/s 连接器：USB B 连接口（B 插口）

（1）拆卸端子板 松开控制电路端子板底部的两个安装螺钉（螺钉不能被拆下），然后用双手把端子板从控制电路端子背面拉下，如图 1-48a 所示。

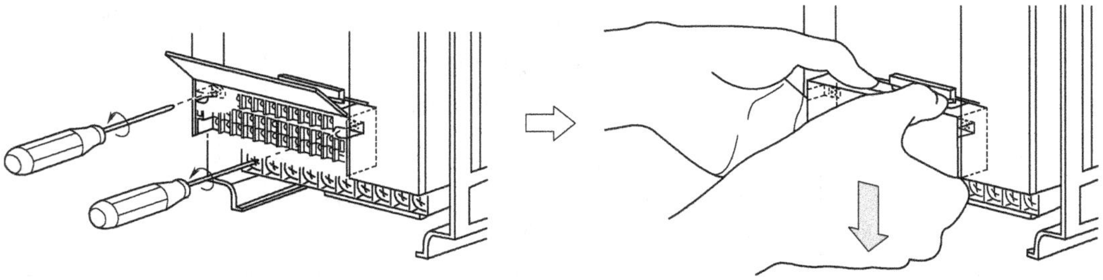

a) b)

图 1-48 拆卸端子板

a）拆卸螺钉 b）拉下端子板

（2）逻辑模式切换 将控制电路端子排里面的漏型逻辑（SINK）跳线接口切换为源型逻辑（SOURCE）接口，可以切换为源型逻辑模式，如图 1-49 所示。

注意：

1）不要把控制电路上的跳线插针弄弯，将控制电路端子板重新安装上并用螺钉把它固定好，如图 1-50 所示。

2）在带电状态下，决不能拆卸。

（3）漏型逻辑及源型逻辑

1）漏型逻辑。在漏型逻辑中，信号端子接通时，电流是从相应的输入端子流出。端子 SD 是触点输入信号的公共端子，端子 SE 是集电极开路输出信号的公共端端子，如图 1-51 所示。

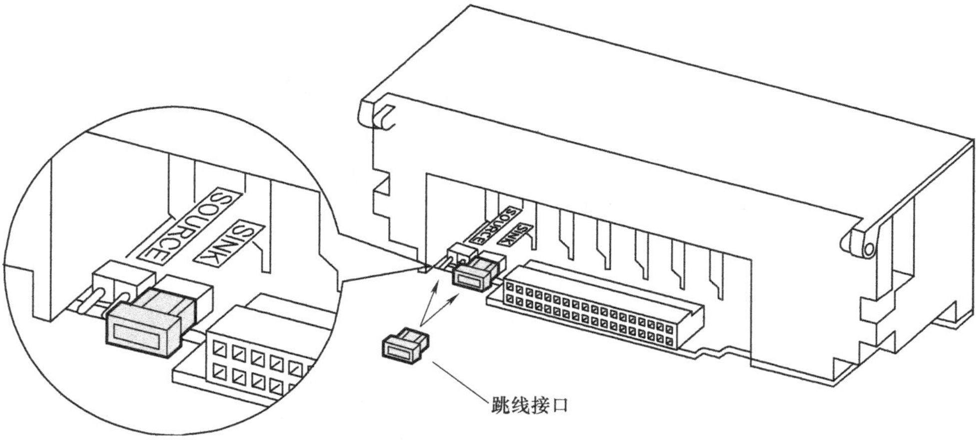

图 1-49 切换源型逻辑模式

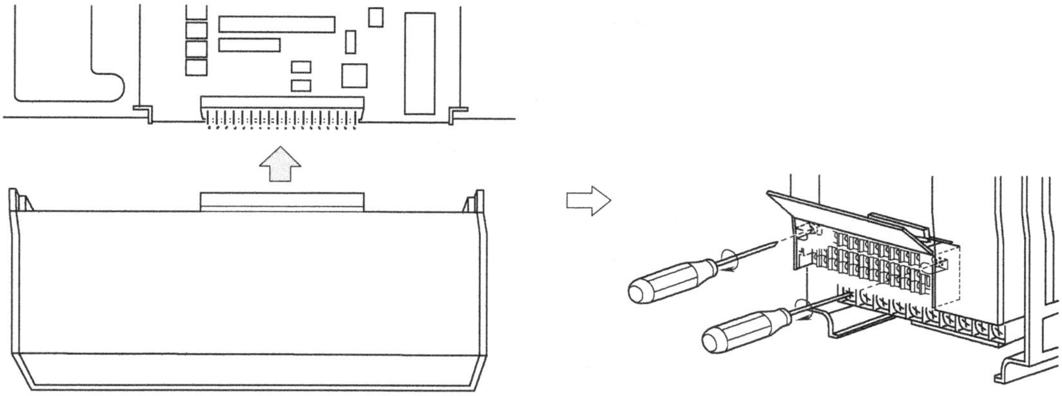

图 1-50 控制电路端子板重新安装逻辑模式切换

2）源型逻辑。源型逻辑模式是指信号输入端子中有电流输入时信号为 ON 的逻辑模式。端子 PC 是触点输入信号的公共端端子，端子 SE 是集电极开路输出信号的公共端端子，如图 1-52 所示。

3）晶体管输入时用外部电源的情况。

① 漏型逻辑。端子 PC 作为公共端子时可以防止漏电流引起的错误动作（变频器 SD 端子请不要与外部电源 0V 端子连接。切端子 PC-SD 间使用 DC 24V 电源时，变频器的外部不可以设置并联的电源，因为有可能会因漏电而导致错误动作），如图 1-53 所示。

② 源型逻辑。使用晶体管输出用的外部电源时，SD 作为公共端子，这样可以防止因漏电而导致的错误动作，如图 1-54 所示。

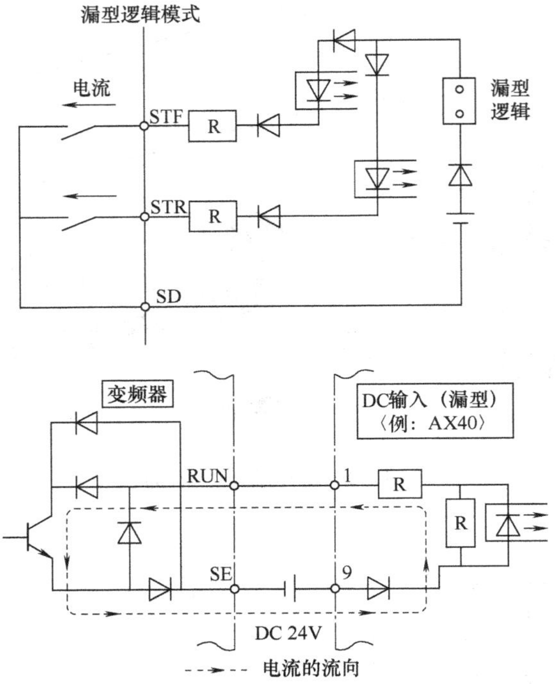

图 1-51　漏型逻辑

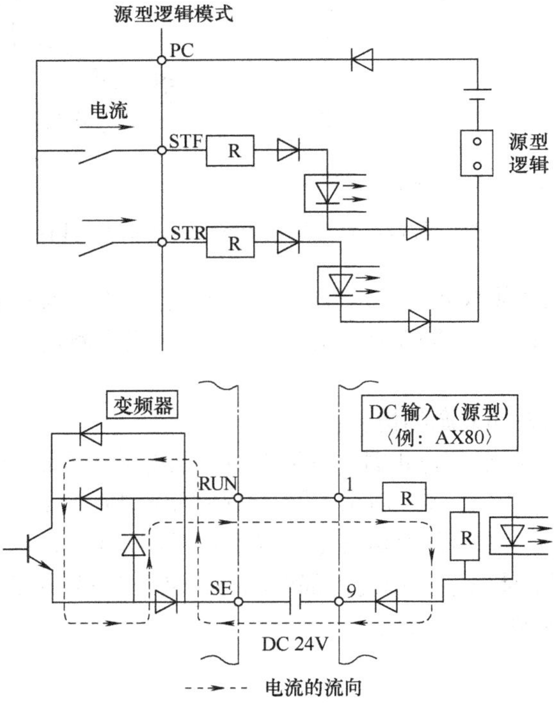

图 1-52　源型逻辑

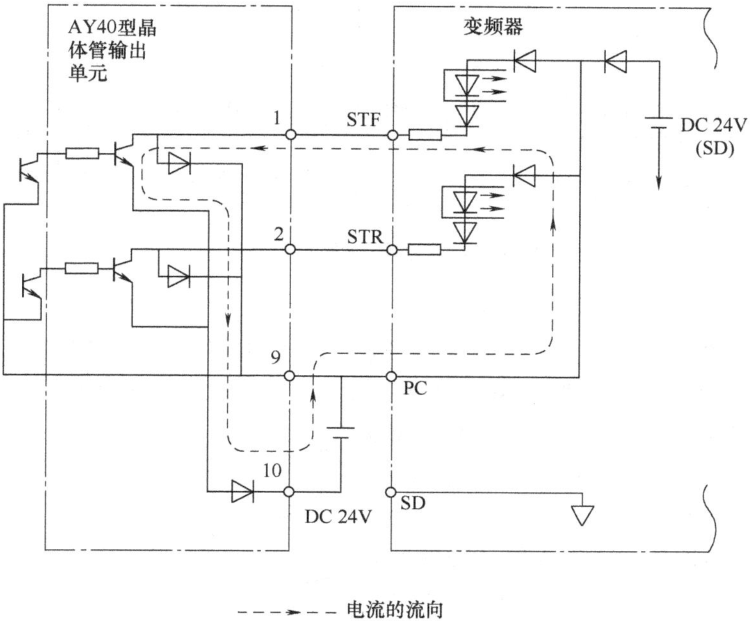

图 1-53　端子 PC 的作用

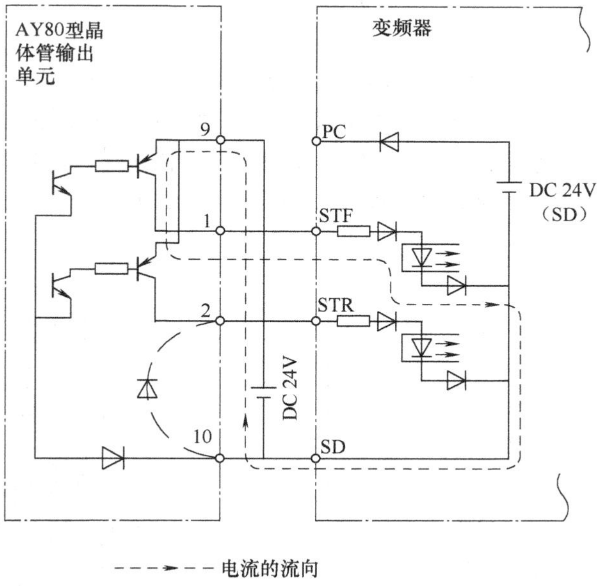

图 1-54　端子 SD 的作用

4. 控制电路的端子排列及接线

（1）控制电路的端子排列　控制电路的端子排列如图 1-55 所示。

端子螺钉尺寸：M3.5。

拧紧转矩：1.2N·m。

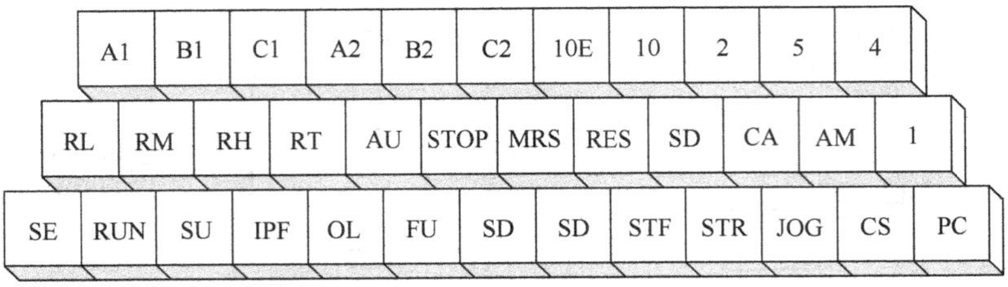

图 1-55　控制电路的端子排列

（2）接线

1）端子 SD、SE 和 5 为 I/O 信号的公共端子，相互隔离，请不要将这些公共端子互相连接或接地。在布线时应避免端子 SD-5 与端子 SE-5 相互连接的布线方式。

2）控制电路端子的接线应使用屏蔽线或双绞线，而且必须与主电路、强电电路（含 200V 继电器控制电路）分开布线。

3）由于控制电路的频率输入信号是微小电流，所以在接点输入的场合，为了防止接触不良，微小信号接点应使用两个并联的接点或使用双生接点，如图 1-56 所示。

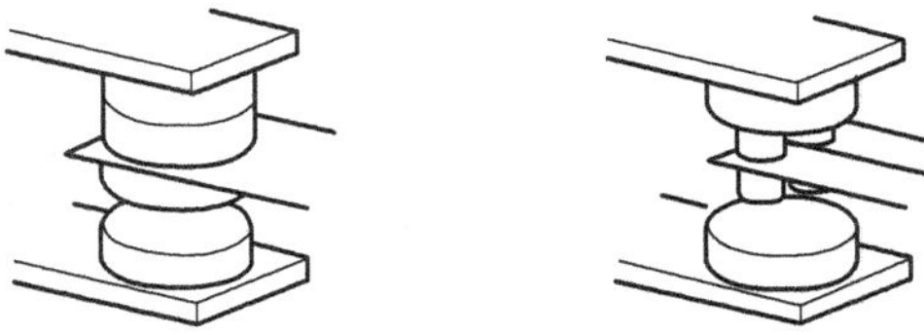

a)　　b)

图 1-56　接点的使用

a）微小信号接点　b）双生接点

4）控制电路的输入端子不要接触强电。

5）故障输出端子（A、B、C）上请务必接上继电线圈或指示灯。

6）连接控制电路端子的电线建议使用 0.75mm² 以上尺寸的电线，在配线数量多时，或者由于配线方法的原因，可能会发生表面护盖松动、操作面板接触不良的情况。

7）75kW 以上的控制电路接线　对 75kW 以上的控制电路接线时，请务必断开主电路接线，将变压器侧面的橡胶塞子刻痕切开捅破，如图 1-57 所示。

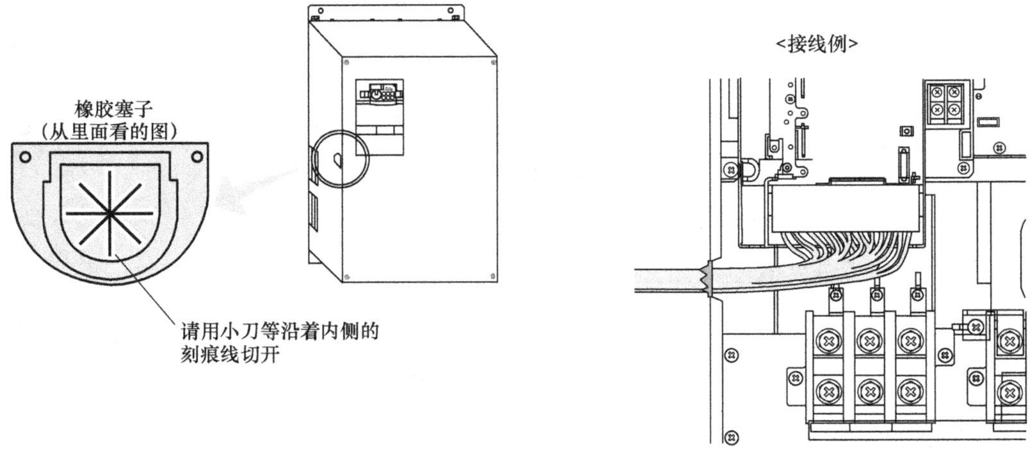

a)　　b)

图 1-57　75kW 以上的控制电路接线

a）切开刻痕　b）控制电路接线

5. 使用连接电缆连接操作面板

使用连接电缆连接操作面板（FR-DU07）与变频器时，可进行控制柜表面安装，且操作较容易，如图1-58所示。

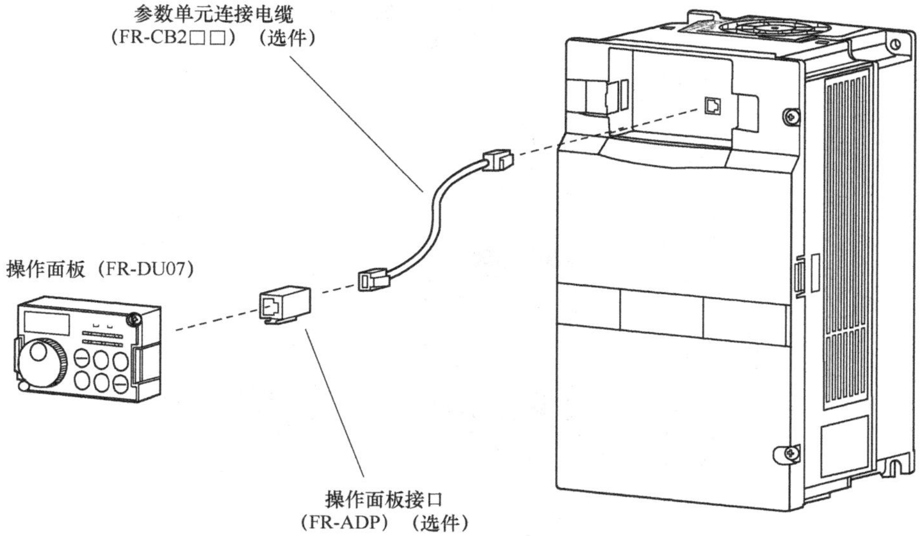

图1-58　使用连接电缆连接操作面板与变频器

6. 通信连接

（1）RS-485端子排　RS-485端子排如图1-59所示。

遵守标准：E1A-485（RS-485）。

通信方式：多站点通信。

最长距离：500m。

连接电源：双绞线（4对）。

（2）通信运行　使用PU接口和RS-485端子连接计算机后，可与计算机进行通信。PU接口用通信电缆连接个人计算机与FA等计算机，用户可以根据客户端程序对变频器进行操作、监视及读出参数、写入操作，如图1-60所示。

（3）USB连接器　可以通过USB连接器（Ver1.1）电缆连接计算机和变频器。可以使用FR-Configurator进行参数设定和监视等。各部分的作用见表1-8。

表1-8　USB连接器各部分的作用

名　　称	作　　用
接口	支持USB1.1
传输速度	12Mbit/s
接线长	最大5m
连接器	USB　B连接器（B插口）
电源	自行供应电源

USB连接器与计算机的连接如图1-61所示。

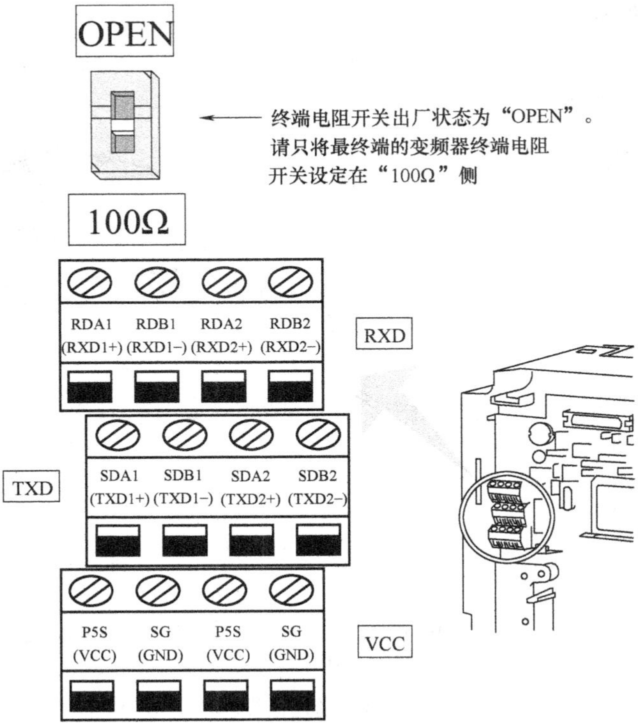

图 1-59　RS-485 端子排

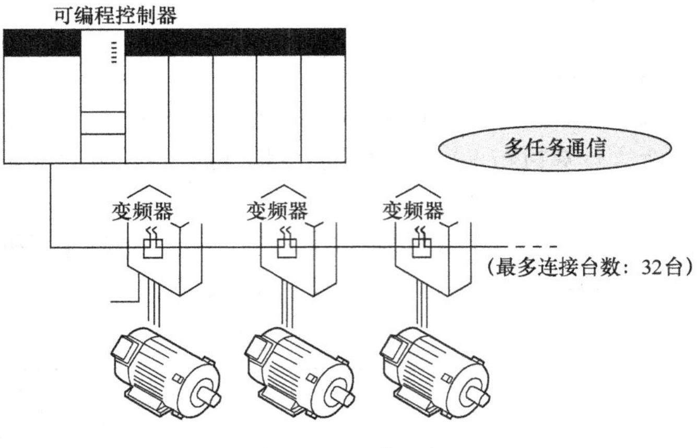

图 1-60　通信运行

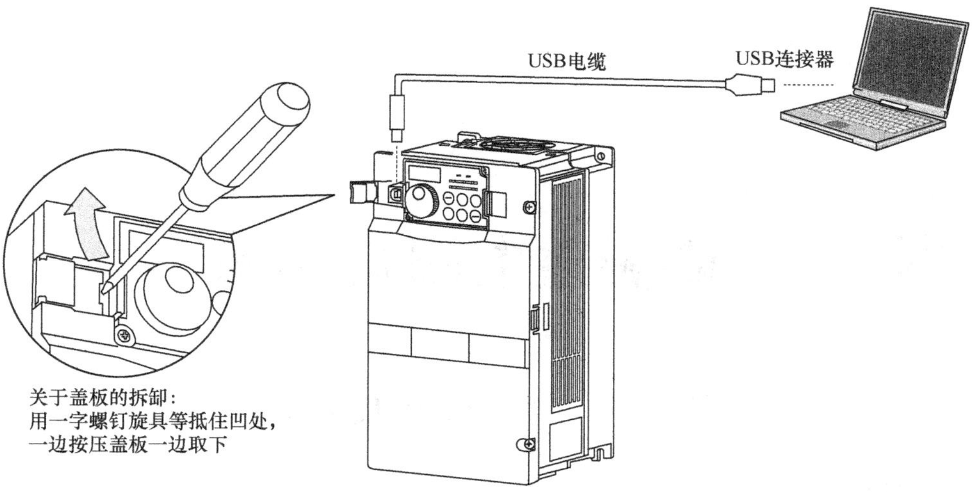

图 1-61　USB 连接器与计算机的连接

第二章 变频器的基本操作

第一节 变频器的参数

变频器控制电动机的运行，其各种性能和运行方式的实现均是通过许多的参数设定来实现的，不同的参数都定义着某一个功能，不同的变频器参数的多少是不一样的。总体来说，有基本功能参数、运行参数、定义控制端子功能参数、附加功能参数、运行模式参数等，理解这些参数的意义，是应用变频器的基础。

一、基本频率参数的功能

1. 给定频率

给定频率即用户根据生产工艺的需求所设定的变频器输出频率。例如，原来工频供电的风机电动机现改为变频调速供电，就可设置给定频率为50Hz，其设置方法有两种：一种是用变频器的操作面板来输入频率的数字量50；另一种是从控制接线端上用外部给定信号（电压或电流）进行调节，最常见的形式就是通过外接电位器来完成。

（1）给定频率方式的选择功能　给定频率可有三种方式供用户选择：

1）面板给定方式。通过面板上的键盘设置给定频率。

2）外接给定方式。通过外部的模拟量或数字输入给定端口，将外部频率给定信号输入变频器。

3）通信接口给定方式。由计算机或其他控制器通过通信接口进行给定。

（2）外接给定信号的选择　外接给定信号有以下两种：

1）电压信号。电压信号一般有0～5V、0～±5V、0～10V、0～±10V等几种。

2）电流信号。电流信号一般有0～20mA、4～20mA两种。

2. 输出频率

输出频率即变频器实际输出的频率。当电动机所带的负载变化时，为使拖动系统稳定，此时变频器的输出频率会根据系统情况不断地调整，因此输出频率是在给定频率附近经常变化的。

3. 基准频率

基准频率也叫做基本频率，用f_b表示。一般以电动机的额定频率f_N作为基准频率f_b的给定值。

基准电压是指输出频率到达基准频率时变频器的输出电压，基准电压通常取电动机的额定电压U_N。基准电压和基准频率的关系如图2-1所示。

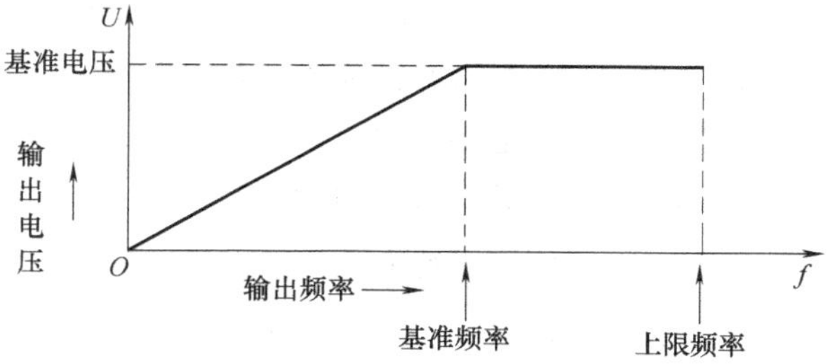

图 2-1　基准电压和基准频率的关系

4. 上限频率和下限频率

上限频率和下限频率是指变频器输出的最高、最低频率，常用f_H和f_L来表示。根据拖动系统所带的负载不同，有时要对电动机的最高、最低转速予以限制，以保证拖动系统的安全和产品的质量。另外，由操作面板的误操作及外部指令信号的误动作引起的频率过高和过低，可通过设置上限频率和下限频率来抑制其不良影响，同时对系统起到保护作用。常用的方法就是给变频器的上限频率和下限频率赋值。当变频器的给定频率高于上限频率f_H或者是低于下限频率f_L时，变频器的输出频率将被限制在上限频率或下限频率，如图 2-2 所示。

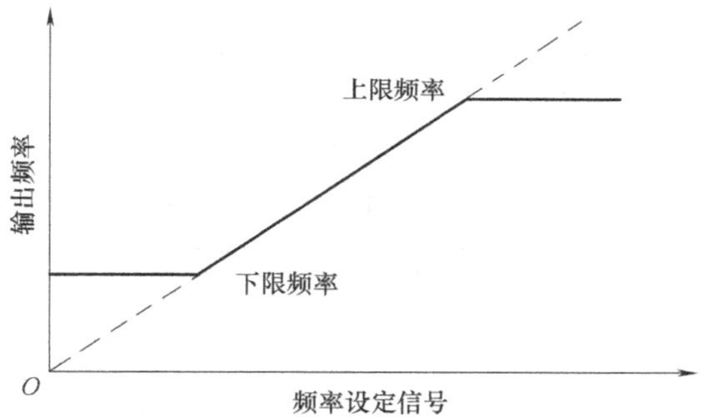

图 2-2　上限频率和下限频率

二、其他频率参数

1. 点动频率

点动频率是指变频器在点动时的给定频率。生产机械在调试以及每次新的加工过程开始前常需进行点动测试，以观察整个拖动系统各部分的运转是否良好。为防止发生意外，大多数点动运转的频率都较低。如果每次点动前都需要将给定频率修改成点动频率是很麻烦的，所以一般的变频器都提供了预置点动频率的功能。如果预置了点动频率，则每次点动时，只需要将变频器的运行模式切换至点动运行模式即可，不必再改动给定频率了。

2. 载波频率（PWM 频率）

PWM 变频器的输出电压是一系列脉冲，脉冲的宽度和间隔均不相等，其大小取决于调制波（基波）和载波（三角波）的交点。载波频率越高，一个周期内脉冲的个数越多，也就是说脉冲的频率越高，电流波形的平滑性就越好，但是对其他设备的干扰也越大。载波频率如果预置不合适，还会引起电动机铁心的振动而发出噪声，因此一般的变频器都提供了 PWM 频率调整的功能，使用户在一定的范围内可以调节该频率，从而使得系统的噪声最小，波形平滑性最好，同时干扰也最小。载波频率的特性见表 2-1。

表 2-1　载波频率的特性

载波频率	电磁噪声	杂音、泄漏电流	电流波形
1kHz	大	小	
8kHz	↓	↑	↓
15kHz	小	大	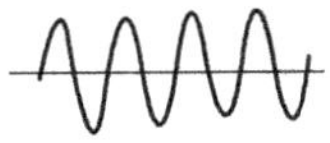

3. 起动频率

起动频率是指电动机开始起动时的频率，常用f_S表示。这个频率可以从 0 开始，但是对于惯性较大或是摩擦转矩较大的负载，需加大起动转矩。起动频率可以加大至f_S，此时起动电流也较大。一般的变频器都可以预置起动频率，一旦预置该频率，变频器对小于起动频率的运行频率将不予理睬。

给定起动频率的原则是：在起动电流不超过允许值的前提下，拖动系统能够顺利起动为宜。

4. 多挡转速频率

由于工艺上的要求，很多生产机械在不同的阶段需要在不同的转速下运行。为方便这种负载，大多数变频器均提供了多挡频率控制功能。它是通过几个开关的通、断组合来选择不同的运行频率。

5. 转矩提升

此参数主要用于设定电动机起动时的转矩大小，通过设定此参数，可以补偿电动机绕组上的电压降，改善电动机低速时的转矩性能，若该参数设定过小，起动转矩就不够，一般将转矩提升的最大值设定为 10%，如图 2-3 所示。

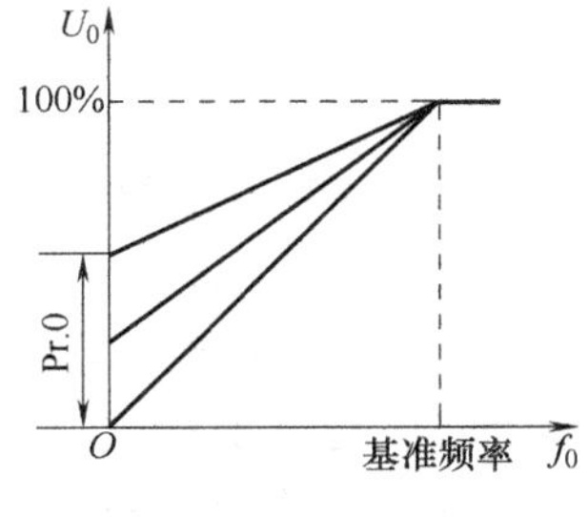

图 2-3　转矩提升功能

6. 简单模式参数

在初始设定值不作任何改变的状态下，要实现变频器变速运行，需要根据负荷或运行规格等设定必要的参数，可以在操作面板（FR-PU07）上进行参数的设定、变更等操作。

通过 Pr. 160 用户参数组可以进行读取选择的设定，这里仅显示简单模式参数（初始设定时将显示全部参数）。可根据需要进行 Pr. 160 用户参数组读取选择的设定。Pr. 160 用户参数组见表 2-2。

简单模式参数见表 2-3。

表 2-2　Pr. 160 用户参数组

Pr. 160	内　容
9999	只能显示简单模式参数
0（初始值）	可以显示简单模式参数和扩展模式参数
1	可以显示用户参数组中登录的参数

表 2-3　简单模式参数

参数编号	名　称	单　位	初　始　值	范　围	用　　途
0	转矩提升	0.1%	6%/4%/3%/2%	0% ~30%	U/*f* 控制时，想进一步提高起动时的转矩，在加负载后电动机不转、输出报警（OL）且（OC1）发生跳闸的情况下使用，初始值因变频器的容量不同而不同
1	上限频率	0.01Hz	120/60Hz	0 ~120Hz	设置输出频率的上限时使用
2	下限频率	0.01Hz	0Hz	0 ~120Hz	设置输出频率的下限时使用
3	基准频率	0.01Hz	50Hz	0 ~400Hz	根据电动机的额定铭牌进行确认
4	3 速设定（高速）	0.01Hz	50Hz	0 ~400Hz	用参数设定运转速度，用端子切换速度时进行设定
5	3 速设定（中速）	0.01Hz	30Hz	0 ~400Hz	
6	3 速设定（低速）	0.01Hz	10Hz	0 ~400Hz	
7	加速时间	0.1s	5s/10s/15s	0 ~3600s	可以设定加减速时间 初始值根据变频器的功率不同而不同（3.7kW 以下、5.5kW、7.5kW、11kW、15kW）
8	减速时间	0.1s	5s/10s/15s	0 ~3600s	
9	电子过电流保护器	0.01A	变频器额定输出电流	0 ~500A	用变频器对电动机进行热保护；设定电动机的额定电流
79	运行模式选择	1	0	0，1，2，3，4，6，7	选择起动指令场所和频率设定场所
125	端子 2 频率设定增益频率	0.01Hz	50Hz	0 ~400Hz	改变最大值（5V 初始值）对应的频率
126	端子 4 频率设定增益频率	0.01Hz	50Hz	0 ~400Hz	电流最大输入（20mA 初始值）
160	用户参数组读取选择	1	0	0.1，9999	可以限制通过操作面板或参数单元读取的参数

第二节　变频器的试运行操作

一、运行步骤

变频器需要设置频率指令与起动指令。将起动指令设为 ON 后电动机便开始运转，同时根据频率指令（设定频率）来决定电动机的转速。请参照如图 2-4 所示的操作流程图进行设定。

二、操作面板

1. 操作面板的名称

操作面板不能从变频器上拆下。操作面板的名称如图 2-5 所示。

2. 面板操作的基本内容

面板操作的基本内容包括：监视器、频率设定、参数设定和报警历史等，如图 2-6 所示。

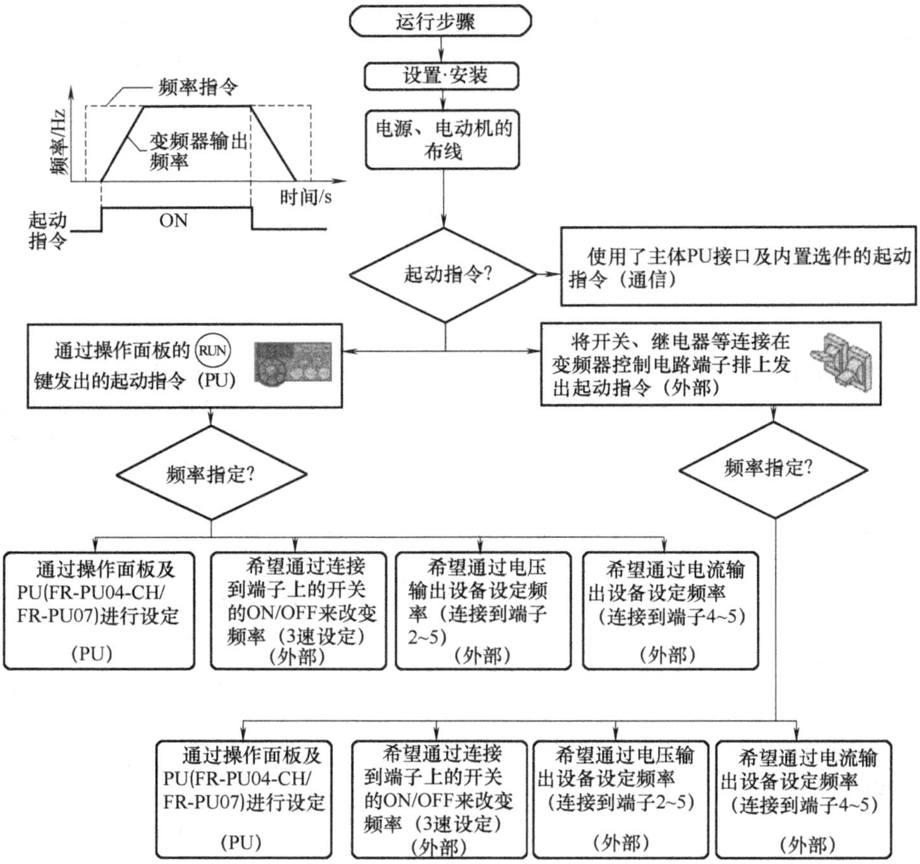

图 2-4　操作流程图

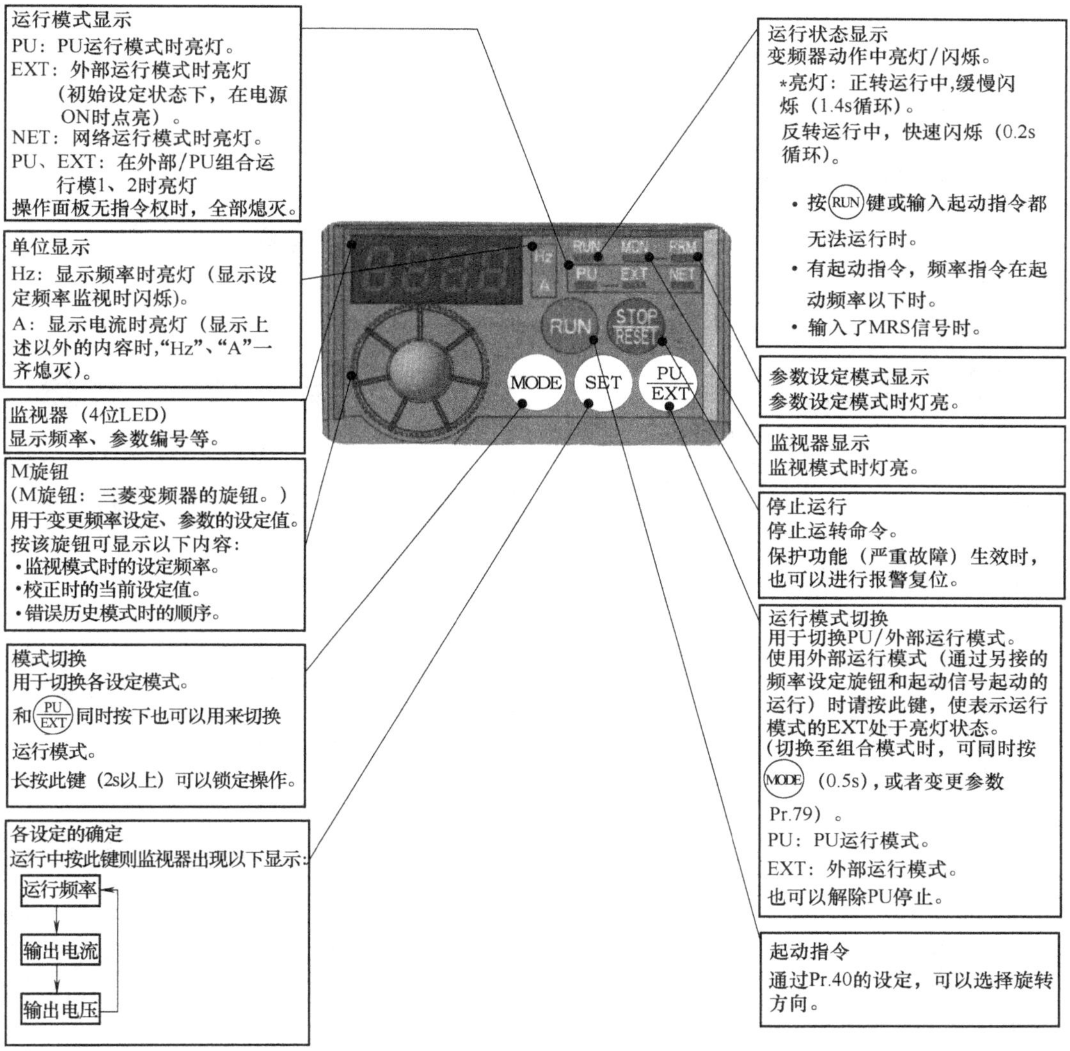

图 2-5　操作面板的名称

3. 简单设定运行模式

可通过简单的操作来完成利用起动指令和速度指令的组合进行 Pr. 79 运行模式选择的设定。

起动指令：外部（STF、STR）；频率指令：通过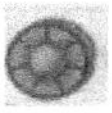运行。具体操作步骤如图 2-7 所示，运行操作设置见表 2-4。

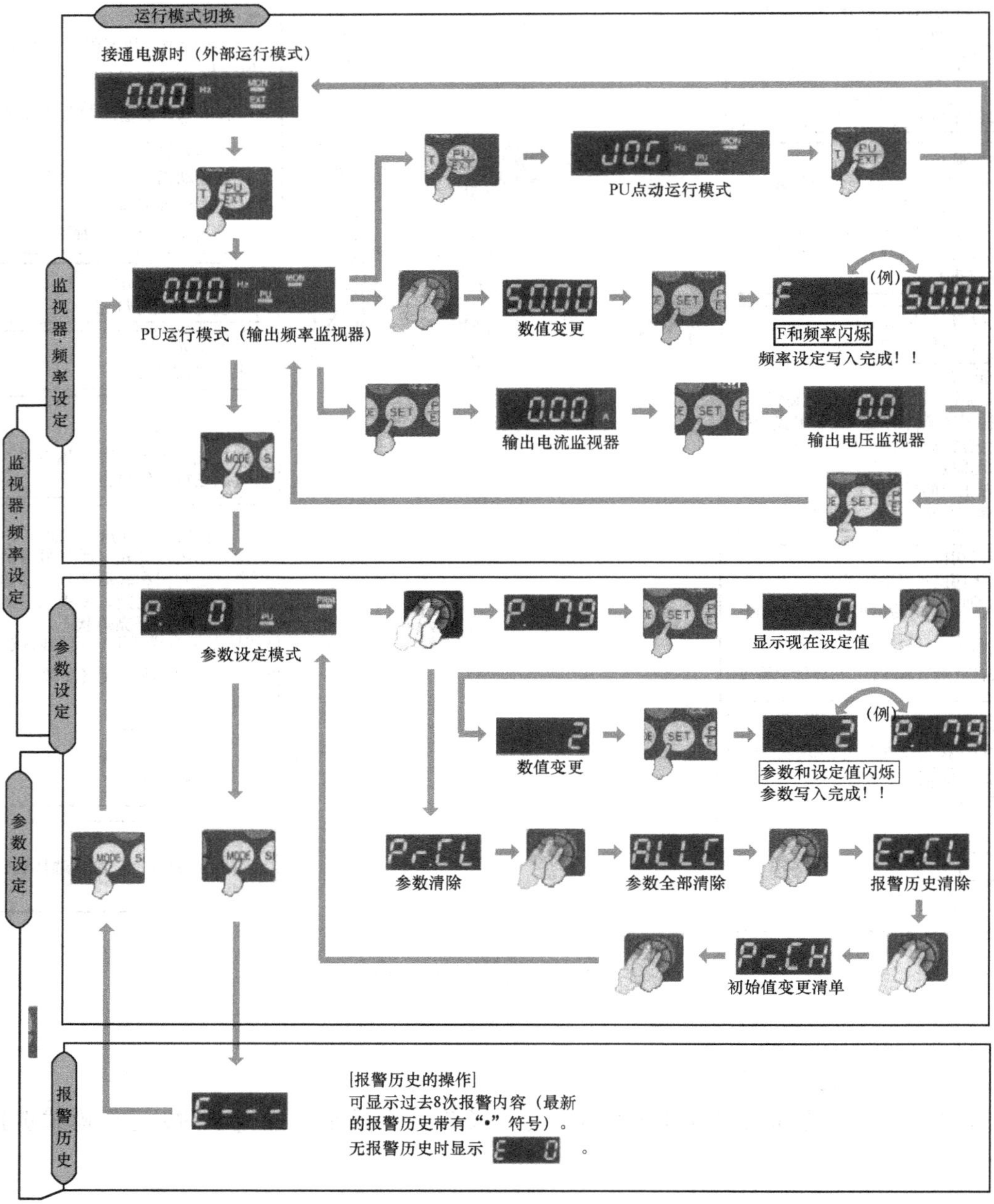

运行模式切换
接通电源时（外部运行模式）
PU点动运行模式
PU运行模式（输出频率监视器）
数值变更
(例)
F和频率闪烁
频率设定写入完成！！
输出电流监视器
输出电压监视器
监视器·频率设定
参数设定模式
显示现在设定值
数值变更
参数和设定值闪烁
参数写入完成！！
参数清除
参数全部清除
报警历史清除
初始值变更清单
参数设定
报警历史
[报警历史的操作]
可显示过去8次报警内容（最新的报警历史带有“•”符号）。
无报警历史时显示

图 2-6　面板的基本操作

操　作	显　示

1.电源接通时显示的监视器画面。

2.同时按住(PU/EXT)和(MODE)按钮0.5s。

3.旋转旋钮，将值设定为 79-3（关于其他设定，请参照表2-4）。

4.按(SET)键确定。

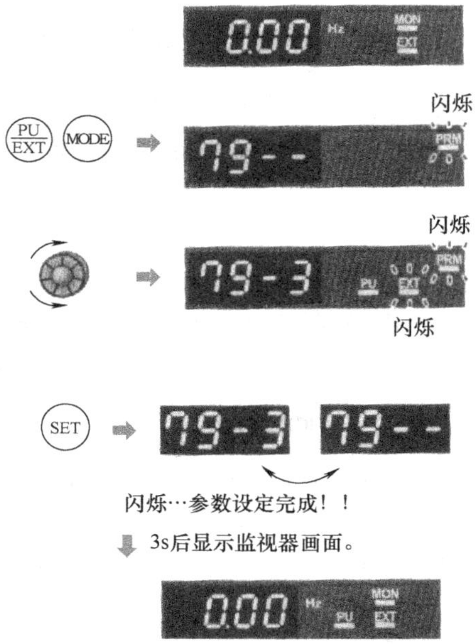

图 2-7　简单设定运行模式操作步骤

表 2-4　运行操作设置

操作面板显示	运行方法	
	起动指令	频率指令
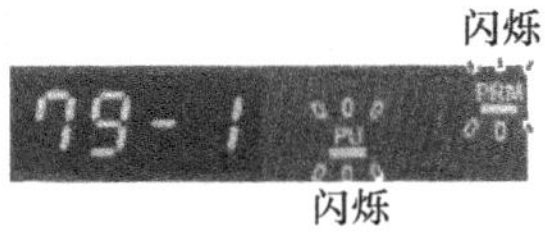	RUN	
	外部 （STF、STR）	模拟 电压输入
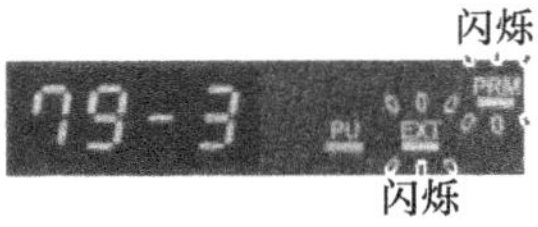	外部 （STF、STR）	
	RUN	模拟 电压输入

注意：

1）运行中不能设定，关闭起动指令（RUN、STF、STR）后再进行设定。

2）按 SET 键前按 MODE 键可以取消设定，返回监视器画面。如果是在 PU 运行模式（PU、JOG 运行模式）下则切换到外部运行模式，若在外部运行模式下则切换到 PU 运行模式。

3）按 STOP/RESET 键可复位。

4）Pr. 79 = “3” 的频率指令的优先顺序是：多段速运行（RL/RM/RH/REX）> PID 控制（X14）> 端子 4 模拟输入（AU）> 在操作面板上进行的数字输入。

4. 操作锁定（长按 MODE 键 2s）

FR-E700 系列变频器的锁定功能可使操作面板的 M 旋钮、键盘操作无效，从而可以防止参数变更或出现意外起动或停止。若要实现锁 M 旋钮和键盘，设置 Pr. 161 频率设定/键盘锁定操作为 “10”；若要单纯锁 M 旋钮，可将 Pr. 161 设置为 “11”，此时，键锁有效。

M 旋钮、键盘操作无效后操作面板会显示 “HOLd” 字样。在 M 旋钮、键盘操作无效的状态下，旋转 M 旋钮或者或者进行键盘操作将显示 “HOLd” 字样（2s 之内无 M 旋钮及键盘操作时则回到监视画面）。

如果想再次使 M 旋钮与键盘操作有效，按住 MODE 键 2s 左右即可。

具体操作步骤如图 2-8 所示。

5. 监视输出电流和输出电压

在监视模式中，按 SET 键可以循环显示输出频率、输出电压和输出电流。FR-E700 系列变频器的监视操作如图 2-9 所示。

6. 第一优先监视器

持续按 SET 键 1s，可设置监视模式下最先显示的内容。

若要恢复到输出频率监视画面时，首先使监视器显示输出频率，然后持续按住 SET 键 1s。

7. 按 M 旋钮

按 M 旋钮（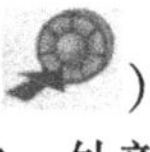），将显示当前设定的频率。

PU 运行模式、外部/PU 组合运行模式 1（Pr. 79 =“3”）时显示。

8. 变更参数的设定值

变更参数设定值的操作如图 2-10 所示，这里以变更上限频率的操作为例。

注意：

1）在操作过程中如有 Er 1 ~ Er 4，则表示下列错误：

Er 1——显示……，是禁止写入错误；

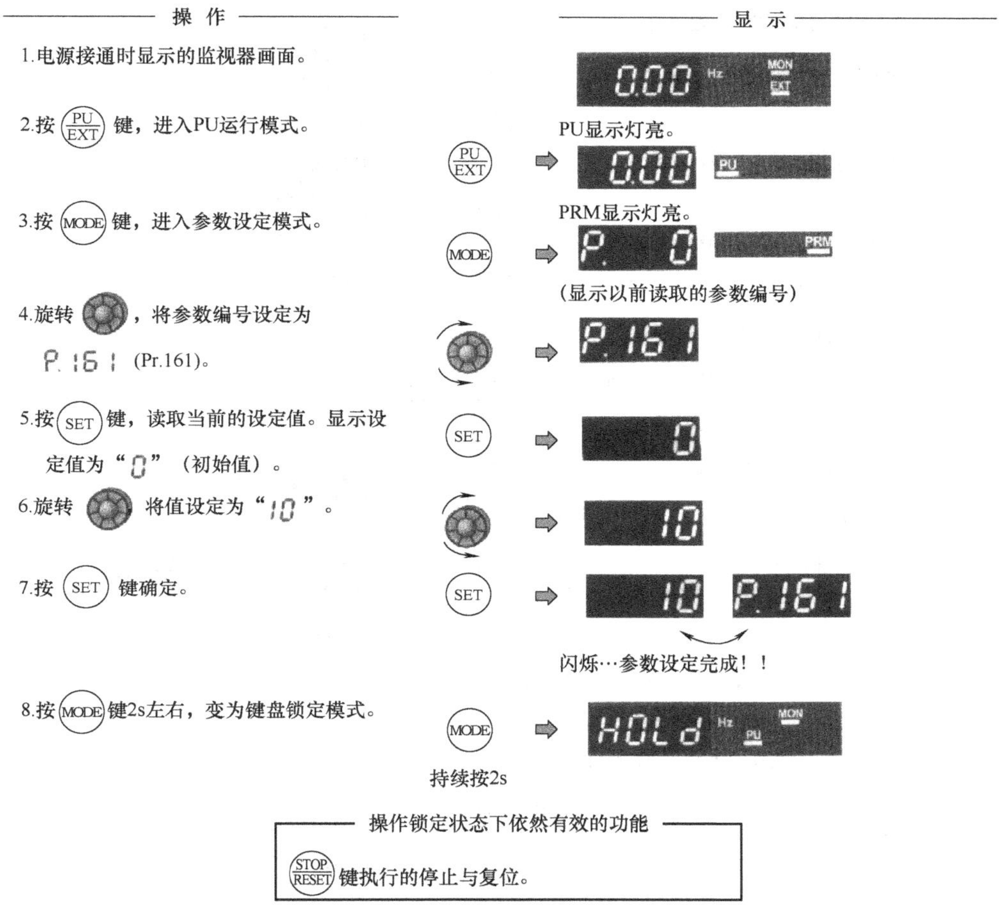

图 2-8 操作步骤

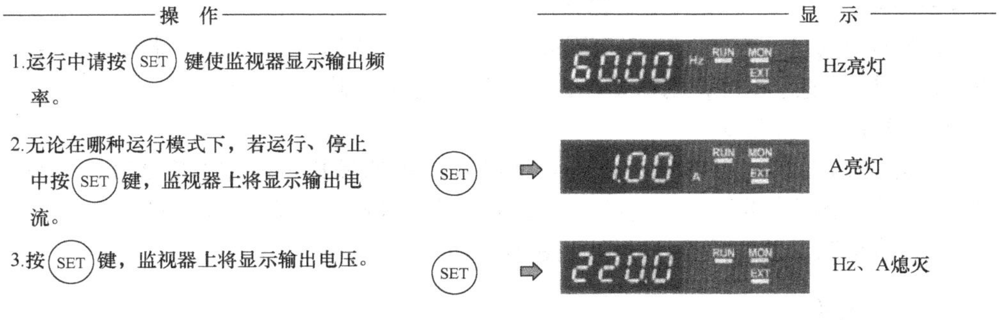

图 2-9 监视操作

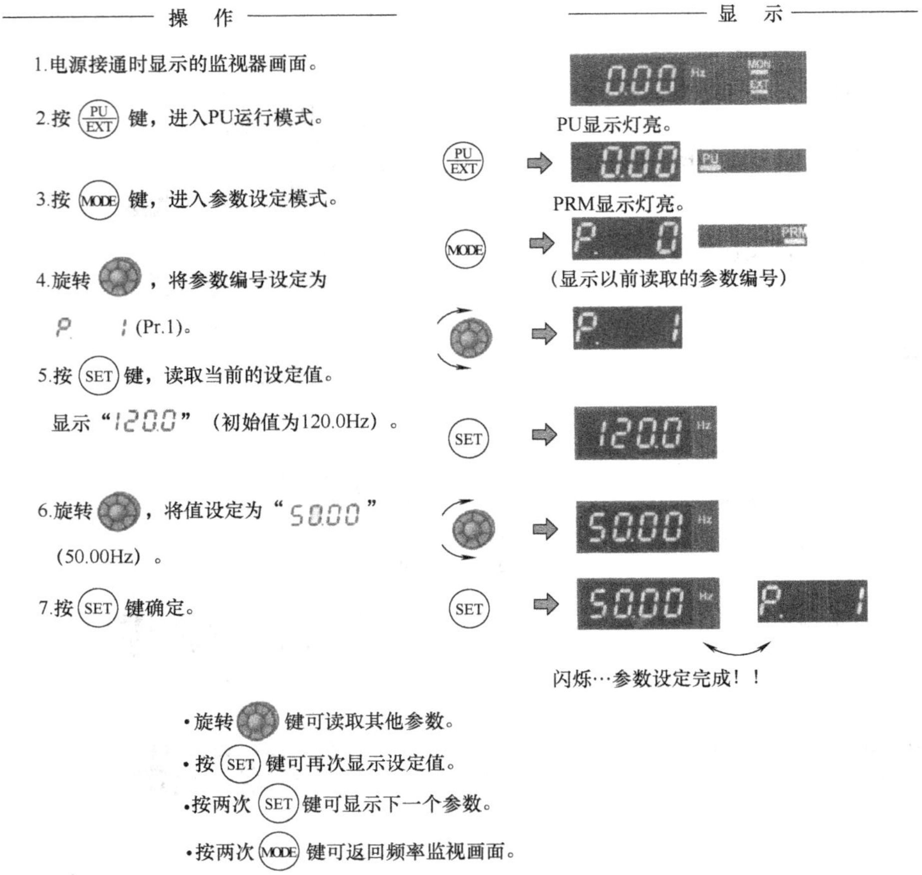

图 2-10　变更参数设定值的操作

Er 2——显示……，是运行中写入错误；

Er 3——显示……，是校正错误；

Er 4——显示……，是模式指定错误。

2）操作面板的显示位数为 4 位。因此只能显示、设定前 4 位数字。若数值位数（包括小数点后的位数）超过 4 位，则第 5 位以后的数字将无法显示及设定。

9. *参数清除和全部清除*

通过设定 Pr. CL 参数清除 = “1”，可清除已设定的参数；通过设定 ALLC 参数全部清除 = “1”，可将全部参数恢复为初始值（如果设定为 Pr. 77 参数写入选择 = “1”，则无法清除），参数清除和全部清除操作步骤如图 2-11 所示。

10. *初始值变更清单*

该功能可显示并设定初始值变更后的参数，具体操作步骤如图 2-12 所示。

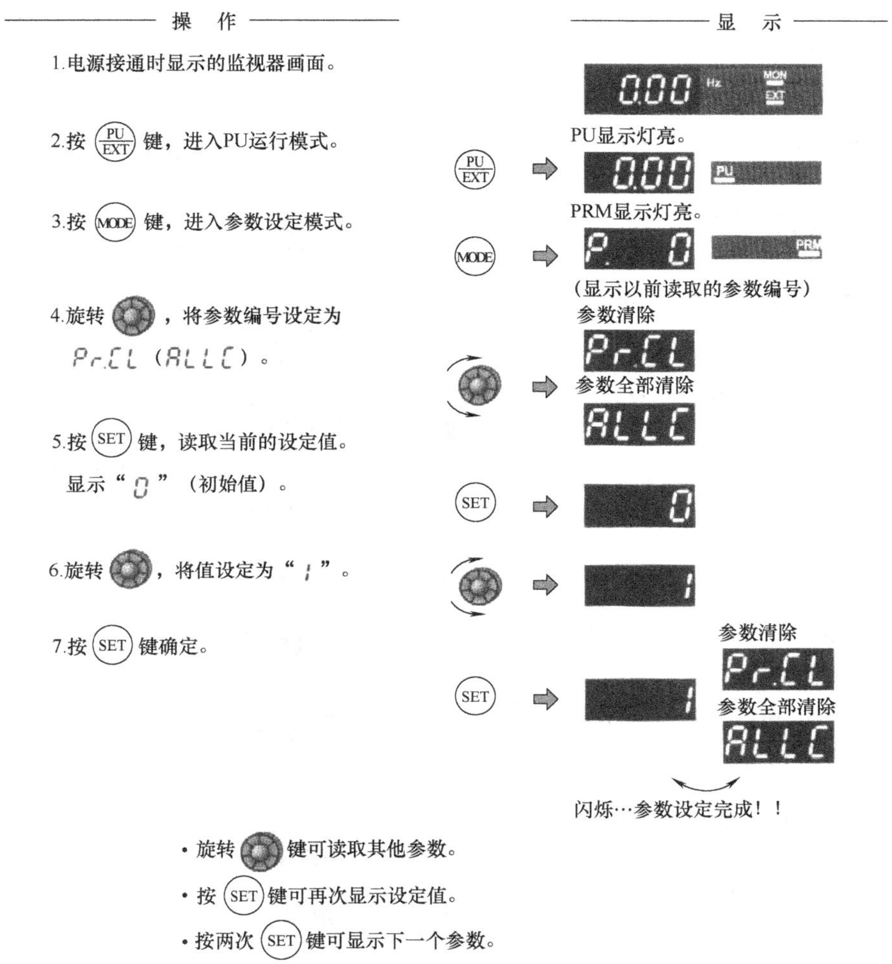

图 2-11　参数清除和全部清除操作步骤

11. 报警历史的确认与清除

（1）报警（重故障）历史的确认　确认报警（重故障）历史的操作步骤如图 2-13 所示。

（2）清除　设置 Er. CL 报警历史清除 = “1” 时可以清除报警历史（如果设定 Pr. 77 参数写入选择 = “1”，则无法消除），具体操作步骤如图 2-14 所示。

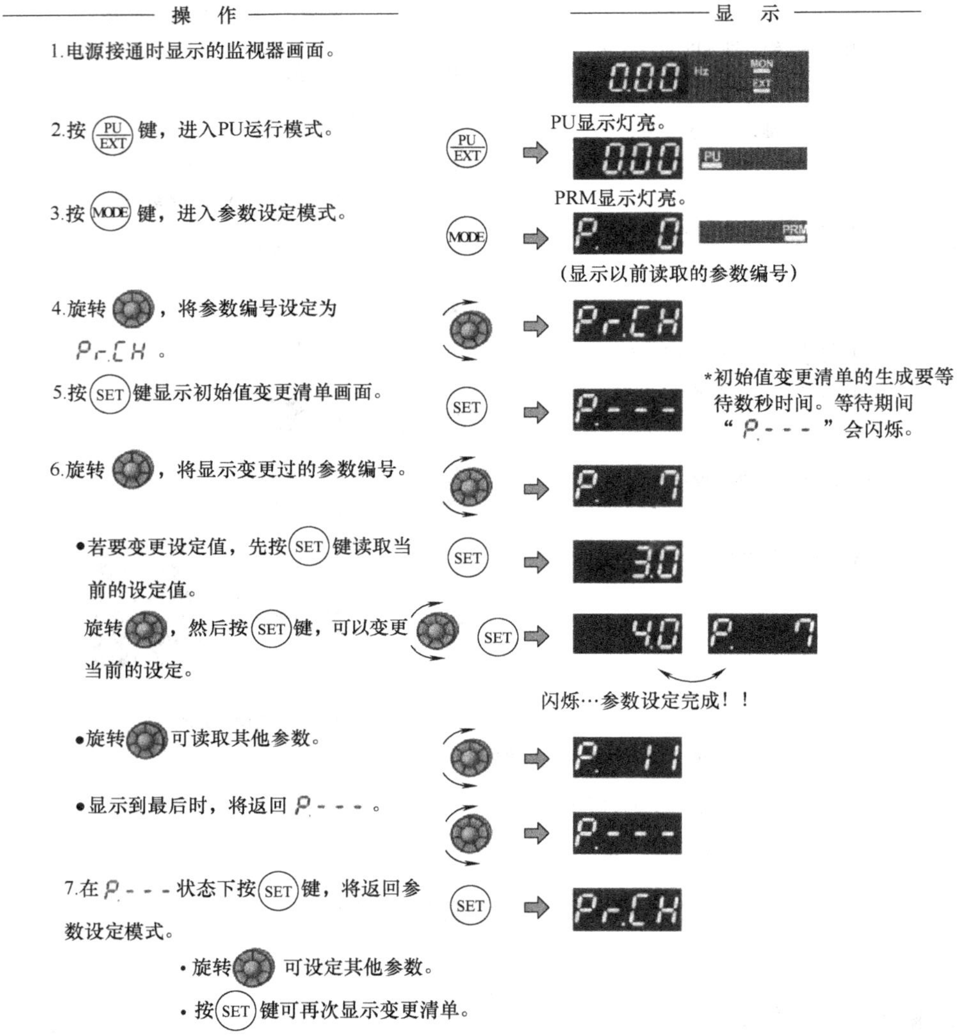

图 2-12　初始值变更清单操作步骤

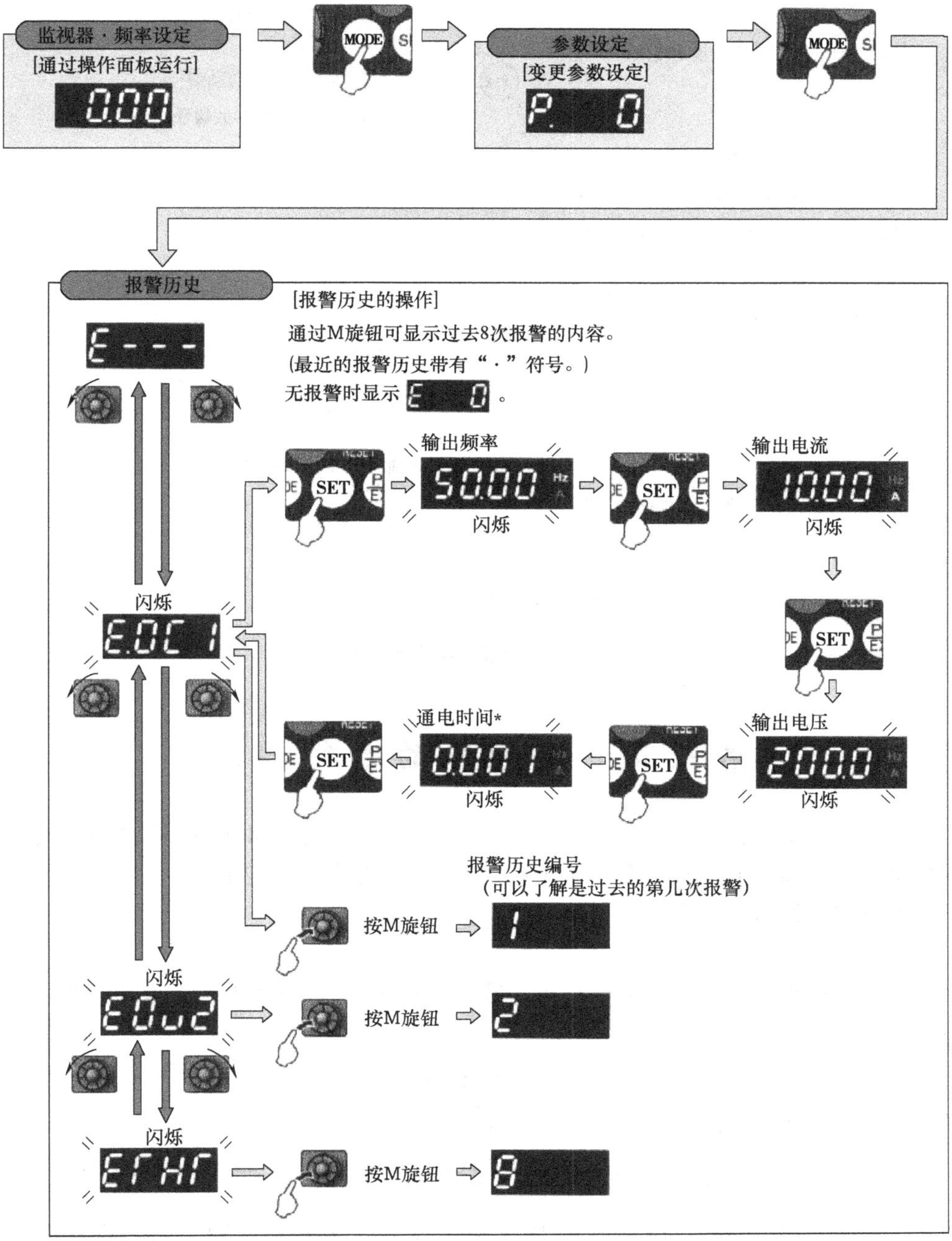

图 2-13　确认报警（重故障）历史的操作步骤

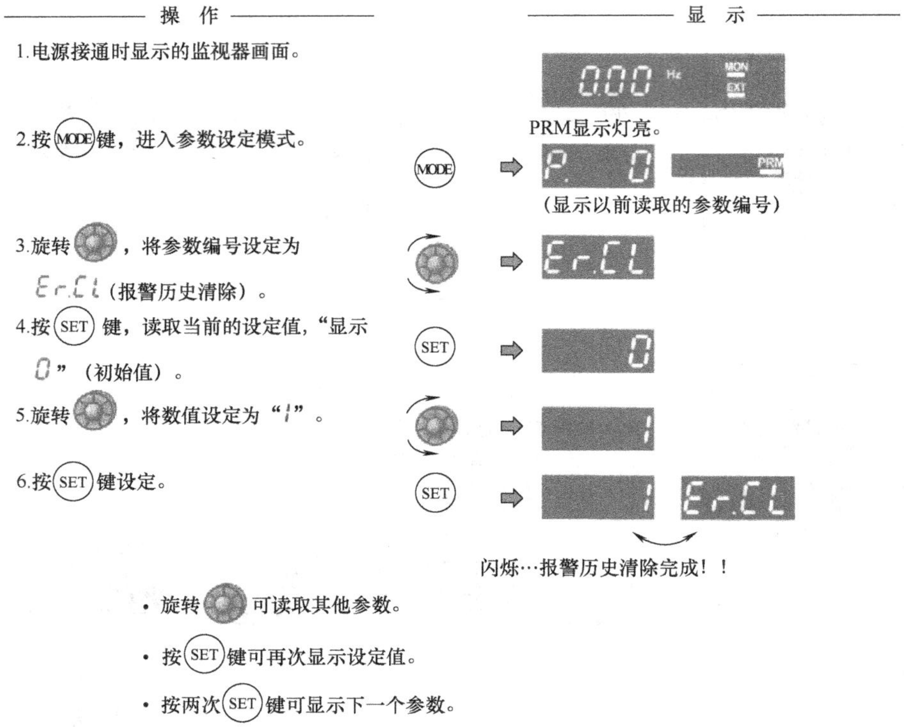

图2-14 清除报警历史操作步骤

第三节 变频器的运行操作

变频器的基本操作包括变频器运行前的操作、PU运行操作和外部运行操作。变频器的基本操作是应用变频器的基础，掌握这些基本操作要求是非常必要的。

一、变频器运行前的操作

1. 用变频器对电动机进行热保护

为了防止电动机温度过高，把电动机的额定电流设定到Pr. 9电子过电流保护，具体内容见表2-5。

表2-5 Pr. 9电子过电流保护设置

参数编号	名 称	初始值	设定范围	内 容
9	电子过电流保护	变频器额定输出电流	15kW以下、0～500A	设定电动机的额定电流

例如：根据电动机的额定电流变更Pr. 9电子过电流保护为3.5A，具体操作如图2-15所示。

检测到电动机的过电流保护后，停止变频器晶体管输出的动作并停止输出。

注意：

1）电子过电流保护功能会在变频器的电源复位及复位信号输入后恢复到初始状态，所以应该尽量避免不必要的复位或电源切断操作。

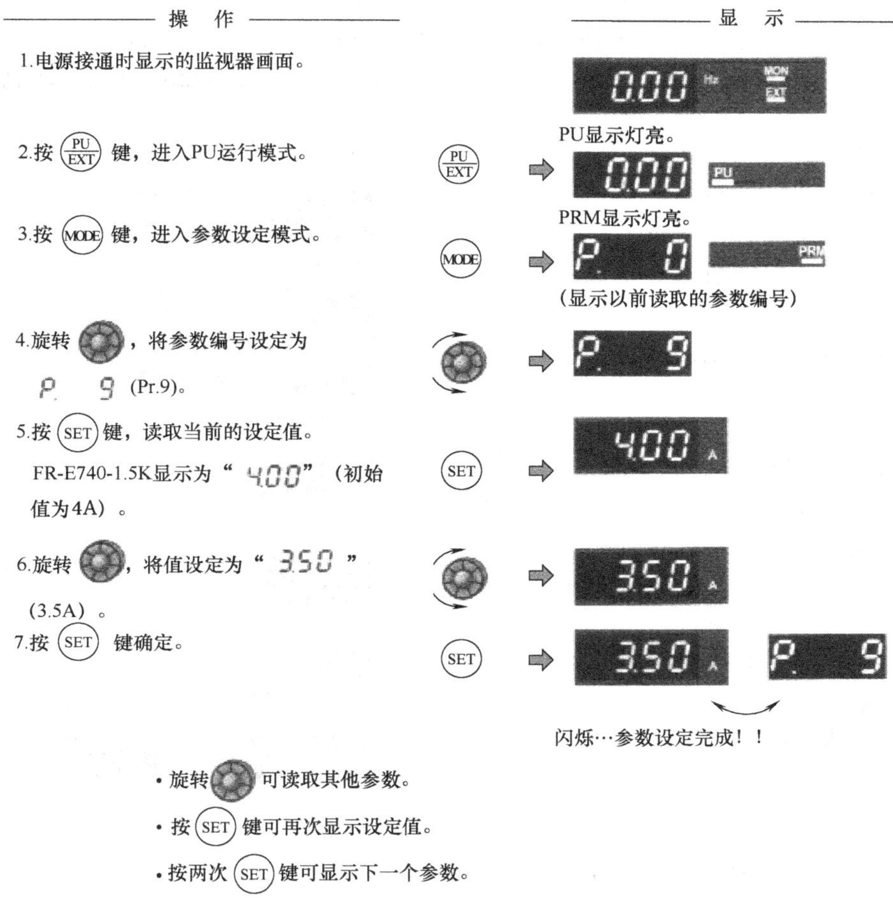

图 2-15 电子过电流保护操作

2）连接多台电动机时，电子过电流保护功能无效，每台电动机分别使用外部热继电器。

3）变频器与电动机的功率差较大，设置值变小时，电子过电流的保护作用降低，这种情况下应该使用外部热继电器。

4）特殊电动机不能用电子过电流来进行保护，要使用外部热继电器。

5）当电子过电流保护的设定值低于变频器的5%时，可能会出现电子过电流保护不动作的情况。

2. 电动机的额定频率是60Hz 时的操作

首先确认电动机的额定铭牌，如果铭牌上只有“60Hz”，Pr. 3 的基准频率一定要设置为“60Hz”。Pr. 3 的具体内容见表 2-6。

例如：根据电动机的额定频率把 Pr. 3 基准频率变更为 60Hz，具体操作步骤如图 2-16 所示。

表 2-6　Pr. 3 基准频率的设定

参数编号	名　称	初始值/Hz	设定范围/Hz	内　容
3	基准频率	50	0～400	设定电动机在额定转矩时的频率

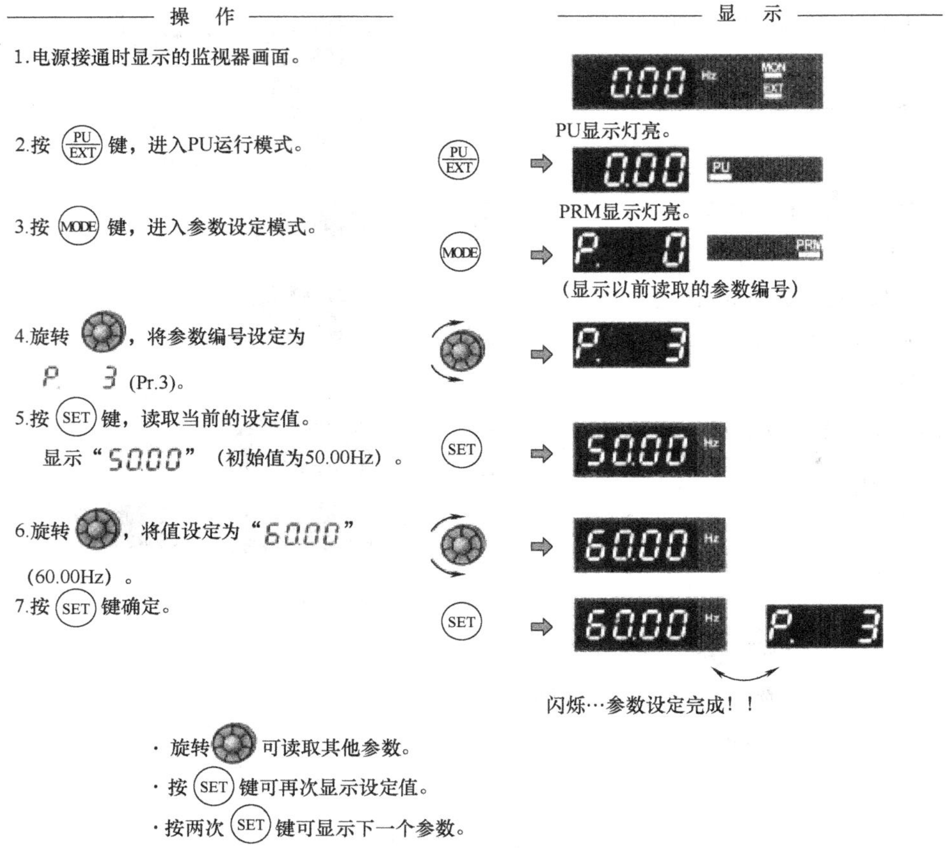

图 2-16　Pr. 3 基准频率变更为 60Hz

注意：在先进磁通矢量控制、实时无传感器矢量控制和矢量控制中，Pr. 3 无效，Pr. 84 电动机的额定频率有效。

3. 提高电动机的起动转矩

在“施加负载后电动机不转动”或“出现警报【OL】、【OC1】跳闸”的情况下，可以通过设定 Pr. 0 对转矩进行设定。Pr. 0 的具体内容见表 2-7。

表 2-7　Pr. 0 转矩操作的设定

参数编号	名　称	初　始　值		设定范围/kW	内　容
0	转矩提升	0.4～0.75	6%	0～30%	可以根据负载的情况，提高低频时电动机的起动转矩
		1.5～3.7	4%		
		5.5～7.5	3%		
		11～15	2%		

输出电压与基准频率的关系如图 2-17 所示。

例如：带上负载后观察电动机的动作，每次把 Pr. 0 的设定值提高 1% （每次最多提高 10%），具体操作步骤如图 2-18 所示。

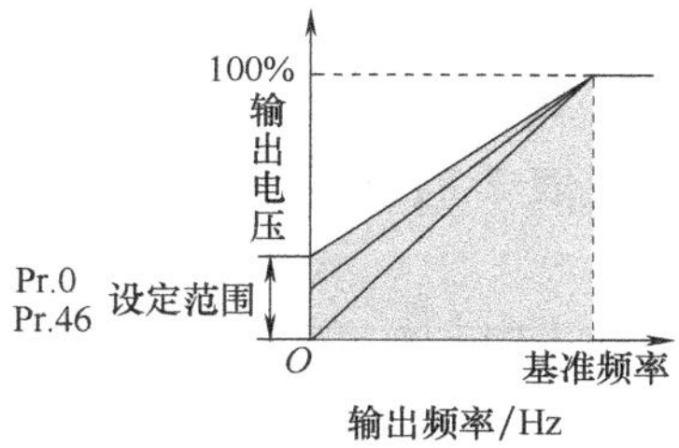

图 2-17　输出电压与基准频率的关系

注意：

1）如果设定值过大，可能引起电动机过热，从而引发过电流切断（OL（过电流报警））后转为 E. OC1（加速中过电流故障）或引发过载切断（E. THM（电动机过载切断））、过负荷切断（E. THT（变频器过负荷切断））。

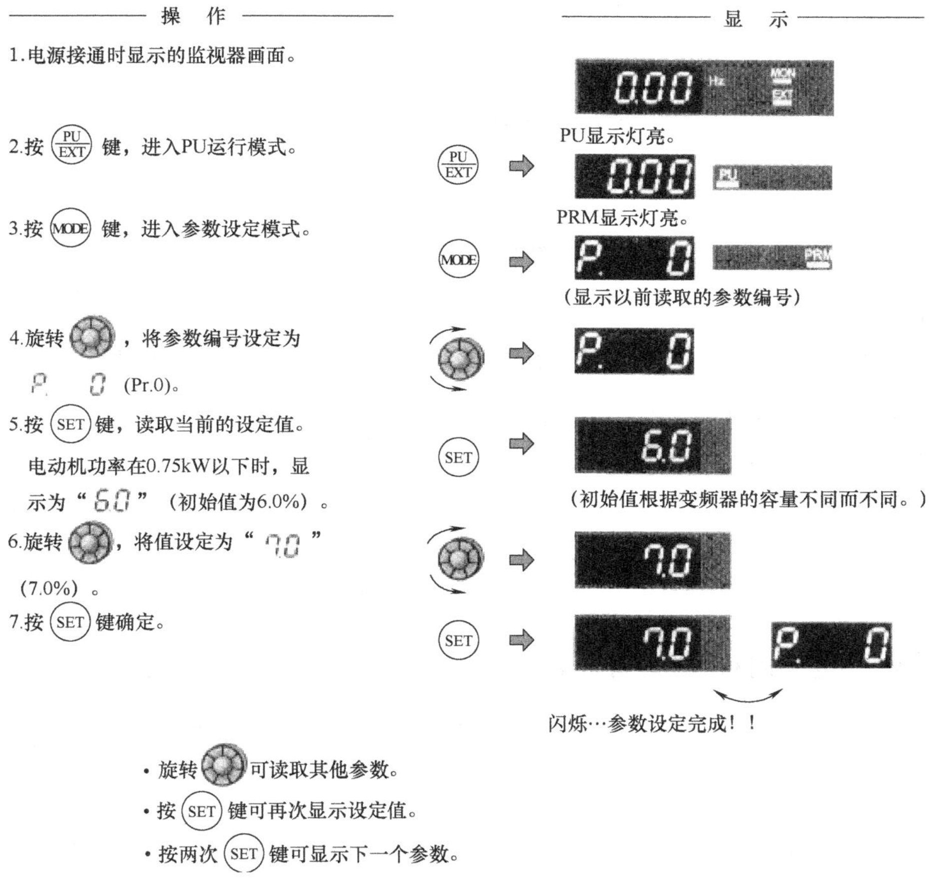

图 2-18　Pr. 0 的设定值提高操作

2）保护功能动作时，取消起动指令，每次把 Pr. 0 的设定值降下 1% 再试。

3）即使这样操作后也不运转时，可以设定 Pr. 80、Pr. 81（先进磁通控制）或 Pr. 800（实时无传感器矢量控制）。

4）使用先进磁通矢量控制、实时无传感器矢量控制或矢量控制时，Pr. 0 的设定变得无效。

4. 设置输出频率的上下限

设置输出频率的上下限可以限制电动机的速度。Pr. 1、Pr. 2 输出频率的上下限设定的具体内容见表 2-8，速度图如图 2-19 所示，操作步骤如图 2-20 所示。

表 2-8　Pr. 1、Pr. 2 输出频率的上下限设定

参数编号	名　称	初始值/Hz	设定范围/Hz	内　容
1	上限频率	120	0～120	设定输出频率的上限
2	下限频率	0	0～120	设定输出频率的下限

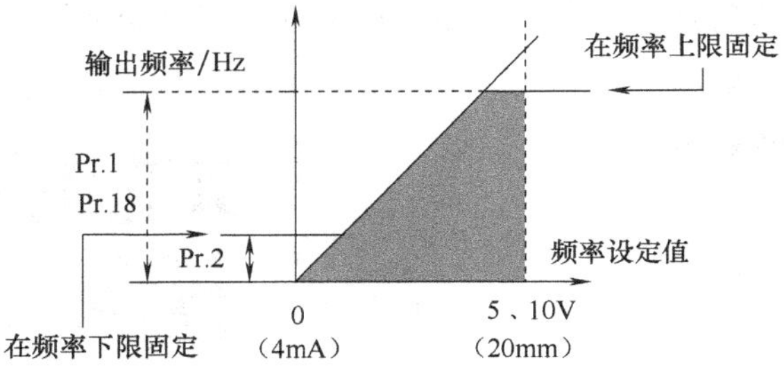

图 2-19　速度图

注意：

1）设定频率在 Pr. 2 以下时也只能输出 Pr. 2 设定的值（不会变为 Pr. 2 以下）。

2）设定 Pr. 1 后旋转旋钮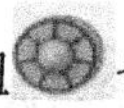也不能设定比 Pr. 1 更高的值。

5. 改变加速时间和减速时间

（1）Pr. 7 加速时间　如果想缓慢加速，就把时间设定得长些；如果想快点加速，就把时间设定得短些。

（2）Pr. 8 减速时间　如果想缓慢减速，就把时间设定得长些；如果想快点减速，就把时间设定得短些。

具体改变加速时间和减速时间需要设定 Pr. 7、Pr. 8，其具体内容见表 2-9。

表 2-9　Pr. 7、Pr. 8 改变加速时间和减速时间的设定

参数编号	名　称	初始值/kW	设定范围/s		内　容
7	加速时间	3.7 以下	5	0～3600/360	设定电动机的加速时间
		5.5、7.5	10		
		11、15	15		
8	减速时间	3.7 以下	5	0～3600/360	设定电动机的减速时间
		5.5、7.5	10		
		11、15	10		

注：根据 Pr. 21 加/减速时间单位的设定值可知，初始值的设定范围为“0～3600s”，设定单位值为“0.1s”。

Pr. 7 改变加速时间和 Pr. 8 改变减速时间示意图如图 2-21 所示。

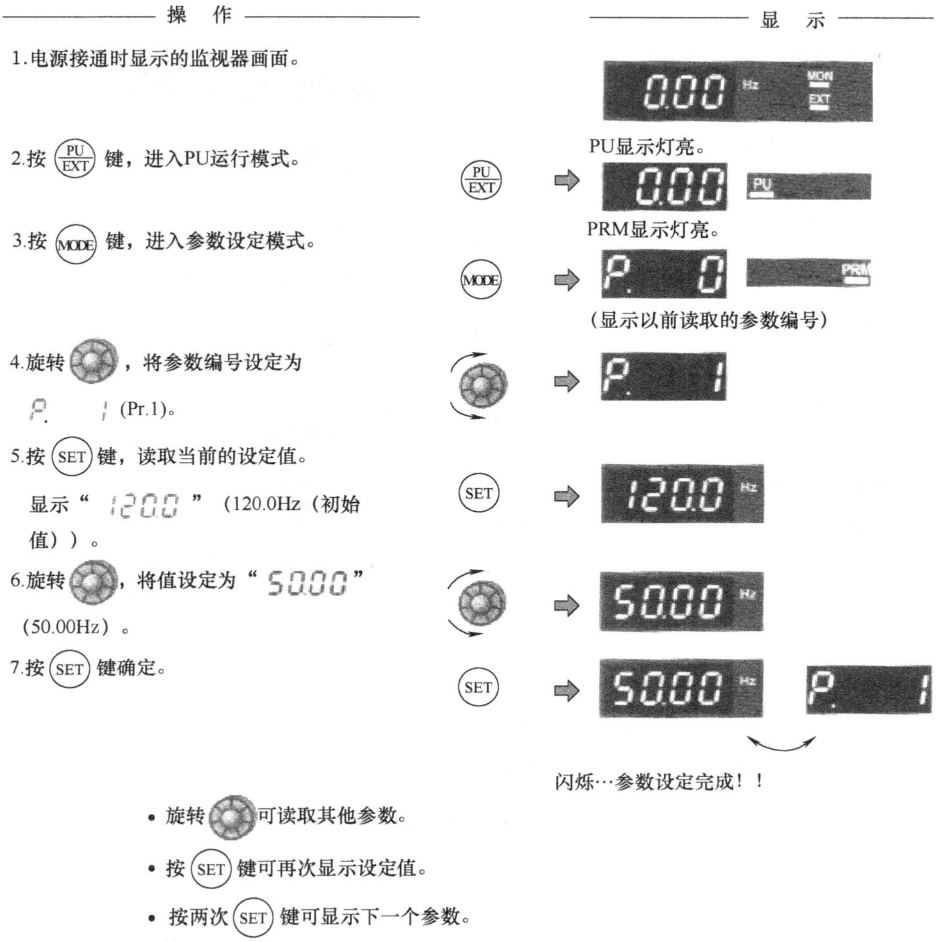

图 2-20 输出频率上下限设定操作步骤

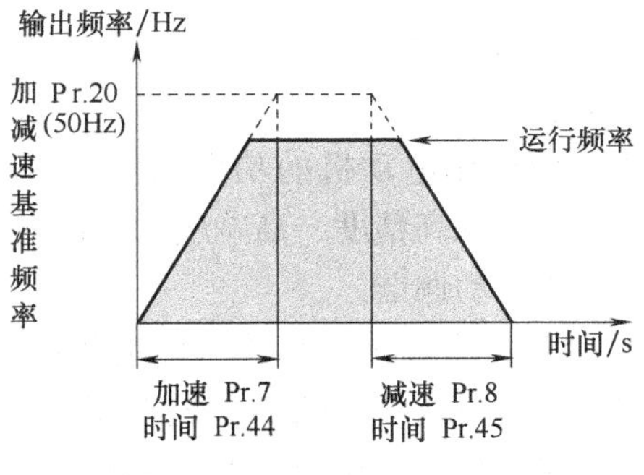

图 2-21 Pr. 7 改变加速时间和 Pr. 8 改变减速时间示意图

例如：将 Pr. 7 加速时间从“5s”变更为“10s”，具体操作步骤如图 2-22 所示。

6. 起动指令和频率指令场所的选择

选择起动指令和频率指令场所，具体内容见表 2-10。

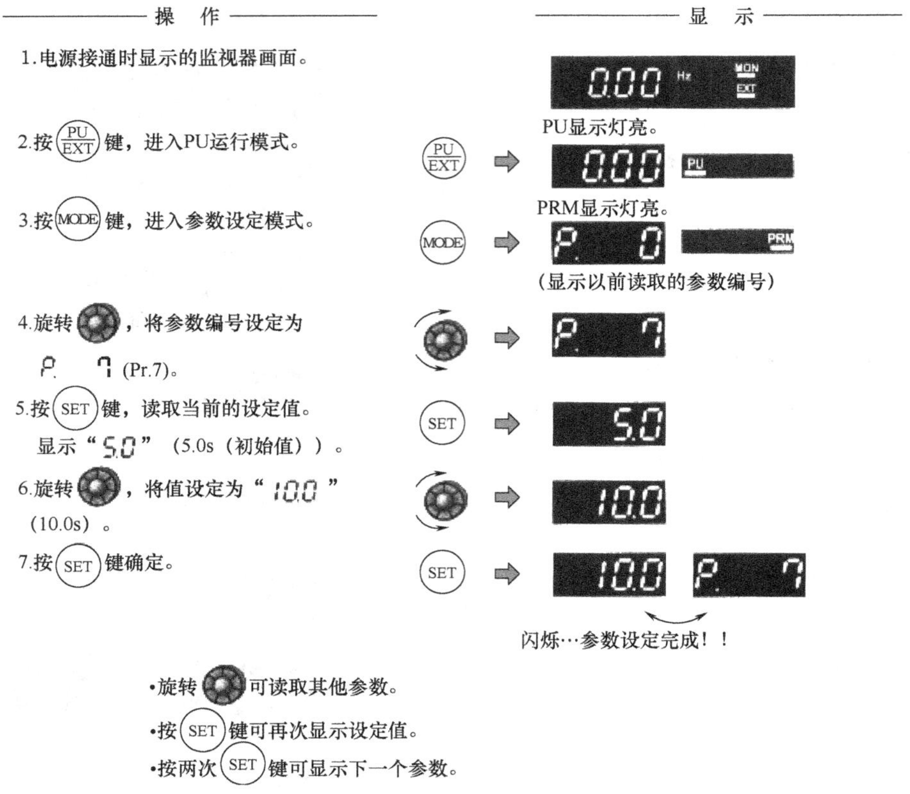

图 2-22　Pr. 7 加速时间变更操作

注意：

1）对于 X12 信号（PU 运行互锁信号）输入所使用的端子，可以通过将 Pr. 178 ~ Pr. 189（输入端子功能选择）设定为“12”来进行功能的分配。

2）未分配 X12 信号，MRS 信号的功能从 MRS（输出停止）切换为 PU 运行互锁信号。

7. 实现大的起动转矩、低速转矩（先进磁通矢量控制，实时无传感器矢量控制。参数有 Pr. 71，Pr. 80，Pr. 81，Pr. 800）

通过在 Pr. 80、Pr. 81 中设定所使用电动机的功率和极数及电动机的种类，可以选择先进磁通矢量控制。同时，如果需要实现高精度、高响应的控制时，可以选择实时无传感器矢量控制，实施离线自动调谐及在线自动调谐。

（1）先进磁通矢量控制　为了使负载转矩与流过电动机的电流相匹配，可以通过实施电压补偿提高低速转矩，同时实施输出频率补偿（滑差补偿），以使电动机的实际转速与速度指令更为接近。这种控制方式在负荷变动较为剧烈的情况下有效。

（2）实时无传感器矢量控制　在以下情况，可对无 PLG（编码器）的通用电动机实施矢量控制。

1）负荷的变动幅度较大，但希望将速度的变动控制在最小范围内。

2）需要低速转矩的情况。

3）为防止转矩过大导致机械破损（转矩限制）的情况。

表 2-10　起动指令和频率指令场所的选择

参数编号	名称	初始值	设置范围	内　　容	
79	模式选择	0	0	外部/PU 切换模式（通过 PU/EXT 键可以切换 PU 与外部运行模式） 电源投入时为外部运行模式	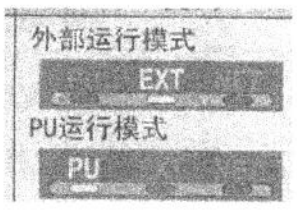
			1	PU 运行模式固定	
			2	外部运行模式固定 可以切换外部和网络运行模式	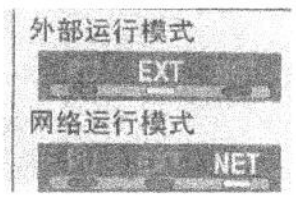
			3	外部/PU 组合运行模式 1 运行频率：用 PU（FR-PU07/FR-PU04-CH）设定或外部信号（多段速设定，端子 4-5 间）AU 信号为 ON 时有效） 起动信号：外部信号输入（端子 STF、STR）	
			4	外部/PU 组合运行模式 1 运行频率：外部信号输入（端子 2、4、1、JOG，多段速选择等） 起动信号：在 PU（FR-PU07/FR-DU04-CH）输入（FWD、REV）	
			6	切换模式 可以一边继续运行状态，一边实施 PU 运行、外部运行与网络运行的切换	
			7	外部运行模式（PU 操作互锁） X12 信号为 ON 时，可切换到 PU 运行模式（正在外部运行时输出停止）；X12 信号为 OFF 时，禁止切换到 PU 运行模式	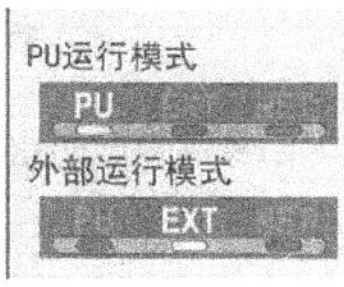

4）想实施转矩控制。

实现大的起动转矩、低速转矩的具体参数见表 2-11。

注意：

未满足下列条件时，将发生转矩不足或转动不均匀等不良现象，请选择 V/F 控制。

1）按照电动机功率与变频器容量相同或是电动机功率比变频器容量小 1 级的组合进行

运行（不过，电动机功率至少应为0.1kW）。

表2-11 实现大的起动转矩、低速转矩的具体参数

参数编号	名 称	初始值	设定范围	内 容
71	适用电动机	0	0、1、3～6、13～16、23、24、40、43、44、50、53、54	通过选择标准电动机和恒转矩电动机，将分别确定不同的电动机热特性和电动机常数
80	电动机功率	9999	0.1～15kW	适用电动机功率
			9999	U/f 控制
81	电动机极数	9999	2、4、6、8、10	设定电动机的极数
			9999	U/f 控制
800	控制方法选择	20	20	先进磁通矢量控制
			30	通用磁通矢量控制

2）适用以下电动机种类：三菱制标准电动机、高效电动机（SF-JR、SF-HR，0.2kW以上）或三菱制恒转矩电动机（SF-JRCA、SF-HRCA，4极，0.4～15kW），使用除此以外的电动机必须实施离线自动调整。

3）单机运行。

4）从变频器到电动机的配线长度应为30m以内（超过30m时，请在实际配线状态下实施离线自动调整）。

5）根据变频器的容量及Pr.72 PWM频率选择的设定值（载波频率），从变频器到电动机的容许接线长度有所不同。

（3）先进磁通矢量控制的选择方法

1）实施可靠的配线。

2）进行所使用电动机的设定（Pr.71），具体设定见表2-12。

表2-12 Pr.71的设定值

使用的电动机		Pr.71的设定值	备 注
三菱制标准电动机	SF-JR、SF-TH	0（初始值）	
三菱制高效电动机	SF-HR	40	
	其他	3	需要实施离线调整
三菱制恒转矩电动机	SF-JRCA 4P	1	
	SF-HRCA 4P	50	
	其他（SF-JRC等）	13	需要实施离线调整
其他公司制造的标准电动机	—	3	需要实施离线调整
其他公司制造的恒转矩电动机	—	13	需要实施离线调整

3）进行电动机功率、极数的设定（Pr.80、Pr.81）在Pr.80电动机功率中设定电动机功率（kW）；在Pr.81电动机极数中设定电动机极数（POLE数）；设定值为“9999”（初始值）时，是V/F控制。

4）进行运行指令的设定 选择起动指令和速度指令如下：

① 起动指令

a. 操作面板：通过操作面板的进行设定。

b. 外部指令（端子2或4）：通过正转、反转指令（端子STF或STR）进行设定。

② 速度指令

a. 操作面板：通过操作面板的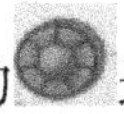进行设定。

b. 外部模拟指令（端子2或4）：通过端子2（或端子4）所输入的模拟信号发出速度指令。

c. 多段速指令　速度指令也可通过外部信号（RH、RM、RL）发出指令。

注意：

1）如需实现更高精度的运行，在实施离线自动调整后，要选择实时无传感器矢量控制。

2）想要调整负荷变动时的电动机速度变动时，可以在Pr. 89进行操作。

（4）通用磁通矢量控制的选择方法

1）实施可靠的配线。

2）进行所使用电动机的设定（Pr. 71）。在Pr. 71适用电动机中设定“3”（标准电动机）或“13”（转矩电动机）。

3）进行电动机功率、极数的设定（Pr. 80、Pr. 81）。

① 在Pr. 80电动机功率中设定电动机功率。

② 在Pr. 81电动机极数中设定电动机极数（POLE数）（设定值为“9999”（初始值）时，是V/F控制）。

4）进行控制方法的选择　选择Pr. 800 = “30”，使通用磁通矢量控制有效。

5）进行运行指令的设定。

① 起动指令

a. 操作面板：通过操作面板的进行设定。

b. 外部指令（端子2或4）：通过正转、反转指令（端子STF或STR）进行设定。

② 速度指令

a. 操作面板：通过操作面板的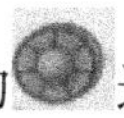进行设定。

b. 外部模拟指令（端子2或4）：通过端子2或4所输入的模拟信号，发出速度指令。

c. 多段速指令　速度指令也可通过外部信号（RH、RM、RL）发出指令。

6）实施离线自动调整（Pr. 96）。

二、PU运行操作

接线图如图2-23所示。

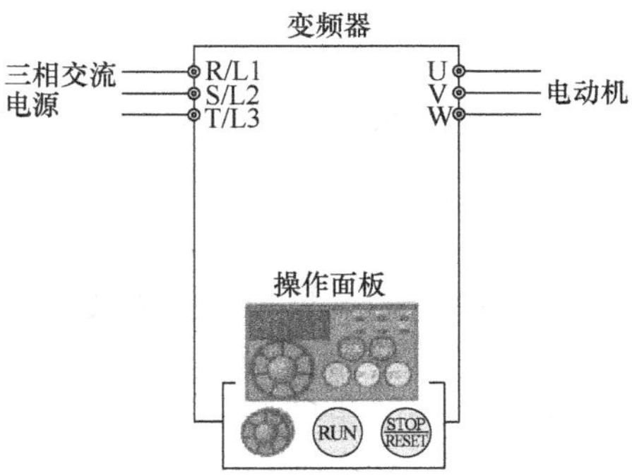

图2-23　PU运行操作接线图

1. 用M旋钮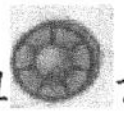设定频率来运行

例如：以30Hz运行，操作步骤如图2-24所示。

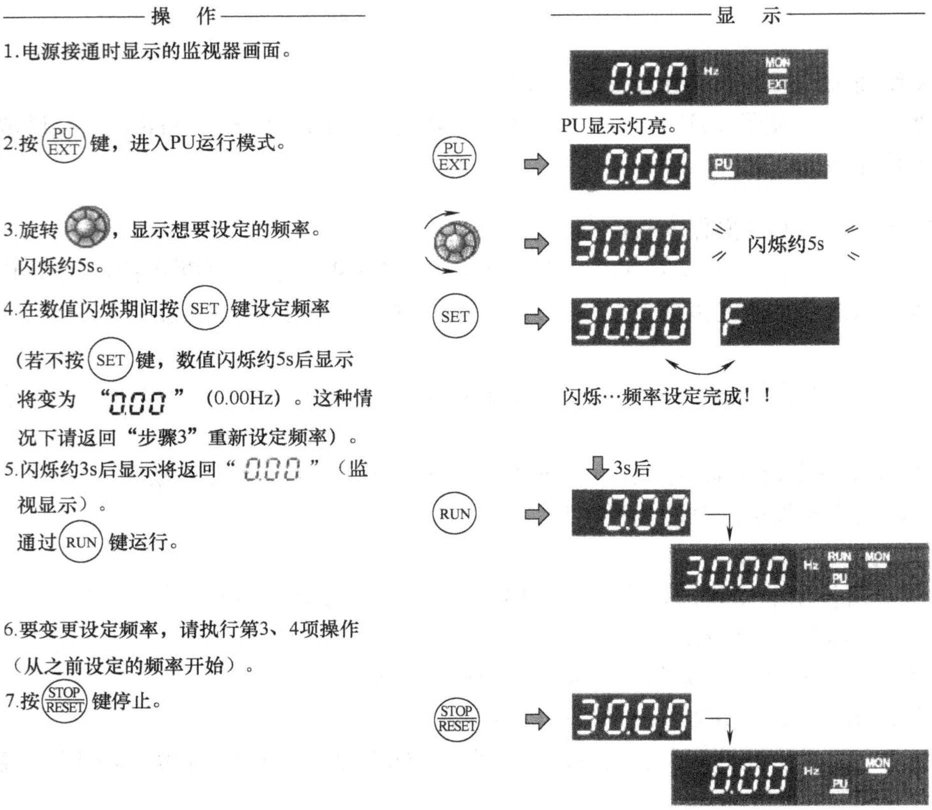

图 2-24　用 M 旋钮设定频率的操作步骤

按下旋钮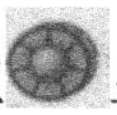显示频率；用旋钮可以方便地调节频率。

2. 用 M 旋钮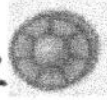刻度盘进行频率设定

设置 Pr. 161 频率设定键盘锁定操作选择 = “1”（M 旋钮旋转调节模式）

例如：运行中将频率从 0Hz 变更为 50Hz，操作步骤如图 2-25 所示。

注意：

1）如果“50.00”闪烁后回到“0.00”，说明 Pr. 161 频率设定/键盘锁定操作选择的设定值不为“1”。

2）运行中或停止中都可以通过旋转旋钮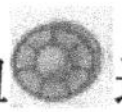进行频率的设定。

3. 通过开关发出起动指令（3 速设定）

起动指令用发出。需要设定为 Pr. 79 运行模式选择 = “4”。

端子 RH 的出厂值为 50Hz，RM 的出厂值为 30Hz，PL 的出厂值为 10Hz（通过变更 Pr. 4、Pr. 5、Pr. 6 进行设定）。

两个（或三个）端子同时设置为 ON 时可以用 7 速运行。

接线图和速度图分别如图 2-26 和图 2-27 所示，具体操作步骤如图 2-28 所示。

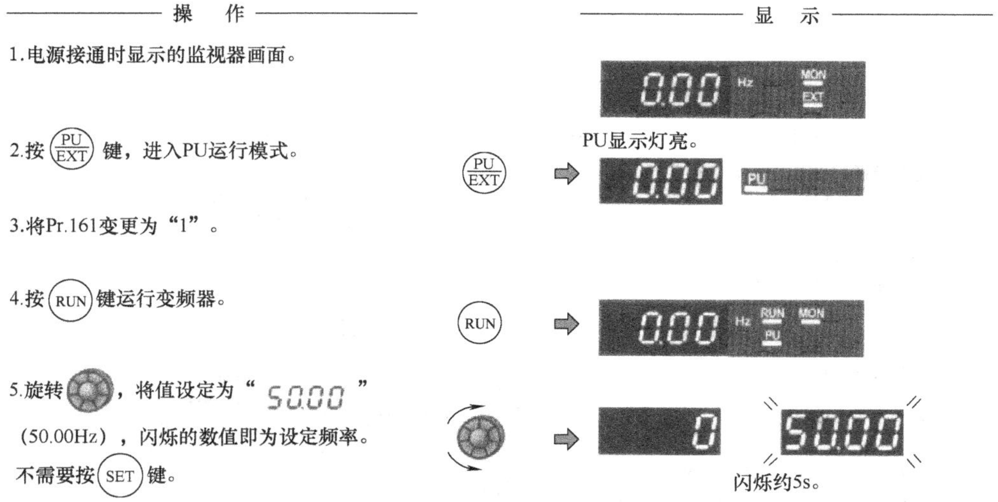

图 2-25　将 M 旋钮刻度盘进行频率设定的操作步骤

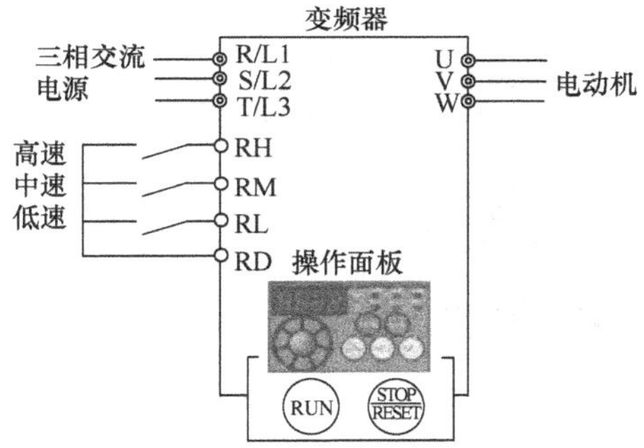

图 2-26　用开关发出起动指令的接线图

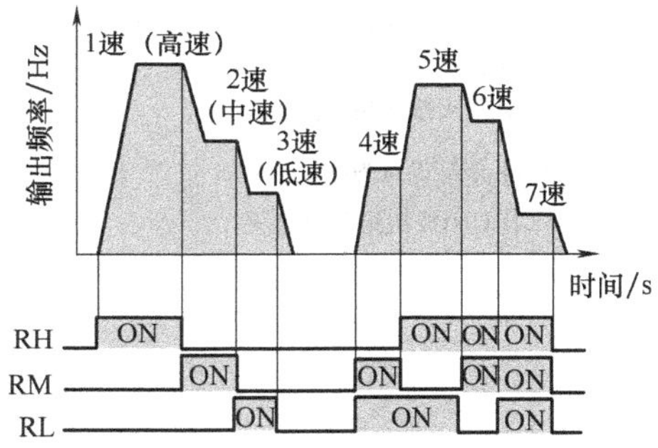

图 2-27　三速调节速度图

4. 通过模拟信号进行频率设定

起动指令用 RUN 发出。

请设置为 Pr. 79 运行模式选择 = “4”（外部/PU 组合运行模式）。

例如：频率设定器（利用电位器设定）接到变频器供给的 5V 电源进行运行（端子 10），接线图如图 2-29 所示。

具体操作步骤如图 2-30 所示。

5. 通过模拟信号进行频率设定（电流输入）

起动指令用 RUN 发出。

AU 信号置为 ON。

请设置为 Pr. 79 运行模式选择 = “4”（外部/PU 组合运行模式 2）。

接线图如图 2-31 所示。

具体操作步骤如图 2-32 所示。

操　作	显　示

1.电源接通时显示的监视器画面。

2.将Pr.79变更为“4”。
[PU]和[EXT]指示灯亮。

3.将(RUN)设置为ON。
无频率指令时[RUN]按钮会快速闪烁。

4.将低速信号（RL）设置为ON。
输出频率随Pr.7加速时间面上升，变为10Hz。
[RUN]按钮在正转时亮灯，反转时缓慢闪烁。

5.将低速信号（RL）设置为OFF。
输出频率随Pr.8减速时间而下降，变为0Hz。
[RUN]按钮快速闪烁。

6.将(STOP/RESET)设置为OFF。
[RUN]按钮指示灯熄灭。

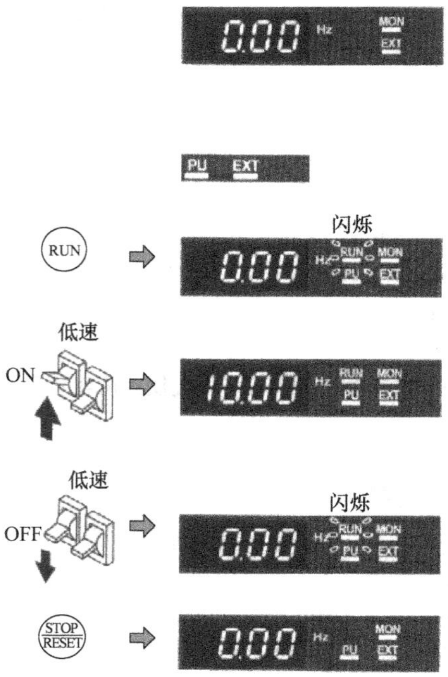

图 2-28　用开关发出起动指令的操作步骤

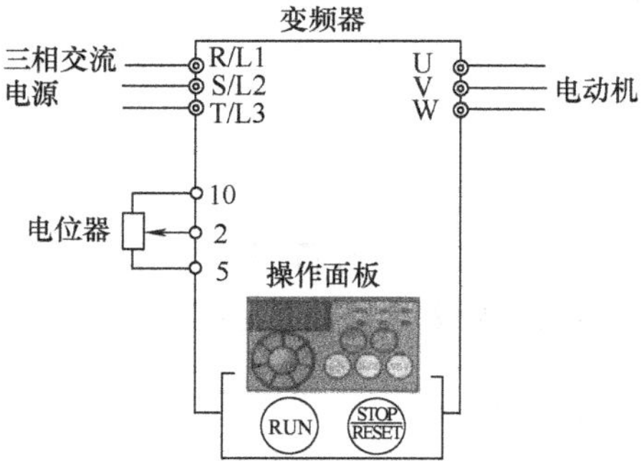

图 2-29　通过模拟信号进行频率设定的接线图

操作 | 显示

1.电源接通时显示的监视器画面。

2.将Pr.79变更为“4”。

[PU]和[EXT]指示灯亮。

3.起动

将(RUN)设置为ON

无频率指令时[RUN]按钮会快速闪烁。

4.加速→恒速

将电位器（频率设定器）缓慢向右旋到底。显示屏上的频率数值随Pr.7加速时间而增大，变为“50.00”（50.00Hz）。[RUN]按钮在正转时亮灯，反转时缓慢闪烁。

5.减速

将电位器（频率设定器）缓慢向左旋到底。显示屏上的频率数值随Pr.8减速时间而减小，变为“0.00”(0.00Hz)，电动机停止运行。

[RUN]按钮快速闪烁。

6.停止执行

将(STOP/RESET)设置为OFF。

[RUN]按钮指示灯熄灭。

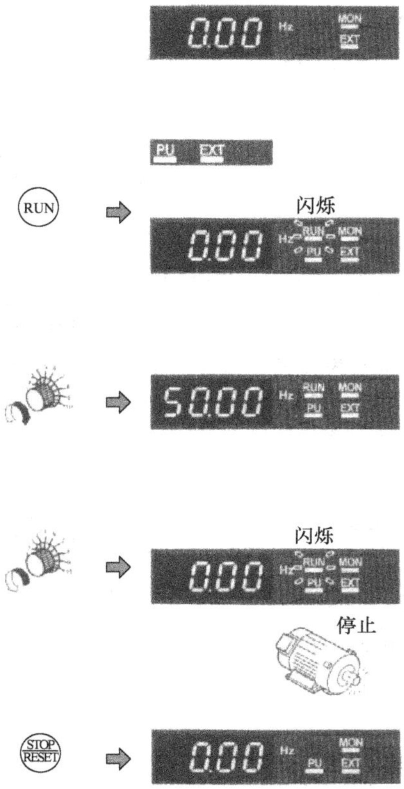

图2-30　通过模拟信号进行频率设定的操作步骤

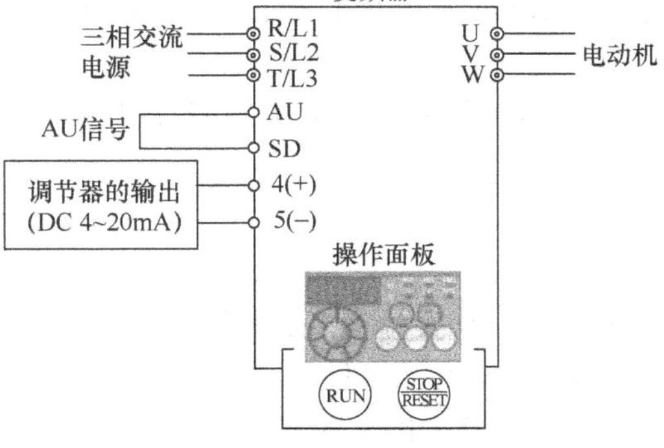

图2-31　通过电流进行频率设定的接线图

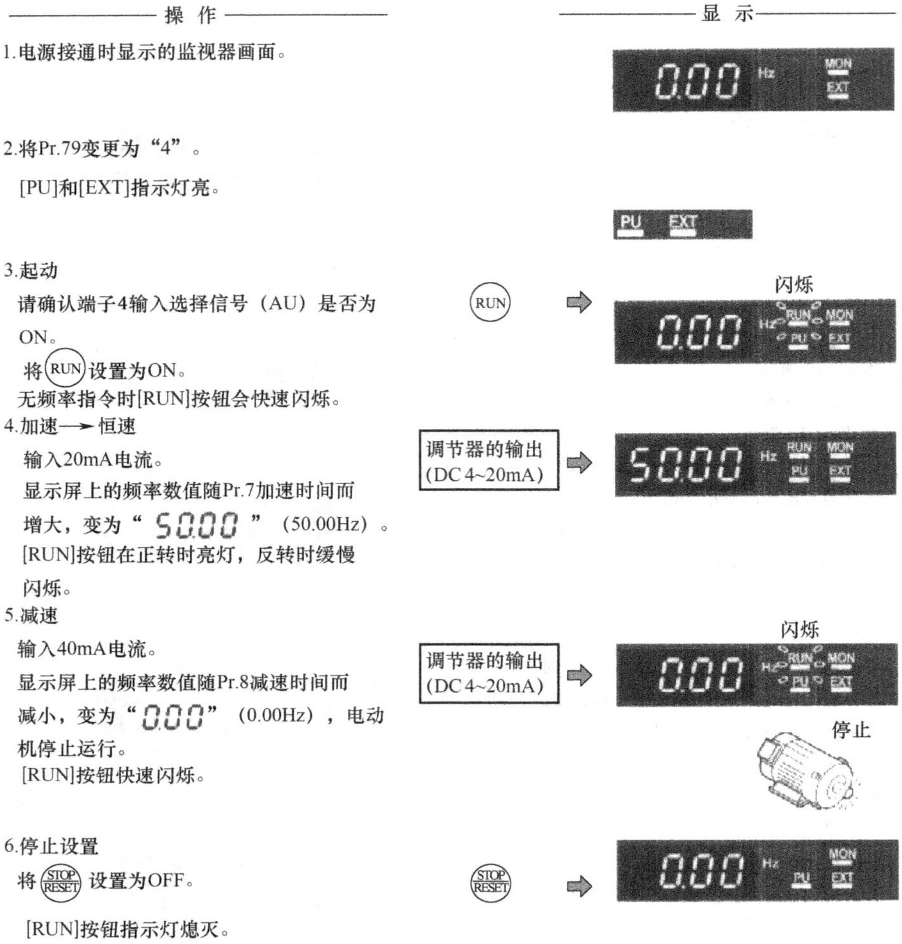

图 2-32 通过电流进行频率设定的操作步骤

请设定 Pr. 184AU 端子功能选择 =4（AU 信号）（初始值）。

说明：

1）若变更最大输入电流（20mA 初始值）时的频率（50Hz），利用 Pr. 126 端子 4 频率设定增益来进行调整。

2）若变更最小输入电流（4mA 初始值）时的频率（0Hz），利用校正参数 C5 端子 4 频率设定偏置频率来进行调整。

三、外部运行

1. 通过操作面板来设定频率

起动指令用端子 STF（STR）- SD 置为 ON 来进行。

请设置为 Pr. 79 运行模式选择 = "3"（外部/PU 组合运行模式 1）。

接线图如图 2-33 所示。操作步骤如图 2-34 所示。

注意：

1）请设置为 Pr. 178 STF 端子功能 = "60"（或 Pr. 179 STR 端子功能 = "61"）（全部为出厂值）。

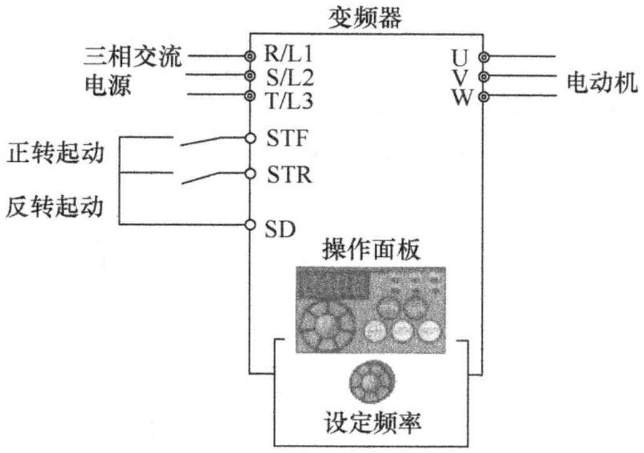

图 2-33　通过操作面板设定频率的接线图

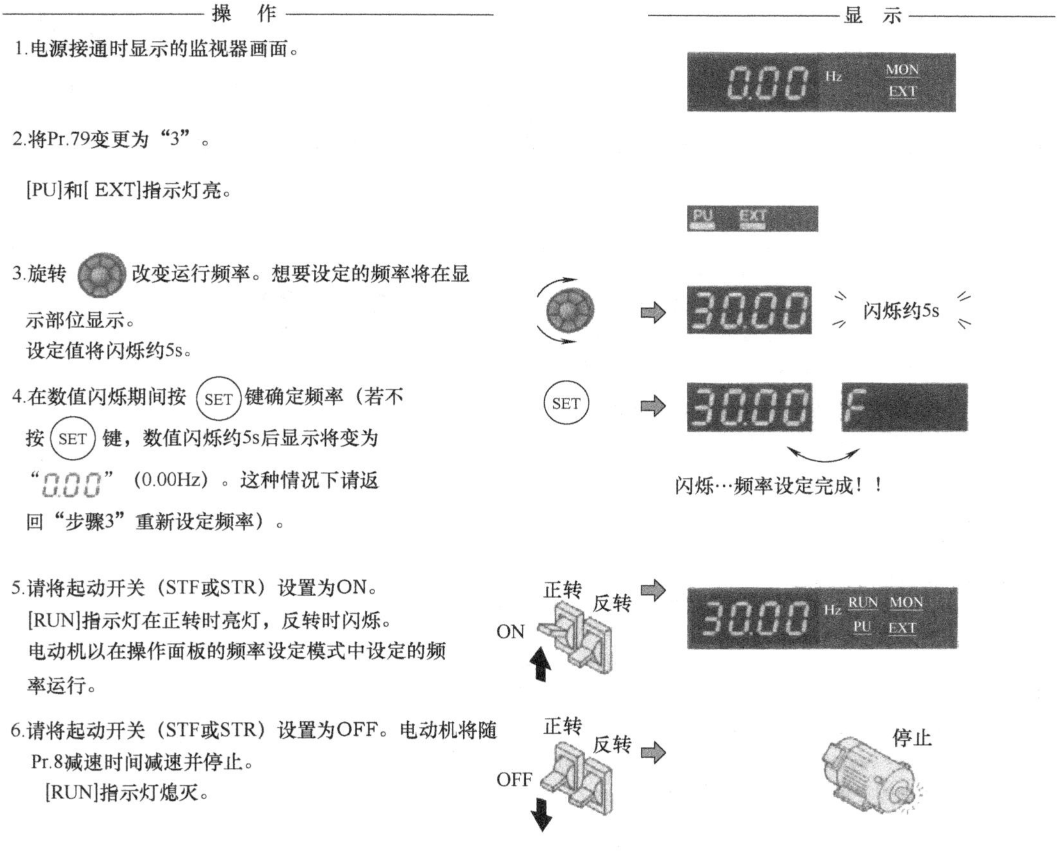

图 2-34　通过操作面板设定频率的操作步骤

2）设定 Pr. 79 运行模式选择 = “3” 时，多段速运行也有效。

2. 通过开关发出起动指令、频率指令（3 速设定）（Pr. 4 ~ Pr. 6）

用端子 STF（STR）– SD 发出起动指令。

用端子 RH、RM、RL、STR- SD 进行频率设定。

在（EXT）亮灯（如果（PU）亮灯，用(PU/EXT)键进行切换）。

在初始值时，RH 为 50Hz，RM 为 30Hz，RL 为 10Hz（改变时参照 Pr. 4、Pr. 5、Pr. 6）。两个（或三个）端子同时置为 ON 时可以用 7 速运行。

例如：Pr. 4 多速段设定（高速）“40Hz”，合上端子 RH、STF（STR）- SD 进行试运转，接线图如图 2-35 所示，速度图如图 2-36 所示，操作步骤如图 2-37 所示。

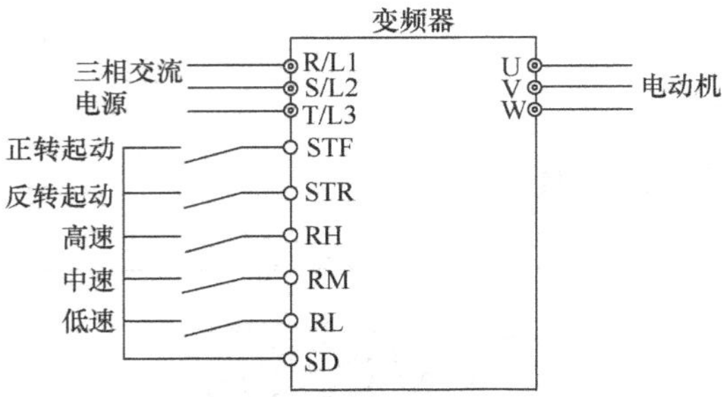

图 2-35 通过 Pr. 4 设定“40Hz”的接线图

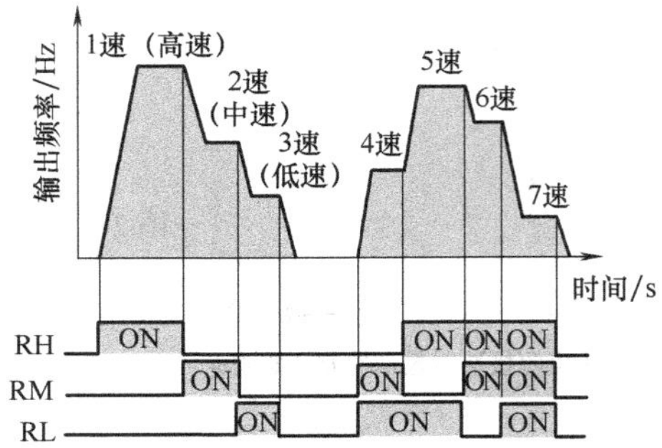

图 2-36 通过 Pr. 4 设定“40Hz”的速度图

操 作 显 示

1.电源ON→运行模式确认

在初始设定的状态下开启电源，将变为外部运行模式[EXT]。先确认运行指令是否指示为[EXT]。若不是指示为[EXT],使用(PU/EXT)键设为外部[EXT]运行模式。上述操作仍不能切换运行模式时，通过参数Pr.79设为外部运行模式。

2.将Pr.4变更为“40”。

3.将高速开关（RH）设置为ON。

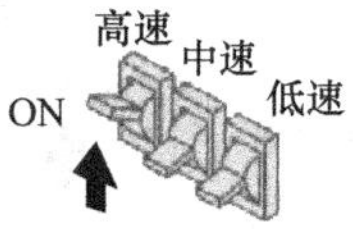

4.请将起动开关（STF或STR）设置为ON。

显示“40.00”（40.00Hz）。

[RUN]指示灯在正转时亮灯，反转时闪烁。

- RM为ON时显示30Hz，RL为ON时显示10Hz。

5.停止

将起动开关（STF或STR）设置OFF。

电动机将随Pr.8减速时间停止。

[RUN]指示灯熄灭。

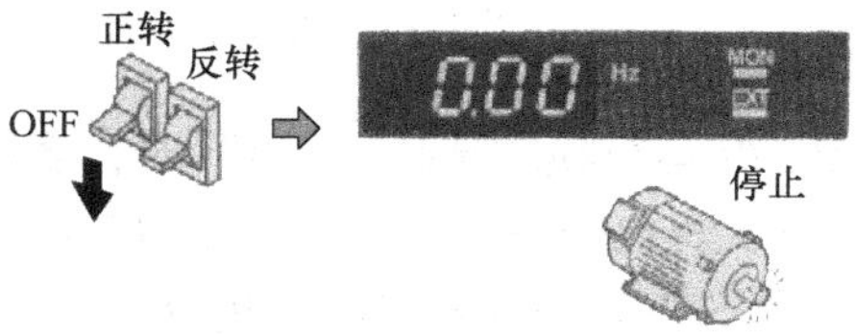

图 2-37 通过 Pr. 4 设定“40Hz”的操作步骤

注意：不想操作(PU/EXT)键或想按现有的运行指令及频率指令使用的时候，要把Pr. 79运行模式选择设定为“2”（外部运行模式）。

3. 通过模拟信号进行频率设定（电压输入）

例如：频率设定从变频器供给5V的电源进行运行（端子10），接线图如图2-38所示，操作步骤如图2-39所示。

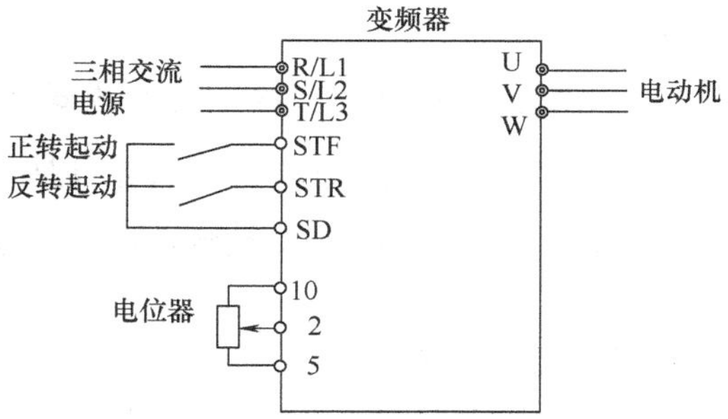

图2-38　通过电压进行频率设定的接线图

操　作　　　　　　　　　　显　示

1.电源ON→运行模式确认
在初始设定的状态下将电源设置为ON，将变为外部运行模式[EXT]。然后确认运行指令是否显示为[EXT]，若不是显示为[EXT],使用(PU/EXT)键设为外部[EXT]运行模式。如果上述操作仍不能切换运行模式，请通过参数Pr.79设为外部运行模式。

2.起动
请将起动开关（STF或STR）设置为ON。无频率指令时[RUN]按钮会快速闪烁。

3.加速→恒速
将电位器（频率设定器）缓慢向右旋到底。
显示屏上的频率数值随Pr.7加速时间而增大，变为“50.00”（50.00Hz）。
[RUN]按钮在正转时亮灯，反转时缓慢闪烁。

4.减速
将电位器（频率设定器）缓慢向左旋到底。
显示屏上的频率数值随Pr.8减速时间而减小，变为“0.00”（0.00Hz），电动机停止运行。
[RUN]按钮快速闪烁。

5.停止
将起动开关（STF或STR）设置为OFF。
[RUN]指示灯熄灭。

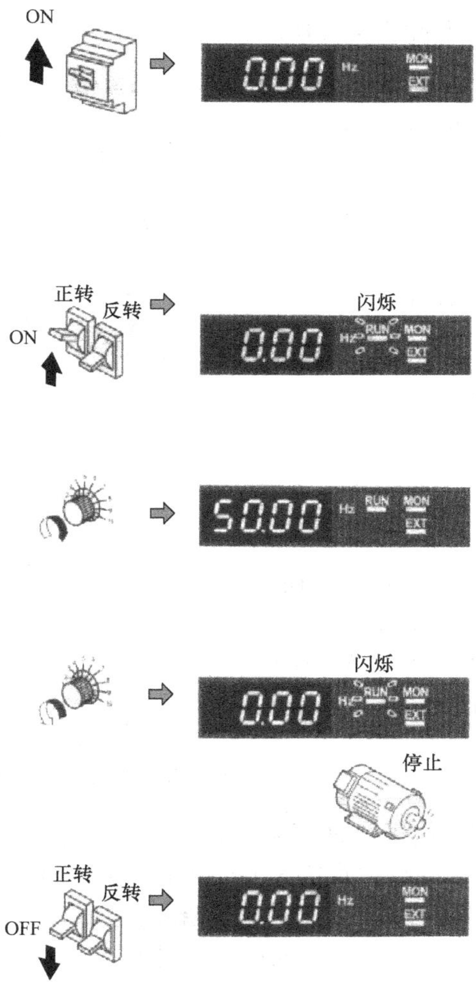

图2-39　通过电压进行频率设定的操作步骤

注意：

1）如果想供电后切换到外部运行模式又不需要按(PU/EXT)键运行，就把 Pr. 79 运行模式选择设定为“2”（外部运行模式），这样只要一起动就是外部运行模式。

2）设置 Pr. 178 STF 端子功能选择 = “60”（或 Pr. 179 STR 端子功能选择 = “61”（全部为初始值）。

4. 改变最大频率的方法

改变最大频率即改变电位器在电压最大值（5V）时的频率（初始值为 50Hz）。

例如：DC 0～5V 输入频率设定器中，把 5V 时的频率从 50Hz（初始值）改为 40Hz 时，按下列步骤操作：

1）调整为输入 5V 的电压时输出 40Hz 的频率。

2）把 Pr. 125 设定为“40Hz”。

具体操作步骤如图 2-40 所示。

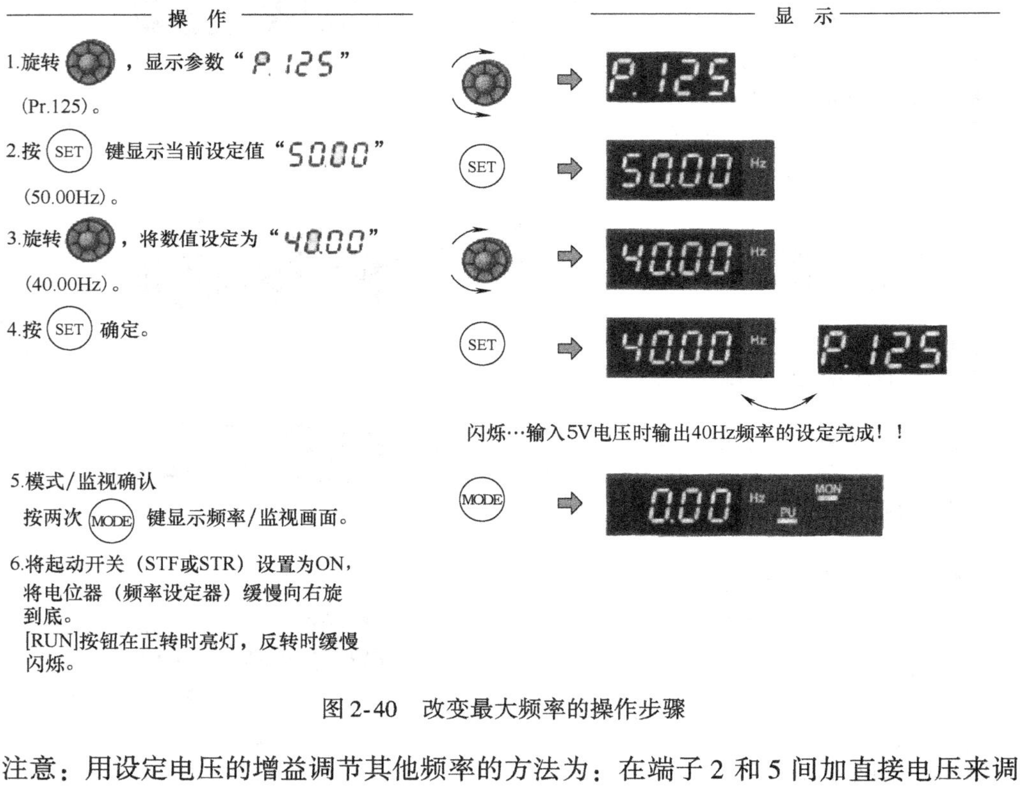

图 2-40　改变最大频率的操作步骤

注意：用设定电压的增益调节其他频率的方法为：在端子 2 和 5 间加直接电压来调整，还有不在端子 2 和 5 间加直接电压而用任意点调整的方法。

5. 通过电流进行频率设定（电流输入）

起动指令由 STF（STR）－SD 的 ON 来发出。

AU 信号内置为 ON。

设定为 Pr. 79 操作运行选择 = “2”（外部运行模式）。接线图如图 2-41 所示。操作步骤如图 2-42 所示。

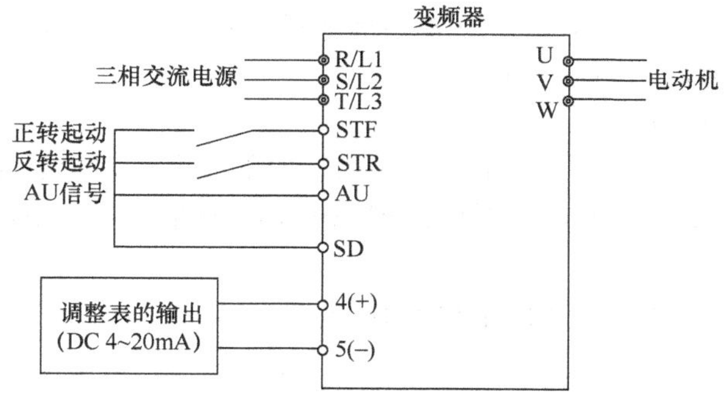

图 2-41　通过电流进行频率设定的接线图

操 作	显 示

1.电源ON➛运行模式确认

在初始设定的状态下将电源设置为ON，将变为外部运行模式[EXT]。确认运行指令是否显示为[EXT]，若不是显示[EXT],使用(PU/EXT)键设为外部[EXT]运行模式。上述操作仍不能切换运行模式时，请通过参数Pr.79设为外部运行模式。

2.起动

将起动开关（STF或STR）设置为ON。无频率指令时[RUN]按钮会快速闪烁。

3.加速➛恒速

输入20mA电流。

显示屏上的频率数值随Pr.7加速时间而增大，变为“5000”（50.00Hz）。

[RUN]按钮在正转时亮灯，反转时缓慢闪烁。

4.减速

输入4mA电流。

显示屏上的频率数值随Pr.8减速时间而减小，变为“000”（0.00Hz），电动机停止运行。

[RUN]按钮快速闪烁。

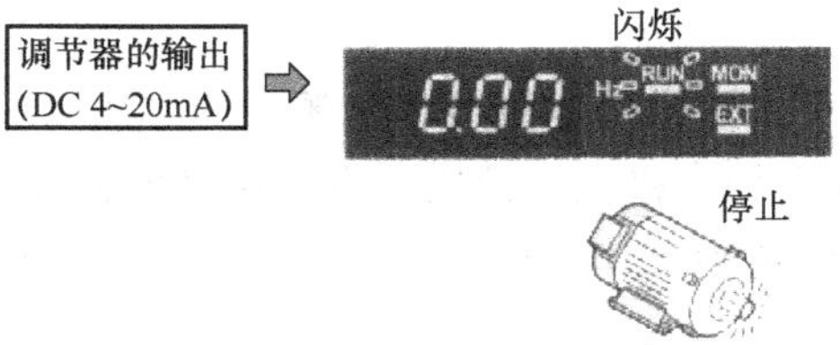

5.停止

请将起动开关（STF或STR）设置为OFF。

[RUN]指示灯熄灭。

图 2-42　通过电流进行频率设定的操作步骤

注意：应设置为 Pr. 178 ~ Pr. 184（输入端子功能选择）中设定“4”，将端子 4 输入选择信号（AU 信号）分配至输入端子。

6. 改变最高频率的方法

改变最高频率即变更电流最大输入（20mA）时的频率（初始值为 50Hz）。

例如：4 ~ 20mA 输入频率设定器中，把 20mA 时的频率从 50Hz（初始值）改为 40Hz 时，按下列步骤操作：

1）调整为输入 20mA 的电流时输出 40Hz 的频率。

2）把 Pr. 126 设定为“40Hz”。

具体操作步骤如图 2-43 所示。

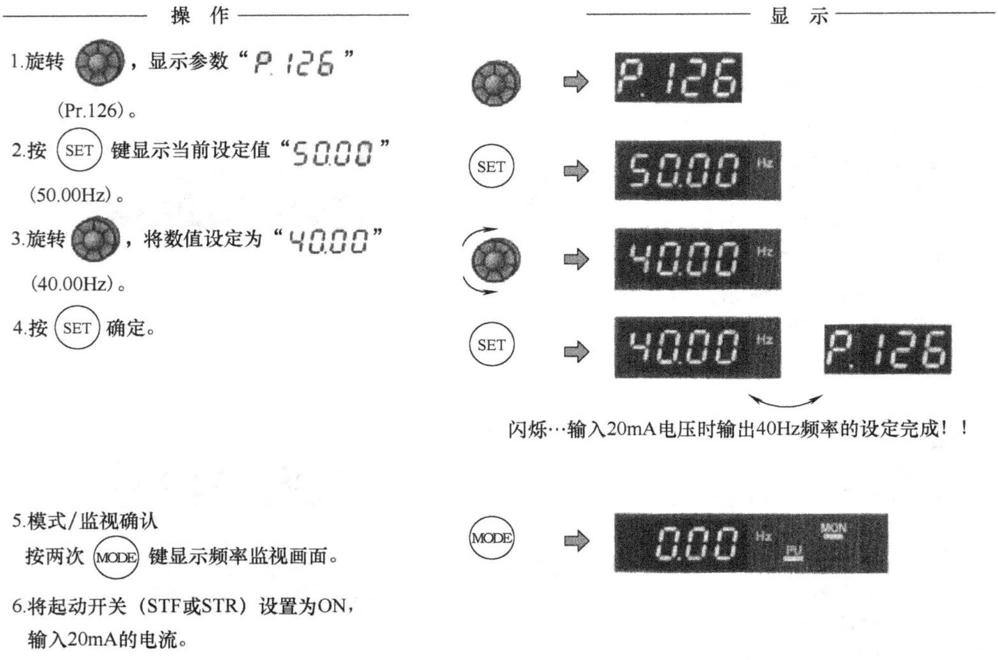

图 2-43　改变最高频率的操作步骤

注意：

1）用设定电流的增益调节其他频率的方法为：在端子 2 和 5 间加电流来调整，还有不在端子 2 和 5 间加直接电压而用任意点调整的方法。

2）如果要达到 120Hz 以上的高速运行，必须设定 Pr. 18 最高上限频率。

第三章 变频器的基本应用

第一节 变频器的点动控制

变频器在实际应用中经常用到各类机械的定位点动控制。例如：机械设备的试车或刀具的调整等，都需要电动机的点动控制。因此掌握变频器的点动控制运行方法，是学习变频器基本应用之一。

应用实例：

某车床上的一台三相异步电动机的功率为1.1kW，额定电流为2.52A，额定电压为380V。现需用外部端子进行点动控制，通过参数设置来改变变频器的点动输出频率和加减速时间，从而进行调速和定位控制。在运行操作中点动运行频率分别设定为：第一次，5Hz；第二次，10Hz；第三次，15Hz。

一、FR-E740三菱变频器点动控制线路的连接

1. 主电路的连接

1）输入端子R/L1、S/L2、T/L3接三相电源。

2）输出端子U、V、W接电动机，输入、输出端子的接线图如图3-1所示。

2. 外端子控制电路的连接

变频器的点动控制外部连接图如图3-2所示。

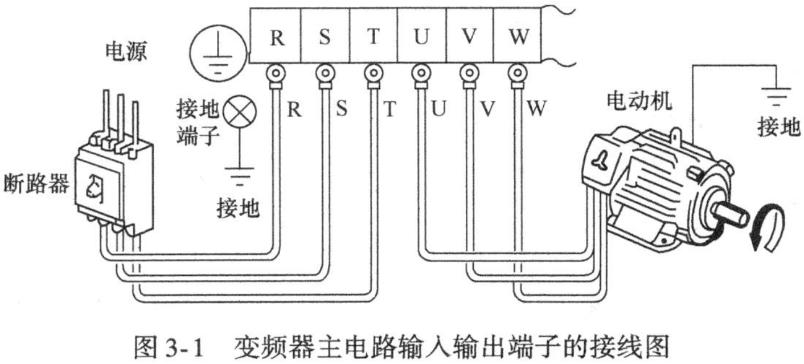

图3-1 变频器主电路输入输出端子的接线图

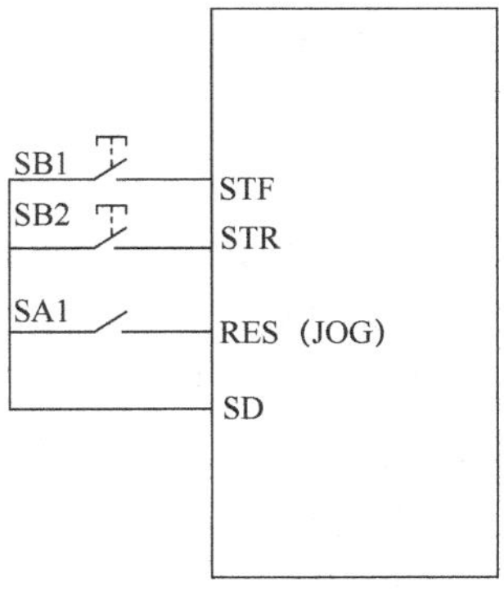

图3-2 变频器的点动控制外部连接图

二、相关功能参数的含义详解及设定操作

1. 参数设定

按表 3-1 设定相关参数。

表 3-1 点动控制参数设定

参数代码	功 能	设定数据
Pr. 1	上限频率	50Hz
Pr. 2	下限频率	0Hz
Pr. 3	基准频率	50Hz
Pr. 9	电子过电流保护	2.7A
Pr. 14	适用负荷选择	0
Pr. 15	点动频率	5Hz，10Hz，20Hz
Pr. 16	点动加减速时间	5s
Pr. 20	加减速基准频率	50Hz
Pr. 21	加减速时间单位	0
Pr. 40	RUN 旋转方向的选择	0，1
Pr. 77	参数写入选择	0
Pr. 78	逆转防止选择	0
Pr. 79	运行模式选择	0
Pr. 80	电动机（功率）	1.1kW
Pr. 81	电动机（极数）	4 极
Pr. 82	电动机励磁电流	2.52A
Pr. 83	电动机额定电压	380V
Pr. 84	电动机额定频率	50Hz
Pr. 178	STF 端子功能的选择	60
Pr. 179	STR 端子功能的选择	61
Pr. 184	RES（JOG）端子点动运行选择	5

2. 参数含义详解及设定操作

（1）Pr. 1 上限频率和 Pr. 2 下限频率　此参数为设定电动机运转上限和下限频率。Pr. 1 设定输出频率的上限，如果运行频率设定值高于此值，则输出被钳位在上限频率；Pr. 2 设定输出频率的下限，如果运行频率设定值低于此值，则输出被钳位在下限频率。在这两个值确定之后，电动机的运行频率就在此范围内设定，如图 3-3 所示。

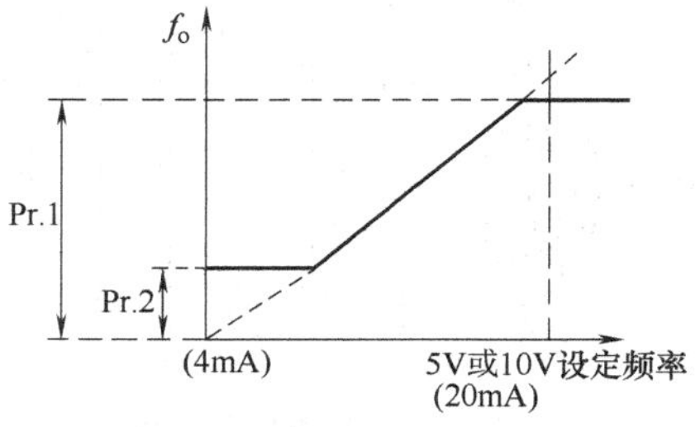

图 3-3　Pr. 1、Pr. 2 参数含义

设定范围：0～120Hz。

（2）Pr. 3 基准频率　此参数主要用于调整变频器输出到电动机的额定频率值，当采用标准电动机时，通常设定为电动机的额定频率；当需要电动机在工频

电源与变频器之间切换运行时，设定值与电源频率相同。

设定范围：0～400Hz。

（3）Pr. 9 电子过电流保护　此参数可设定电子过电流保护的电流值，以防止电动机过热，从而得到最优的保护性能。设定过电流保护需注意以下事项：

1）当变频器带动两台或三台电动机时，此参数应设为“0”，即不起保护作用，每台电动机外接热继电器来保护。

2）特殊电动机不能用过电流保护和外接热继电器保护。

3）当控制一台电动机运行时，此参数的值应设为1～1.2倍的电动机额定电流。对于功率在0.75kW以下的电动机，此参数设为变频器额定电流的85%。

设定范围：0～500A。

（4）Pr. 14 适用负载选择　此参数可以选择与负载特性最适宜的输出特性（U/f特性），如图3-4所示。

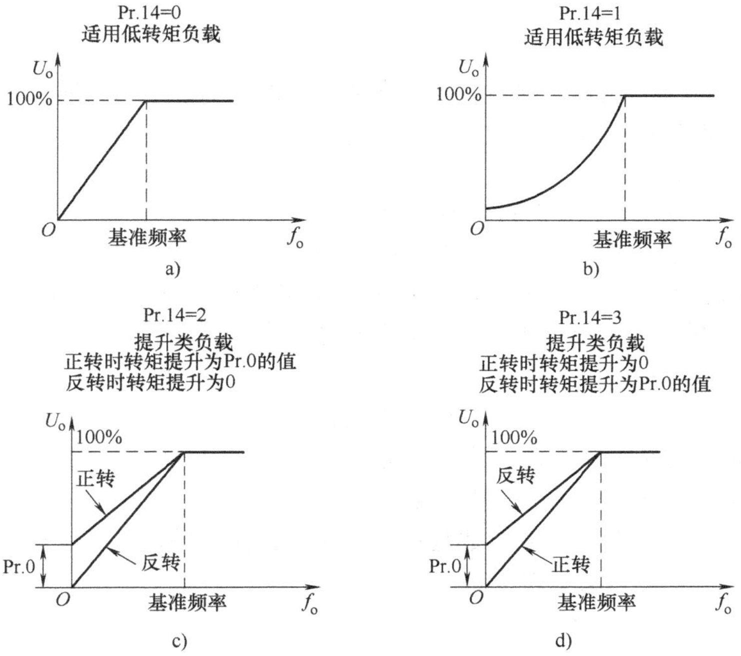

图3-4　Pr. 14参数含义

设定范围：0、1、2、3、4、5。

如果参数设定为4、5，则在选择第二功能时用。RT接通时，用于恒转矩负载，与设定值0相同；RT断开时与参数设定值2、3含义相同。

（5）Pr. 15点动频率　此功能参数不同于正常的运行频率值，是设定电动机的点动运行频率值。

设定范围：0～400Hz。

由键盘面板或控制端子输入的组合选择点动运行信号后，变频器按点动频率起动。

（6）Pr. 16点动加减速时间　此参数为点动运行专用设定的加减速时间，其加减速时间设定为加减速到 Pr. 20 中设定的加减速基准频率所用的时间。加减速时间不能分别设定。

设定范围：单位为 0.1s 时，设定范围为 0～3600s；单位为 0.01s 时，设定范围为 0～360s。

（7）Pr. 20 加减速基准频率　此功能参数是设定电动机的加减速基准频率值。加速时间即为 M 停止到 Pr. 20 所设频率所用的时间；减速时间为从 Pr. 20 所设频率到停止所用的时间。

设定范围　单位为 0.01Hz；初始值为 50Hz；设定范围为 0～400Hz。

（8）Pr. 21 加减速时间单位　此参数可以改变加减速时间的设定单位与设定范围。

设定范围为 0～1。

1）设定值为 0：单位为 0.1s，设定范围为 0～3600s；

2）设定值为 1：单位为 0.01s，设定范围为 0～360s.

（9）Pr. 40 RUN 键旋转方向的选择　此参数为正转、反转方向的选择，正转时设定为 0；反转时设定为 1。

设定范围：0、1。

（10）Pr. 77 参数写入选择　此参数表示在运行或停止状态下能否向变频器内部写入参数，禁止写入参数即参数不可变更。

设定范围：0、1、2。

设定值为 0 时，仅限于停止时可以写入。

设定值为 1 时，不可写入参数，但 Pr. 75 参数可以写入。

设定值为 2 时，可以在所有运行模式中不受运行状态限制地写入参数。

（11）Pr. 78 反转防止选择　此参数为防止电动机反转的设定。

设定范围：0、1、2。

设定值为 0 时，无防止逆转功能，正转和反转均可。

设定值为 1 时，防止电动机在正转时变成反转。

设定值为 2 时，防止电动机在反转时变成正转。

（12）Pr. 79 运行模式选择　此参数是选择变频器在什么模式下设定和运行操作功能的一个重要的参数，其功能含义见表 3-2。

设定范围：0、1、2、3、4、6、7

表 3-2　Pr. 79 设定值和相应工作模式

Pr. 79 设定值	工作模式
0	外部/PU 可以相互切换模式
1	PU 固定运行模式（面板操作）
2	外部固定运行模式（外端子接线控制操作）
3	外部/PU 组合操作模式 1，用面板设定参数，外部端子接线信号控制电动机的起停
4	外部/PU 组合操作模式 2，用外部输入设定运行频率，面板参数单元控制电动机的起停
6	切换模式
7	外部运行模式（PU 运行互锁）

（13）Pr. 80 电动机（功率） 此参数为设定适用的电动机功率，是根据变频器容量的不同而选择相应的电动机时所进行的额定参数的设定。

设定范围：0.1～15kW（设定为时 9999 表示 V/F 控制）。

（14）Pr. 81 电动机（极数） 此参数为电动机极数的设定，根据电动机极数的不同进行相应的设定。

设定范围：2、4、6、8、10（设定为 9999 时表示 V/F 控制）。

（15）Pr. 82 电动机励磁电流 此参数为电动机励磁电流的设定，根据变频器和电动机功率的不同而设定。单位为 0.01A。

设定范围：0～500A。

（16）Pr. 83 电动机额定电压 此参数为电动机额定电压的设定，根据电动机的额定工作电压值而定。单位为 0.1V；初始值为 200V 或 400V。

设定范围：0～1000V。

（17）Pr. 84 电动机额定频率 此参数为电动机额定频率的设定，根据电动机的额定工作电压值而定。单位为 0.01Hz；初始值为 50Hz。

设定范围：0～120Hz。

（18）Pr. 178 STF 端子功能的选择 此参数为 STF 端子功能的选择，FR—E740 变频器所设定默认值为 60，是正转运行起动命令。即接通 STF 和 SD 电动机运行在正转状态。

设定范围：0～5、7、8、10、12、14～16、18、24、25、60、62、65～67、9999。

（19）Pr. 179 STR 端子功能的选择 此参数为 STR 端子功能的选择，本变频器所设定默认值为 61，是反转运行起动命令。即接通 STR 和 SD，电动机运行在反转状态。

设定范围：0～5、7、8、10、12、14～16、18、24、25、60、62、65～67、9999。

（20）Pr. 184 RES 端子功能 此参数为 RES 端子功能的选择，FR-E740 变频器所设定默认值为 62，是变频器外接端子复位功能。待 RES 和 SD 接通后，复位当前故障和运行状态。在不复杂的单一应用系统中，此端子功能可不用，用键盘面板上的 RESET 复位功能即可。保护功能的复位除以上两种方法以外，还可以对变频器断电，利用重合闸进行复位。注意，复位变频器时，电子过电流保护内部计算值和再试次数会被清零，复位时间约 1s。

设定范围：0～5、7、8、10、12、14～16、18、24、25、60、62、65～67、9999。

RES 端子在此设定为 JOG 点动运行模式，也常作变频器复位。

三、具体操作步骤

1. 点动运行 JOG 的含义

为了工件等的定位，常需要变频器的点动控制运行，当运行命令（STF-SD 或 STR-SD）为 ON 时，将按功能代码 Pr. 15 设定的频率点动运行。当用键盘面板控制运行时，可通过键盘面板切换到点动运行。如图 3-5 所示为点动运行曲线分析。

2. 外部端子信号控制功能点动运行模式

1）首先将变频器停电，并打开变频器上盖板，按图 3-2 接好 STF、STR、RES（JOG）与外部按钮、开关连线。

2）合上盖板并接通电源。

3）按下操作面板的 MODE 键，进入参数设置菜单画面，观察 LED 监视器并按表 3-1 所给参数进行设置（表中 Pr. 79 运行操作模式在本次外部端子控制运行时设定为 2，EXT 灯亮）。

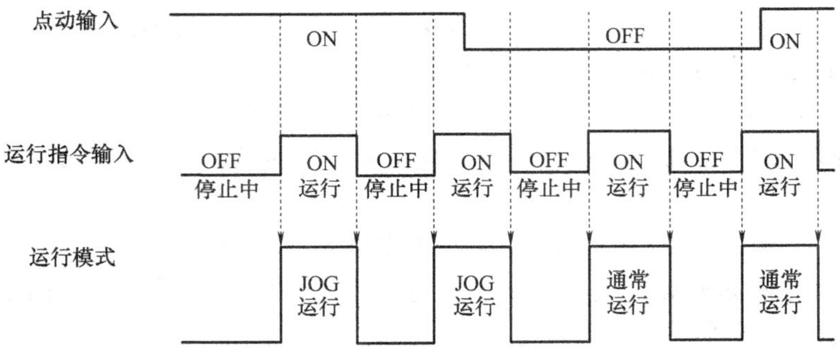

图 3-5　点动运行曲线分析

4）参数设定完毕即可进行外端子控制运行的点动操作模式的设定。

5）接通 RES（JOG）与 SD，观察到监视器显示内容为 JOG 字样时，即可进行点动正、反转运行。

6）按下 SB1 按钮，STF 与 SD 接通，电动机将按照第一次设定的频率 5Hz 正转，然后逐渐加速，进入点动运行状态。松开 SB1 按钮，STF 与 SD 断开，电动机将逐渐减速直至停止运行。

7）按下 SB2 按钮，STR 与 SD 接通，电动机将按照第一次设定的频率 5Hz 反转，然后逐渐加速，进入点动运行状态。松开 SB2 按钮，STR 与 SD 断开，电动机将逐渐减速直至停止运行。

8）观察 LED 监视器，所显示值应为点动 5Hz，加减速时间由 Pr. 16 的值决定。

9）10Hz、20Hz 点动频率运行只需将参数设定 Pr. 15 改为 10Hz、15Hz 即可，其他的操作步骤和方法同上。

3. 注意事项

1）接线完毕后一定要认真检查，以防接线错误烧坏变频器，特别是主电源电路。

2）在接线时变频器内部端子用力不得过猛，以防损坏。

3）在送电和停电过程中要注意安全，特别是在停电过程中，必须待面板 LED 显示全部熄灭以后再打开盖板。

4）对变频器进行参数设定操作时，应认真观察 LED 显示内容，以免发生错误，争取一次试验成功。

5）在进行外端子点动运行操作时应注意：使用点动运行时，必须在变频器停止后输入点动运行指令，然后再输入运行指令；当 STR 和 STF 同时接通时，相当于发出停止信号，电动机停止；不能用参数单元上的 STOP/RESET 键停止电动机，否则会发出报警显示信号 P-5。

第二节　变频器的正、反转控制

变频器在实际使用中经常要控制各类机械正、反转，例如：前进后退、上升下降、进刀回刀等，都需要电动机的正、反转运行。所以，在变频器的正、反转控制中无论是“PU”模式操作（即面板操作），还是外部端子信号操作，都是学习变频器使用的基本所在。

应用实例：

升降机的上升及下降经常用到正、反转操作，为减缓正、反转起动与停止时的冲击，可以适当延长加减速时间。有一台升降机的三相异步电动机功率为 1.1kW，额定电流为 2.52A，额定电压为380V。现需用 PU 模式（操作面板）和外部端子信号进行正、反转控制，通过参数设置来改变变频器的正、反转运行输出频率进行调速控制。在运行操作中，运行频率分别设定为：第一次，25Hz；第二次，35Hz；第三次，45Hz。

一、FR-E740 三菱变频器正、反转控制线路的连接

1. 主电路的连接

1）输入端子 R/L1、S/L2、T/L3 接三相电源。

2）输出端子 U、V、W 接电动机，输入、输出端子的接线图如图 3-1 连接。

2. 外端子控制电路的连接

外端子控制电路的开关式连接如图 3-6 所示，按钮式连接如图 3-7 所示。

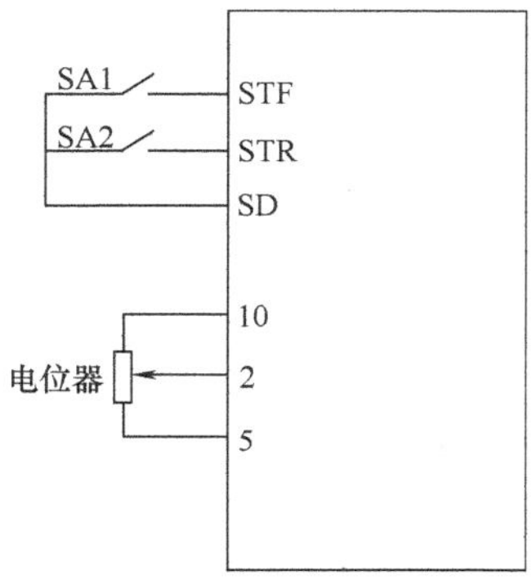

图 3-6　开关式外部运行接线图

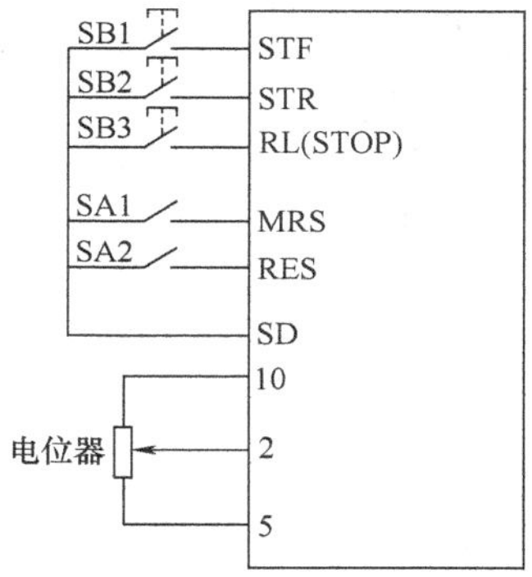

图 3-7　按钮式外部运行接线图

二、相关功能参数的含义详解及设定操作技能

1. 参数设定

按表 3-3 设定相关参数。

表 3-3　正、反转控制参数设定

参数代码	功　能	设定数据
Pr. 0	转矩提升	4%
Pr. 1	上限频率	50Hz
Pr. 2	下限频率	0Hz
Pr. 3	基准频率	50Hz
Pr. 7	加速时间	5s
Pr. 8	减速时间	3s
Pr. 9	电子过电流保护	2.7A
Pr. 10	直流制动动作频率	5Hz
Pr. 11	直流制动动作时间	1s
Pr. 12	直流制动动作电压	4%

（续）

参数代码	功　能	设定数据
Pr. 13	起动频率	0. 5Hz
Pr. 14	适用负荷选择	0
Pr. 17	MRS 端子输入选择	0
Pr. 20	加减速基准频率	50Hz
Pr. 21	加减速时间单位	0
Pr. 40	RUN 旋转方向的选择	0，1
Pr. 73	模拟量输入的选择	1
Pr. 77	参数写入选择	0
Pr. 78	逆转防止选择	0
Pr. 79	运行模式选择	0，1，2
Pr. 80	电动机（功率）	1. 1kW
Pr. 81	电动机（极数）	4 极
Pr. 82	电动机励磁电流	2. 52A
Pr. 83	电动机额定电压	380V
Pr. 84	电动机额定频率	50Hz
Pr. 125	端子 2 设定增益频率	50Hz
Pr. 161	频率设定操作选择	0
Pr. 178	STF 端子功能的选择	60
Pr. 179	STR 端子功能的选择	61
Pr. 180	RL（STOP）端子功能	25
Pr. 183	MRS 端子功能	24
Pr. 184	RES 端子功能	62

2. 参数含义详解及设定操作

（1）Pr. 0 转矩提升　此参数用于设定电动机起动时的转矩大小。通过设定此参数，可以补偿电动机绕组上的电压降，改善电动机的转矩性能，假定基准频率为 100%，用百分数设定 0 时的电压值。设定过大，将导致电动机过热；设定过小，起动转矩不够。一般初始值的设定会根据变频器容量的不同而不同。变频器的初始值与电动机功率的对应关系为：(6%/4%/3%/2%)（0. 4k，0. 75k/1. 5k ~ 3. 7k/5. 5k，7. 5k/11k，15k）。

设定范围：0 ~ 30%。

（2）Pr. 7 加速时间和 Pr. 8 减速时间　Pr. 7、Pr. 8 用于设定电动机的加速、减速时间，Pr. 7 的值越大，电动机起动加速时间越长、速度越慢；Pr. 8 的值越大，电动机停止时减速时间越长、速度越慢。本章第一节所述 Pr. 20 是加减速基准频率，即 Pr. 7 设定的加速时间就是从 0 加速到 Pr. 20 所设定的频率的时间，Pr. 8 设定的减速时间就是从 Pr. 20 所设定的频率减速到 0 的时间，如图 3-8 所示。而 Pr. 21 为加减速时间单位的设置，当设定为 0 时，单位为 0. 1s，设定范围是 0 ~ 3600s，当设定为 1 时，单位为 0. 01s，设定范围是 0 ~ 360s。

设定范围：Pr. 7、Pr. 8：3. 7kW 以下初始值为 5s；5. 5kW、7. 5kW 初始值为 10s；11kW、

15kW 初始值为 15s。

（3）Pr. 10 直流制动动作频率　此参数为设定电动机减速停止时其直流制动开始动作的频率，初始值为 3Hz。

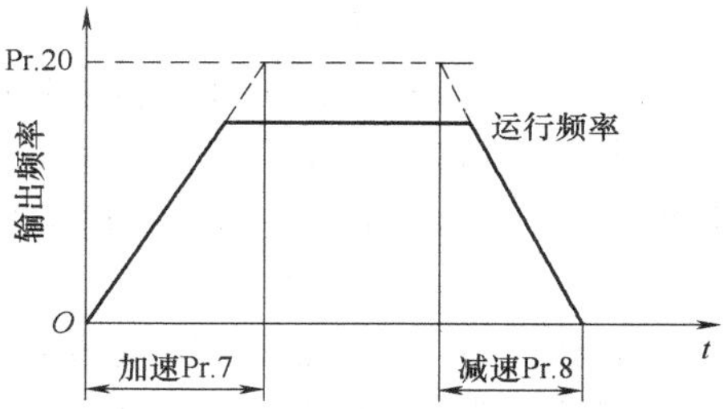

图 3-8　Pr. 7、Pr. 8、Pr. 20 参数含义

设定范围：0～120Hz。

（4）Pr. 11 直流制动动作时间　此参数为设定直流制动的动作时间。如无制动可将其设定为“0”，初始值为 0. 5s。

设定范围：0. 1～10. 0s。

（5）Pr. 12 直流制动动作电压　此参数为设定直流制动电压，可根据变频器容量的大小，结合生产要求的不同进行设定，提高停止的准确度，单位为 0. 1%，初始值根据负载不同分别为 6%、4% 和 2%。

设定范围：0. 1%～30%。

Pr. 10、Pr. 11、Pr. 12 三个参数关系作用的含义如图 3-9 所示。

（6）Pr. 13 起动频率　此参数为设定电动机起动时的频率。如果设定运行频率比起动频率小，则电动机不运转；如果 Pr. 13 的设定值低于 Pr. 2 的设定值，即受到下限频率的钳位，起动后电动机将运行在 Pr. 2 的设定值。Pr. 13 参数含义如图 3-10 所示。

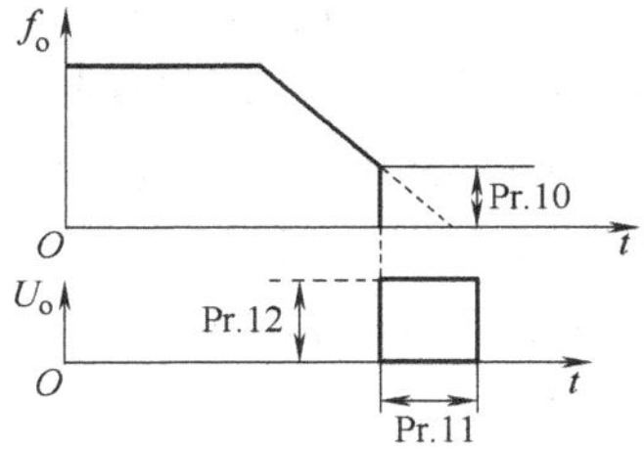

图 3-9　Pr. 10、Pr. 11、Pr. 12 参数含义

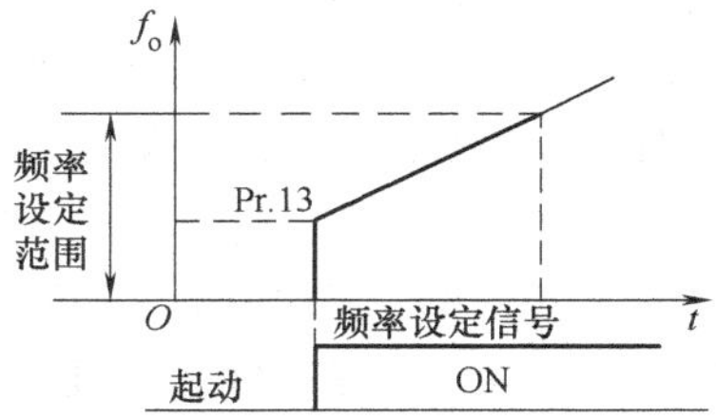

图 3-10　Pr. 13 参数含义

设定范围：0～60Hz。

此参数与 Pr. 571（起动时维持时间）配合，设定范围为 0. 0～10. 0s。当起动维持时间设定为 9999 时，起动维持功能无效。

（7）Pr. 17MRS 端子输入选择　用于输出停止 MRS 端子的逻辑选择，如图 3-11 所示。

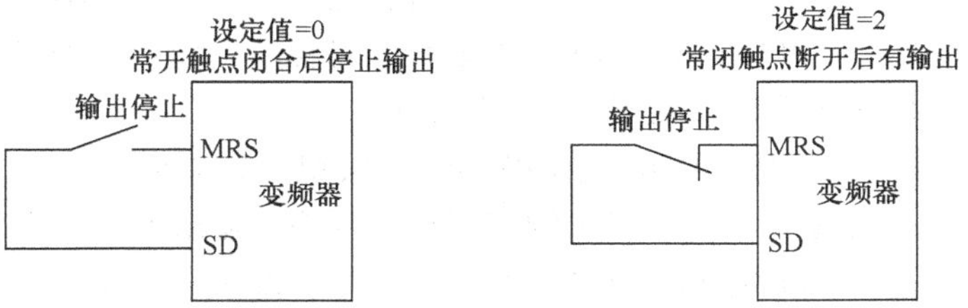

图 3-11　Pr. 17 参数含义

设定范围：0、2、4。

此参数设定为 4 时，外部端子为常闭输入，通信为常开输入。

(8) Pr. 73　模拟量输入的选择　此参数为端子2（0~5V、0~10V、0~20mA）和端子1（0~ ±5V，0~ ±10V）模拟量输入规格的选择。端子2的输入规格在电压输入为0~5V或0~10V时，电压/电流切换开关设定为OFF；在电流输入为4~20mA时，电压/电流切换开关设定为ON，也可进行过载和可逆运行的选择。

设定范围：0~1、10~11。

(9) Pr. 125　端子2频率设定增益频率　此参数为设定端子2输入增益（最大）频率，即外接端子模拟信号所对应的量程上限值。

设定范围：0~400Hz。

(10) Pr. 161　频率设定/键盘锁定操作选择　此参数为频率设定时的锁定选择，其含义见表3-4。

表3-4　频率设定操作选择功能

Pr. 161 设定值	功能模式	
0	M旋钮频率设定模式	键盘锁定模式无效
1	M旋钮电位器设定模式	
10	M旋钮频率设定模式	键盘锁定模式有效
11	M旋钮电位器设定模式	

(11) Pr. 180　RL（STOP）端子功能　此参数为STOP端子功能的选择，FR-E740变频器所设定值为25，为起动自保持功能。当外设端子RL（STOP）接通时，即自保持功能接通时，STF和STR信号自保持即自锁，断开时解除自保持。RL端子常用做多段速功能选择。

设定范围：0~5、7、8、12、14~16、18、24、25、62、65~67、9999。

(12) Pr. 183　MRS端子功能　此参数为MRS端子功能的选择，FR-E740变频器所设定默认值为24，为输出停止功能。本参数可与Pr. 17配合使用。

设定范围：0~5、7、8、10、12、14~16、18、24、25、60、62、65~67、9999。

三、操作步骤

1. PU模式（操作面板）控制正、反转运行模式

1）将电源与变频器及电动机连接好，如图3-1所示。

2）经检查无误，方可通电。

3）按下操作面板的MODE键进入参数设置菜单画面，观察LED监视器并按表3-3和表3-4所给参数进行设置（表中Pr. 79运行操作模式在本次操作面板控制运行时设定为1，PU灯亮，也可设定为0，读者可根据具体操作情况和工艺要求而定，运行工作模式见表3-4。有关参数设定，详细操作步骤请参阅第二章第三节）。

4）参数设置完毕以后，按MODE键切换到运行监视模式画面，此时MON灯亮（观察LED显示内容，可根据相应要求按下SET键监视输出频率、输出电流和输出电压）。

5）此正、反转PU模式操作相关功能参数设定完毕，即可进行正、反转运行操作。

6）设定Pr. 40参数为0，按下RUN键，电动机将按照第一次设定的频率值逐渐加速并工作在正转25Hz的连续运行状态。按下STOP/RESET键，电动机逐渐减速，当减到5Hz时，由于直流制动的加入，电动机立即停止。

7）改变Pr. 40参数为1，按下RUN键，电动机将按照第一次设定的频率值逐渐加速并

工作在反转 25Hz 的连续运行状态。按下 STOP/RESET 键，电动机逐渐减速，当减到 5Hz 时，由于直流制动的加入，电动机立即停止。

8）观察 LED 监视器所显示值应为正、反转连续 20Hz，运行中还可按 SET 键，监视电流和电压以对照变频器和电动机运行的性能指标。

9）35Hz、45Hz 正、反转运行频率的操作步骤和方法如下：在运行操作模式下，当监视器显示为频率时，旋动【M 旋钮】改变运行频率的设定值为 35Hz、45Hz，然后按下 SET 确认，其他操作同上。

2. 外部端子信号控制正、反转连续运行模式

1）首先将变频器断电，然后打开变频器上盖板，按图 3-6 和图 3-7 连接好。

2）合上盖板并接通电源。

3）按下操作面板的 MODE 键进入参数设置菜单画面，观察 LED 监视器并按表 3-3 和表 3-4 所给参数进行设置（表中 Pr. 79 运行操作模式在本次外端子控制运行时设定为 2，EXT 灯亮。也可设定为 0，读者可根据具体操作情况和工艺要求而定，运行工作模式见表 3-4）。

4）接通 SD 与 STF，电动机将按照电位器所给模拟电压值正向逐渐加速并连续运行，改变电位器的电压即可改变设定运行频率值。如断开 SD 与 STF，电动机停转（按图 3-7 连接的线路停止时，断开 RL（STOP）或接通 MRS 均可，还可强行复位断开，即接通 RES。一般 MRS、RES 作为应急使用）。

5）接通 SD 与 STR，电动机将按照电位器所给模拟电压值反向逐渐加速并连续运行，改变电位器的电压即可改变设定运行频率值。如断开 SD 与 STR，电动机停转。

6）观察 LED 监视器，所显示的值应与电位器所加电压值相对应。正、反转连续运行中还可按 SET 键，监视电流和电压以对照变频器和电动机的运行性能指标。

7）外端子还可接模拟电流信号对运行频率进行更改和设定，对多段速的外部端子控制连接也有效，其操作步骤和方法相同。

3. 注意事项

1）接线完毕后一定要认真检查，以防接线错误烧坏变频器，特别是主电源电路。

2）在接线时变频器内部端子用力不得过猛，以防损坏。

3）在送电和停电过程中要注意安全，特别是在停电过程中，必须待面板 LED 显示全部熄灭以后再打开盖板。

4）对变频器进行参数设定操作时，应认真观察 LED 监视内容，以免发生错误，争取一次试验成功。

5）在进行制动功能应用时，变频器的制动功能无机械保持作用，要注意安全，避免伤害事故发生。

6）由于变频器可直接切换其正、反转，所以使用时必须注意安全。在变频器由正转切换为反转状态时，加减速时间可根据电动机功率和工作环境条件的不同而定。

7）在运行过程中要认真观测电动机和变频器的工作状态。

第三节　变频器的组合运行控制

组合运行操作是应用参数单元和外部接线共同控制变频器运行的一种方法，一般有两种运行控制方式：一种是参数单元控制电动机的启停，外部接线控制电动机的运行频率；另一种是参数单元控制电动机的运行频率，外部接线控制电动机的启停，这是工业控制中常用的方法。

应用实例：有一台三相异步电动机功率为 1.1kW，额定电流为 2.52A，额定电压为 380V。现需用组合模式 1：外部信号控制电动机的启停，PU 模式（操作面板）设定频率。组合模式 2：用外部给定电流信号设定频率，PU 模式（操作面板）控制电动机的启停。通过参数设置来改变变频器的控制功能进行调速。

一、FR-E740 三菱变频器组合控制运行线路的连接

1. 主电路的连接

1）输入端子 R/L1、S/L2、T/L3 接三相电源。

2）输出端子 U、V、W 接电动机，输入、输出端子的接线图如图 3-1 所示。

2. 外端子控制电路的接线图

外端子控制电路的组合模式 1 接线图如图 3-12 所示，组合模式 2 接线图如图 3-13 所示。

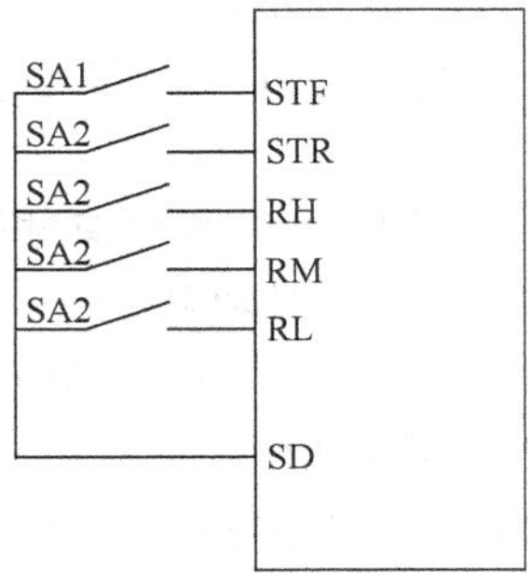

图 3-12　组合模式 1 接线图

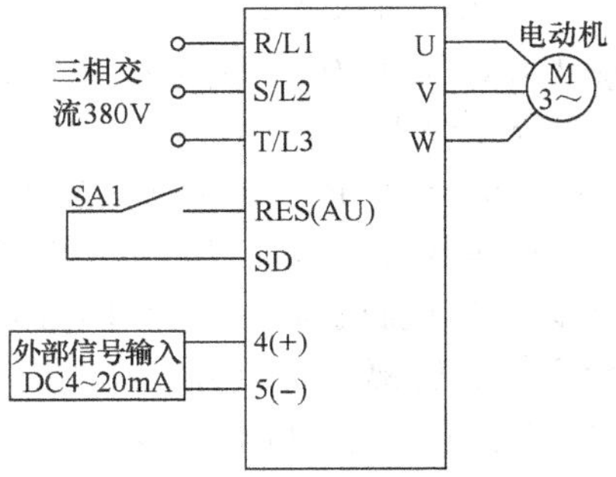

图 3-13　组合模式 2 接线图

二、相关功能参数的含义详解及设定操作技能

1. 参数设定

结合两种组合运行模式，分别进行参数设定。

1）组合模式 1 按表 3-5 设定相关参数。

表 3-5　组合模式 1 控制参数设定

参数代码	功　能	设定数据
Pr. 1	上限频率	50Hz
Pr. 2	下限频率	0Hz
Pr. 3	基准频率	50Hz
Pr. 4	多段速（高速）	50Hz
Pr. 5	多段速（中速）	30Hz
Pr. 6	多段速（低速）	10Hz
Pr. 7	加速时间	4s
Pr. 8	减速时间	2s

（续）

参 数 代 码	功　　能	设 定 数 据
Pr. 9	电子过电流保护	2. 7A
Pr. 14	适用负荷选择	0
Pr. 20	加减速基准频率	50Hz
Pr. 21	加减速时间单位	0
Pr. 40	RUN 旋转方向的选择	0，1
Pr. 77	参数写入选择	0
Pr. 78	逆转防止选择	0
Pr. 79	运行模式选择	3
Pr. 80	电动机（功率）	1. 1kW
Pr. 81	电动机（极数）	4 极
Pr. 82	电动机励磁电流	2. 52A
Pr. 83	电动机额定电压	380V
Pr. 84	电动机额定频率	50Hz
Pr. 178	STF 端子功能的选择	60
Pr. 179	STR 端子功能的选择	61
Pr. 180	RL 端子功能的选择	0
Pr. 181	RM 端子功能的选择	1
Pr. 182	RH 端子功能的选择	2

2）组合模式 2 按表 3-6 设定相关参数。

表 3-6　组合模式 2 控制参数设定

参 数 代 码	功　　能	设 定 数 据
Pr. 1	上限频率	50Hz
Pr. 2	下限频率	0Hz
Pr. 3	基准频率	50Hz
Pr. 7	加速时间	3s
Pr. 8	减速时间	5s
Pr. 9	电子过电流保护	2. 7A
Pr. 14	适用负荷选择	0
Pr. 20	加减速基准频率	50Hz
Pr. 21	加减速时间单位	0
Pr. 40	RUN 旋转方向的选择	0，1
Pr. 77	参数写入选择	0
Pr. 78	逆转防止选择	0
Pr. 79	运行模式选择	4

（续）

参数代码	功　　能	设定数据
Pr. 80	电动机（功率）	1. 1kW
Pr. 81	电动机（极数）	4 极
Pr. 82	电动机励磁电流	2. 52A
Pr. 83	电动机额定电压	380V
Pr. 84	电动机额定频率	50Hz
Pr. 126	端子 4 的设定增益频率	50Hz
Pr. 178	STF 端子功能的选择	60
Pr. 179	STR 端子功能的选择	61
Pr. 184	RES（AU）端子功能的选择	4
Pr. 267	端子 4 的输入选择	0

2. 参数含义详解及设定操作

（1）Pr. 4　多段速（高速）　此参数为多段速中高速运行的设定频率，即设定 RH 接通时的频率值。初始值为 50Hz，单位为 0. 01Hz。

设定范围：0 ~ 400Hz。

（2）Pr. 5　多段速（中速）　此参数为多段速中中速运行的设定频率，即设定 RM 接通时的频率值。初始值为 50Hz，单位为 0. 01Hz。

设定范围：0 ~ 400Hz。

（3）Pr. 6　多段速（高速）　此参数为多段速中低速运行的设定频率，即设定 RL 接通时的频率值。初始值为 50Hz，单位为 0. 01Hz。

设定范围：0 ~ 400Hz。

（4）Pr. 126　端子 4 的设定增益频率　此参数为设定端子 4 输入增益（最大）频率，即外接端子模拟信号所对应的量程上限值。

设定范围：0 ~ 400Hz。

（5）Pr. 181　RM 端子功能的选择　此参数为多段速中速 RM 端子功能的选择，此端子默认设置为 1（中速运行指令）。

设定范围：0 ~ 5、7、8、12、14 ~ 16、18、24、25、60、61、62、65 ~ 67、9999。

（6）Pr. 182　RH 端子功能的选择　此参数为多段速高速 RH 端子功能的选择，此端子默认设置为 2（高速运行指令）。

设定范围：0 ~ 5、7、8、12、14 ~ 16、18、24、25、62、65 ~ 67、9999。

（7）Pr. 184　RES（AU）端子功能的选择　此 RES 端子为 AU 功能的选择，此参数设定为 4 时为端子 4 功能，即 AU 的接通可进行外接信号 4 ~ 20mA 的输入。

设定范围：0 ~ 5、7、8、12、14 ~ 16、18、24、25、60、61、62、65 ~ 67、9999。

（8）Pr. 267　端子 4 的输入选择　此参数为端子 4 模拟量输入的选择，根据 Pr. 267 的设定可以改变端子输入规格，具体设定见表 3-7。

表 3-7　Pr. 267 设定值含义

Pr. 267 设定值	端子 4 信号输入规格	电压/电流输入切换开关的状态设定
0	4 ~ 20mA	ON
1	0 ~ 5V	OFF
2	0 ~ 10V	

三、操作步骤

1. 组合模式 1

组合模式 1：外部信号控制电动机的启停，PU 模式（操作面板）设定频率。

1）将电源与变频器及电动机连接好，如图 3-1 所示。控制电路接线按照图 3-12 连接。

2）经检查无误，方可通电。

3）按下操作面板的 MODE 键进入参数设置菜单画面，观察 LED 监视器，并按表 3-5 所给的参数进行设置（表中 Pr. 79 运行操作模式在本次组合模式 1 控制运行时设定为 3，PU 和 EXT 灯同时亮。有关参数设定的详细操作步骤请参阅第二章第三节）。

4）设定 Pr. 4 = 50Hz 为 RH 端子对应的运行参数，设定 Pr. 5 = 30Hz 为 RM 端子对应的运行参数，设定 Pr. 6 = 10Hz 为 RL 端子对应的运行参数，设置完毕按 MODE 键切换到运行监视模式画面，此时 MON 灯亮（观察 LED 显示内容，可根据相应要求按下 SET 键监视输出频率、输出电流和输出电压）。

5）组合操作模式 1 相关功能参数设定完毕，即可进行正、反转运行操作。

6）在只接通 RH 与 SD 的前提下，接通 SD 与 STF，电动机将工作在高速、正转 50Hz 连续运行状态，断开 STF 电动机停止。反转时接通 SD 与 STR，电动机将工作在高速、反转 50Hz 连续运行状态，断开 STR 电动机停止。

7）在只接通 RM 与 SD 的前提下，接通 SD 与 STF，电动机将工作在中速、正转 30Hz 连续运行状态，断开 STF 电动机停止。反转时接通 SD 与 STR，电动机将工作在中速、反转 30Hz 连续运行状态，断开 STR 电动机停止。

8）在只接通 RL 与 SD 的前提下，接通 SD 与 STF，电动机将工作在低速、正转 10Hz 连续运行状态，断开 STF 电动机停止。反转时接通 SD 与 STR，电动机将工作在低速、反转 10Hz 连续运行状态，断开 STR 电动机停止。

9）观察 LED 监视器，所显示值应与设定参数一致，运行中还可按 SET 键监视电流和电压，以对照变频器和电动机的运行性能指标。

2. 组合模式 2

组合模式 2：用外部给定电流信号设定频率，PU 模式（操作面板）控制电动机的启停。

1）将电源与变频器及电动机连接好，如图 3-1 所示。控制电路接线按照图 3-13 连接。

2）经检查无误，方可通电。

3）按下操作面板的 MODE 键进入参数设置菜单画面，观察 LED 监视器，并按表 3-6 所给参数进行设置（表中 Pr. 79 运行操作模式在本次组合模式 2 控制运行时设定为 4，PU 和 EXT 灯同时亮。有关参数设定的详细操作步骤请参阅第二章第三节）。

4）接通 SD 与 RES（AU），4 ~ 20mA 电流值由端子 4 和 5 输入，电动机的运行频率由端子 4 的输入电流进行设定。

5）连接设定完毕即可进行运行操作。

6）设定 Pr. 40 参数为 0，按下 RUN 键，电动机将按照输入电流的比例大小，正向逐渐加速并连续运行，改变输入电流值即可改变运行频率。按下 STOP/RESET 键，电动机减速停转。

7）改变 Pr. 40 参数为 1，按下 RUN 键，电动机将按照输入电流的比例大小，反向逐渐加速并连续运行，改变输入电流值即可改变运行频率。按下 STOP/RESET 键，电动机减速停转。

8）观察 LED 监视器，所显示值应与输入电流值成正比。正、反转连续运行中还可按 SET 键监视电流和频率，以对照变频器和电动机的运行性能指标。

3. 注意事项

1）接线完毕后一定要认真检查，以防接线错误烧坏变频器，特别是主电源电路。

2）在接线时变频器内部端子用力不得过猛，以防损坏。

3）在送电和停电过程中要注意安全，特别是在停电过程中，必须待面板 LED 显示全部熄灭以后再打开盖板。

4）对变频器进行参数设定操作时，应认真观察 LED 监视内容，以免发生错误，争取一次试验成功。

5）由于组合模式操作在外部端子控制启停时，SD 与 STF 和 STR 不能同时接通，所以在变频器直接切换其正、反转时，必须注意安全。在变频器由正转切换为反转状态时，加减速时间可根据电动机功率和工作环境条件的不同而定。

第四节　变频器的外接两地控制

在工业生产中，生产现场与操作室之间经常要用到的就是两地控制模式，所以掌握变频器的两地控制的接线运行是十分重要的。

应用实例：有一台三相异步电动机，功率为 1.1kW，额定电流为 2.52A，额定电压为 380V。现用变频器进行两地控制，通过变频器参数设置和外端子接线来控制变频器的运行输出频率，实现电动机的两地运行控制。在运行操作中运行频率分别设定为：第一次，20Hz；第二次，30Hz；第三次，40Hz（运行频率的设定可通过改变【M 旋钮】来进行控制）。

一、FR-E740 三菱变频器两地控制电路的连接

1. 主电路的连接

1）输入端子 R/L1、S/L2、T/L3 接三相电源。

2）输出端子 U、V、W 接电动机，输入、输出端子的接线图如图 3-1 所示。

2. 控制电路的连接

外接两地控制电路的连接如图 3-14 所示（读者也可用外部接触器联锁电路来实现两地控制运行）。

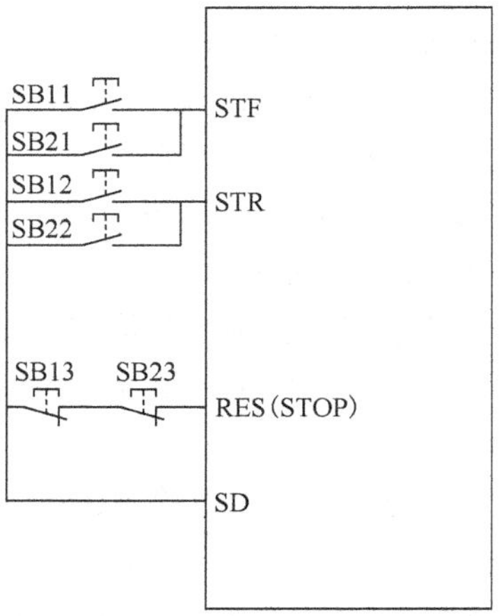

图 3-14　外接两地控制电路的连接

注意：SB11、SB12、SB13 为甲地按钮，SB21、SB22、SB23 为乙地按钮。

二、相关功能参数的含义详解及设定操作技能

按表 3-8 设定相关参数。

表 3-8　两地控制参数设定

参数代码	功　能	设定数据
Pr. 1	上限频率	50Hz
Pr. 2	下限频率	0Hz
Pr. 3	基准频率	50Hz
Pr. 7	加速时间	3s
Pr. 8	减速时间	5s
Pr. 9	电子过电流保护	2.7A
Pr. 14	适用负荷选择	0
Pr. 20	加减速基准频率	50Hz
Pr. 21	加减速时间单位	0
Pr. 77	参数写入选择	0
Pr. 78	逆转防止选择	0
Pr. 79	运行模式选择	3
Pr. 80	电动机（功率）	1.1kW
Pr. 81	电动机（极数）	4 极
Pr. 82	电动机励磁电流	2.52A
Pr. 83	电动机额定电压	380V
Pr. 84	电动机额定频率	50Hz
Pr. 178	STF 端子功能的选择	60
Pr. 179	STR 端子功能的选择	61
Pr. 184	RES（STOP）端子功能	25

三、操作步骤

1. 安装接线及运行调试

1）首先将主、控电路连接好。

2）主电路按图 3-1 接线。

3）控制电路按图 3-14 接线。

4）经检查无误后方可通电。

5）将所涉及参数先按要求正确置入变频器。按下操作面板的 MODE 键进入参数设置菜单画面，观察 LED 监视器，并按表 3-8 所给参数进行设置（表中 Pr. 79 运行操作模式在本次控制运行时设定为 3（组合模式 1），PU 和 EXT 灯同时亮。停止时用 RES（STOP）端子所设定的自保持功能进行操作。有关参数设定的详细操作步骤请参阅第二章第三节）。

6）参数设置完毕，按 MODE 键切换到运行监视模式画面，此时 MON 灯亮（观察 LED 显示内容，可根据相应要求按下 SET 键监视输出频率、输出电流和输出电压）。

7）此时两地控制相关功能参数设定完毕，即可进行两地正、反转控制运行。

8）按下甲地正转起动按钮 SB11，电动机将按照第一次设定频率所设定值工作在正转 20Hz 的连续运行状态。

9）按下甲地停止按钮 SB13，电动机将停止正转。

10）按下甲地反转起动按钮 SB12，电动机将按照第一次设定频率所设定值工作在反转 20Hz 的连续运行状态。

11）在电动机停止的情况下，当再次按下乙地正转起动按钮 SB21 时，电动机将按照第一次设定频率所设定值工作在正转 20Hz 的连续运行状态。

12）按下乙地停止按钮 SB23，电动机将停止正转。

13）按下乙地反转起动按钮 SB12，电动机将按照第一次设定频率所设定值工作在反转 20Hz 的连续运行状态。停止时按下乙地停止按钮 SB23，电动机将停止反转。

14）观察变频器的运行情况，判断 LED 监视器所显示的结果是否正确。

15）两地控制 30Hz、40Hz 正、反转运行的操作步骤和方法：只需改变【M 旋钮】即可改变运行频率，其他同上。

16）对于三地或多地控制，只要把各地的起动按钮并接、停止按钮串接在变频器的外接端子信号控制端就可实现。

2. 注意事项

1）接线完毕后一定要认真检查，以防接线错误烧坏变频器，特别是主电源电路。

2）在接线时变频器内部端子用力不得过猛，以防损坏。

3）在送电和停电过程中要注意安全，特别是在停电过程中，必须待面板 LED 显示全部熄灭后再打开盖板。

4）在变频器进行参数设定操作时，应认真观察 LED 监视窗的内容，以免发生错误，争取一次试验成功。

5）在变频器由正转切换为反转状态时，加减速时间可根据电动机功率和工作环境条件的不同而定。

6）在两地控制过程中，电动机正、反转切换时，必须先停止才能切换，否则无法实现。

第五节　变频器的多段速控制

三菱 FR-E700 系列变频器的多段速运行共有 15 种运行速度，通过外部接线端子的控制可以运行在不同的速度上，特别是与可编程控制器联合起来控制更方便，在需要经常改变速度的生产工艺和机械设备中得到了广泛应用。

应用实例：有一台三相异步电动机，功率为 1.1kW，额定电流为 2.52A，额定电压为 380V。现用变频器进行多段速控制，通过变频器参数设置和外端子接线来控制变频器的运行输出频率，实现电动机的多段速运行控制。在运行操作中运行频率按表 3-9 所给参数设定，并能结合本项目的参数设定进行十五段速运行操作。根据本变频器的特点，首先进行七段速的操作和设定，然后再进行后八段速的操作和设定，其七段速运行曲线如图 3-15 所示，参数设定对照表 3-10；八至十五段速运行曲线如图 3-16 所示，参数设定见表 3-11。

一、FR-E740 三菱变频器多段速控制线路的连接

1. 主电路的连接

1）输入端子 R/L1、S/L2、T/L3 接三相电源。

2）输出端子 U、V、W 接电动机，输入、输出端子的接线如图 3-1 所示。

2. 控制电路的连接

多段速控制电路的连接如图 3-17 所示。

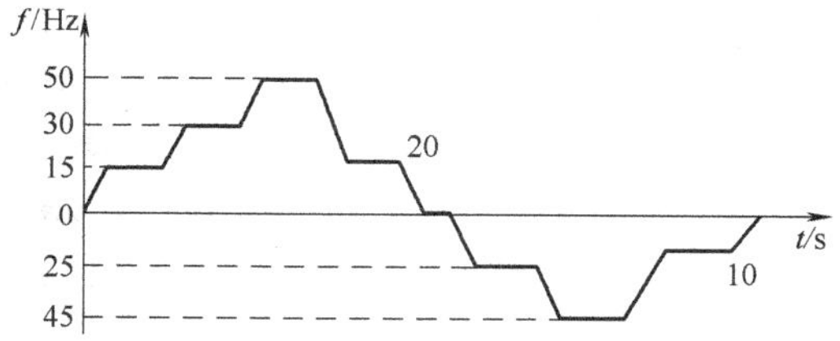

图 3-15　七段速运行曲线

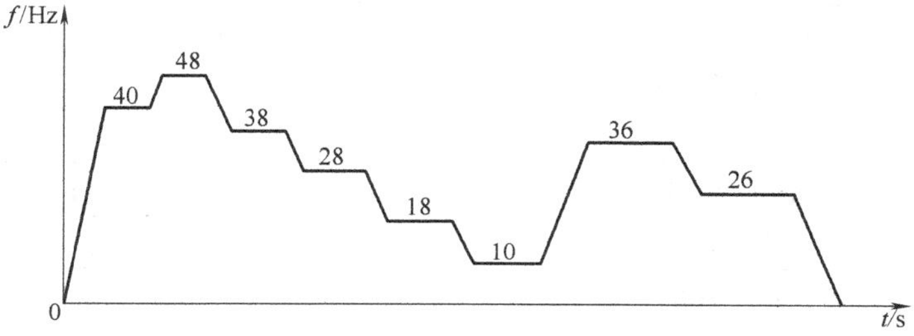

图 3-16　八至十五段速运行曲线

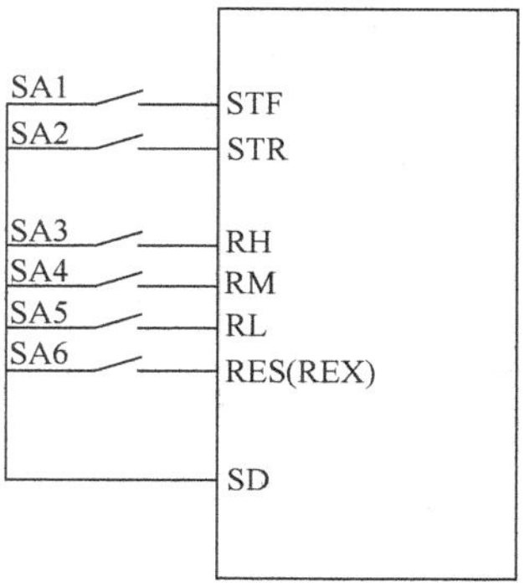

图 3-17　多段速控制接线

二、相关功能参数的含义详解及设定操作技能

1. 参数设定

按表 3-9 设定相关参数。

表 3-9　多段速参数设定

参数代码	功　　能	设定数据
Pr. 0	转矩提升	4%
Pr. 1	上限频率	50Hz
Pr. 2	下限频率	0Hz
Pr. 3	基准频率	50Hz
Pr. 4	多段速设定：1 段速	15Hz
Pr. 5	多段速设定：2 段速	30Hz
Pr. 6	多段速设定：3 段速	50Hz
Pr. 7	加速时间	4s
Pr. 8	减速时间	2s
Pr. 9	电子过电流保护	2.7A
Pr. 14	适用负荷选择	0
Pr. 20	加减速基准频率	50Hz
Pr. 21	加减速时间单位	0

（续）

参数代码	功　　能	设定数据
Pr. 24	多段速设定：4 段速	20Hz
Pr. 25	多段速设定：5 段速	25Hz
Pr. 26	多段速设定：6 段速	45Hz
Pr. 27	多段速设定：7 段速	10Hz
Pr. 40	RUN 旋转方向的选择	0，1
Pr. 77	参数写入选择	0
Pr. 78	逆转防止选择	0
Pr. 79	运行模式选择	3
Pr. 80	电动机（功率）	1.1kW
Pr. 81	电动机（极数）	4 极
Pr. 82	电动机励磁电流	2.52A
Pr. 83	电动机额定电压	380V
Pr. 84	电动机额定频率	50Hz
Pr. 178	STF 端子功能的选择	60
Pr. 179	STR 端子功能的选择	61
Pr. 180	RL 端子功能的选择	0
Pr. 181	RM 端子功能的选择	1
Pr. 182	RH 端子功能的选择	2
Pr. 184	RES（REX）端子 15 段速的选择	8
Pr. 232	多段速设定：8 段速	40Hz
Pr. 233	多段速设定：9 段速	48Hz
Pr. 234	多段速设定：10 段速	38Hz
Pr. 235	多段速设定：11 段速	28Hz
Pr. 236	多段速设定：12 段速	18Hz
Pr. 237	多段速设定：13 段速	10Hz
Pr. 238	多段速设定：14 段速	36Hz
Pr. 239	多段速设定：15 段速	26Hz

2. 参数含义详解及设定操作

（1）Pr. 24～Pr. 27　多段速设定频率　此参数为多段速设定频率值，其设定频率为多段速的 4～7 段速。用 RH、RM、RL、REX 信号的组合来设定 4～15 段速的频率，当设为 9999 时为不选择功能。

（2）Pr. 232～Pr. 239　多段速设定频率　此参数为多段速设定频率值，其设定频率为多段速的 8～15 段速。用 RH、RM、RL、REX 信号的组合来设定 4～15 段速的频率，当设为 9999 时为不选择功能。

（3）Pr. 184　RES（REX）端子功能的选择　此参数为 REX 端子功能的选择，本变频器所设定值为 8，是十五段速设定命令，即接通 REX 和 SD 电动机可进行十五段速的设定和运行。

设定范围：0~5，7，8，12，14~16，18，24，25，62，65~67，9999。

注意：三菱 FR-E700 系列变频器总共有十五段速可进行设定，但如果在工艺生产要求中只应用了其中的某几段，则其他未用的频段均设为 0Hz，以防出现错误。

表 3-10　七段速运行参数设定

控制端子	RH	RM	RL	RM，RL	RH，RL	RH，RM	RH，RM，RL
参数号	Pr. 4	Pr. 5	Pr. 6	Pr. 24	Pr. 25	Pr. 26	Pr. 27
设定值 Hz	15	30	50	20	25	45	10

表 3-11　八至十五段速运行参数设定

控制端子	REX	REX，RL	REX，RM	REX，RM，RL	REX，RH	REX，RH，RL	REX，RH，RM	REX，RH，RM，RL
参数号	Pr. 232	Pr. 233	Pr. 234	Pr. 235	Pr. 236	Pr. 237	Pr. 238	Pr. 239
设定值 Hz	40	48	38	28	18	10	36	26

三、操作步骤

1. 七段速运行操作

1）首先将主、控电路线连接好。

2）主电路按图 3-1 接线。

3）控制电路按图 3-15 接线。

4）经检查无误后方可通电。

5）将所涉及参数先按要求正确置入变频器，按下操作面板的 MODE 键进入参数设置菜单画面，观察 LED 监视器，并按表 3-9 和表 3-10 所给参数进行设置（表中 Pr. 79 运行操作模式在本次多段速控制运行时设定为 3，PU 和 EXT 灯同时亮。在七段速操作中 REX 端子可不用）。设置完毕按 MODE 键切换到运行监视模式画面，此时 MON 灯亮（观察 LED 显示内容，可根据相应要求按下 SET 键监视输出频率和输出电流）。有关参数设定的详细操作步骤请参阅第二章第三节）。

6）此七段速操作相关功能参数设定完毕，即可进行多段速正、反转运行操作。

7）在只接通 RH 与 SD 的前提下，接通 SD 与 STF，电动机将工作在第一段速、正转 15Hz 的连续运行状态。断开 STF，电动机停止。

8）在只接通 RM 与 SD 的前提下，接通 SD 与 STF，电动机将工作在第二段速、正转 30Hz 的连续运行状态。断开 STF，电动机停止。

9）在只接通 RL 与 SD 的前提下，接通 SD 与 STF，电动机将工作在第三段速、正转 50Hz 的连续运行状态。断开 STF，电动机停止。

10）在只接通 RM，RL 与 SD 的前提下，接通 SD 与 STF，电动机将工作在第四段速、正转 20Hz 的连续运行状态。断开 STF，电动机停止。

11）在只接通 RH，RL 与 SD 的前提下，接通 SD 与 STR，电动机将工作在第五段速、反转 25Hz 的连续运行状态。断开 STR，电动机停止。

12）在只接通 RH，RM 与 SD 的前提下，接通 SD 与 STR，电动机将工作在第六段速、反转 45Hz 的连续运行状态。断开 STR，电动机停止。

13）在只接通 RH，RM，RL 与 SD 的前提下，接通 SD 与 STR，电动机将工作在第七段速、反转 10Hz 的连续运行状态。断开 STR，电动机停止。

2. 十五段速运行操作

在前面七段速的基础上，再设定下面八种速度，就变成 15 种速度运行。后八段速运行参数的设定见表 3-11。为了安全起见，先将变频器停止运行，待所有参数都设定完毕再运行变频器。（本次 RES 端子功能 Pr. 184 设定为 8，使 RES 端子功能变为 REX 功能）。基本运行参数的设定不变，按表 3-9 设定。

1）参数设置完毕，按 MODE 键切换到运行监视模式画面。后八段速操作的相关功能参数设定完毕，即可进行多段速正、反转运行操作。

2）在只接通 REX 与 SD 的前提下，接通 SD 与 STF，电动机将工作在第八段速、正转 40Hz 的连续运行状态。断开 STF，电动机停止。

3）在只接通 REX、RL 与 SD 的前提下，接通 SD 与 STF，电动机将工作在第九段速、正转 48Hz 的连续运行状态。断开 STF，电动机停止。

4）在只接通 REX、RM 与 SD 的前提下，接通 SD 与 STF，电动机将工作在第十段速、正转 38Hz 的连续运行状态。断开 STF，电动机停止。

5）在只接通 REX、RM，RL 与 SD 的前提下，接通 SD 与 STF，电动机将工作在第十一段速、正转 28Hz 的连续运行状态。断开 STF，电动机停止。

6）在只接通 REX、RH 与 SD 的前提下，接通 SD 与 STF，电动机将工作在第十二段速、正转 18Hz 的连续运行状态。断开 STF，电动机停止。

7）在只接通 REX、RH，RL 与 SD 的前提下，接通 SD 与 STF，电动机将工作在第十三段速、正转 10Hz 的连续运行状态。断开 STF，电动机停止。

8）在只接通 REX、RH、RM 与 SD 的前提下，接通 SD 与 STF，电动机将工作在第十四段速、正转 36Hz 的连续运行状态。断开 STF，电动机停止。

9）在只接通 REX、RH、RM、RL 与 SD 的前提下，接通 SD 与 STF，电动机将工作在第十五段速、正转 26Hz 的连续运行状态。断开 STF，电动机停止。

3. 注意事项

1）接线完毕后一定要认真检查，以防接线错误烧坏变频器，特别是主电源电路。

2）在接线时变频器内部端子用力不得过猛，以防损坏。

3）在送电和停电过程中要注意安全，特别是在停电过程中，必须待面板 LED 显示全部熄灭后再打开盖板。

4）在变频器进行参数设定操作时，应认真观察 LED 监视窗的内容，以免发生错误，争取一次试验成功。

5）在多段速操作和参数设定时，一定要注意操作和参数设置的正确性，以防设备损坏和不安全因素的产生。如在运行中出现“E. ILF”字样，表示变频器到电动机的连线有断的地方（即缺相保护），这时应返回 PU 参数设定模式下进行清除操作并停电，将变频器和电动机连接好。如出现“E. THT”字样，表示变频器过负载的电子过电流保护，应该清除报警并检查变频器和电动机的功率适配是否合适。

第六节　变频器的 PID 控制运行操作

PID 就是比例、微分、积分控制，通过变频器实现 PID 控制有两种情况：一是变频器内置的 PID 控制功能，给定信号通过变频器的键盘面板或端子输入，反馈信号反馈给变频器的控制端，在变频器内部进行 PID 调节，以改变输出频率；二是用外部的 PID 调节器将给定量与反馈量比较后输出给变频器加到控制端子作为控制信号。总之，变频器的 PID 控制是与传感器元件构成的一个闭环控制系统，实现对被控制量的自动调节，在温度、压力等参数要求恒定的场合应用十分广泛，是变频器在节能方面常用的一种方法。

应用实例：

有一台水泵的三相异步电动机，功率为 1.1kW，额定电流为 2.52A，额定电压为 380V。现用变频器进行 PID 自动控制操作，通过变频器参数设置和外端子接线来实现变频器的运行输出与给定值之间的自动调节，从而达到被控对象的相对稳定。在运行操作中运行频率按表 3-10 所给参数设定运行。

一、FR-E740 三菱变频器的 PID 控制电路的连接

1）输入端子 R/L1、S/L2、T/L3 接三相电源。

2）输出端子 U、V、W 接电动机，输入、输出端子的接线图如图 3-1 所示。

3）PID 控制电路的连接如图 3-18 所示。

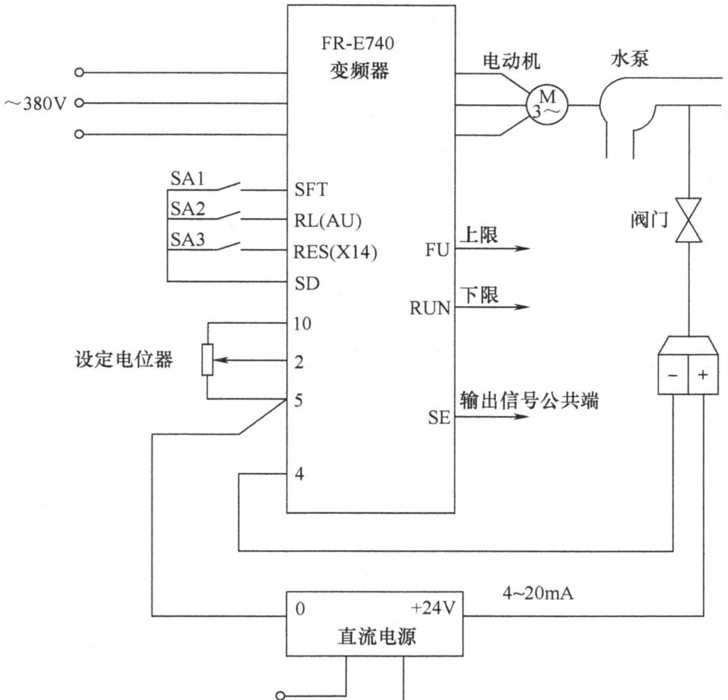

图 3-18　PID 控制电路的连接

二、相关功能参数的含义详解及设定操作技能

1. 参数设定

按表3-12设定相关参数。

表3-12 PID控制参数设定

参数代码	功　能	设定数据
Pr. 1	上限频率	50Hz
Pr. 2	下限频率	0Hz
Pr. 3	基准频率	50Hz
Pr. 7	加速时间	3s
Pr. 8	减速时间	5s
Pr. 9	电子过电流保护	2.7A
Pr. 14	适用负荷选择	0
Pr. 20	加减速基准频率	50Hz
Pr. 21	加减速时间单位	0
Pr. 40	RUN旋转方向的选择	0
Pr. 73	模拟量输入的选择	1
Pr. 77	参数写入选择	0
Pr. 78	逆转防止选择	1
Pr. 79	运行模式选择	1，2
Pr. 80	电动机（功率）	1.1kW
Pr. 81	电动机（极数）	4极
Pr. 82	电动机励磁电流	2.52A
Pr. 83	电动机额定电压	380V
Pr. 84	电动机额定频率	50Hz
Pr. 125	端子2的设定增益频率	50Hz
Pr. 126	端子4的设定增益频率	50Hz
Pr. 128	PID动作选择	20
Pr. 129	PID比例带	100%
Pr. 130	PID积分时间	30s
Pr. 131	PID上限	95%
Pr. 132	PID下限	10%
Pr. 133	PID动作目标值	50%
Pr. 134	PID微分时间	2s
Pr. 178	STF端子功能的选择	60

（续）

参数代码	功　　能	设定数据
Pr. 179	STR 端子功能的选择	61
Pr. 180	RL（AU）端子电流输入的选择	4
Pr. 184	RES（X14）端子 PID 控制有效	14
Pr. 190	RUN 端子下限的选择	14
Pr. 191	FU 端子上限的选择	15
Pr. 267	端子 4 的输入选择	0

2. 相关参数含义及设定操作

Pr. 128 ~ Pr. 134 为工艺生产自动控制时所用 PID 调节控制作用参数。通过控制对象的传感器等检测控制量（反馈量），将其与目标值（温度等设定值）进行比较。如有偏差，则通过此功能的控制动作使偏差为 0。这是使反馈量与目标值一致的一种较通用的控制方式，适用于流量控制、压力控制、温度控制等过程控制，如图 3-19 所示。

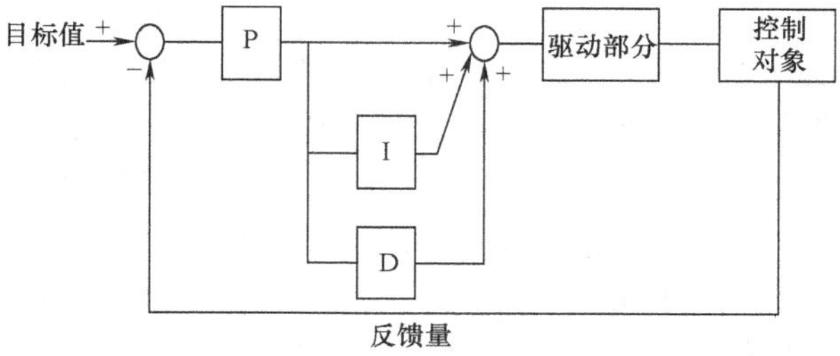

图 3-19　自动调节控制图

（1）Pr. 128　PID 动作的选择　此参数为设定 PID 正反作用动作的选择，其设定功能和意义见表 3-13。

表 3-13　设定功能和意义

Pr. 128 设定值	PID 动作功能及操作意义	
0	PID 控制无效	
20	PID 负作用	测量值输入（端子 4）目标值输入（端子 2，Pr. 133）
21	PID 正作用	
40 ~ 43	浮动辊控制	
50	PID 负作用	偏差值信号输入（LONWORKS 通信，CC-LINK 通信）
51	PID 正作用	
60	PID 负作用	测量值、目标值输入（LONWORKS 通信，CC-LINK 通信）
61	PID 正作用	

根据本项目要求对 PID 调节器进行正、反作用的选择，按照 PID 调节器的输出，可使电动机的转速增加或减小。变频器输出与 PID 调节输出正、反动作之间的关系如图 3-20 所示。

（2）Pr. 129 PID 控制（P：比例带）　此参数为 PID 增益控制设定，设定范围 0.1% ~ 1000%，设定为 9999 时无比例控制。操作量（输出频率）和偏差之间成比例关系的动作称为 P 动作。因此，P 动作即是输出和偏差成比例的操作量。但是只是 P 动作不能使偏差为 0。P（增益）是决定 P 动作对偏差响应程度的参数。增益大时，响应快，但过大将产生振荡。

增益取小时，响应滞后。偏差在100%时，最高频率为100%，P增益为1，P动作输出含义图如图3-21所示。

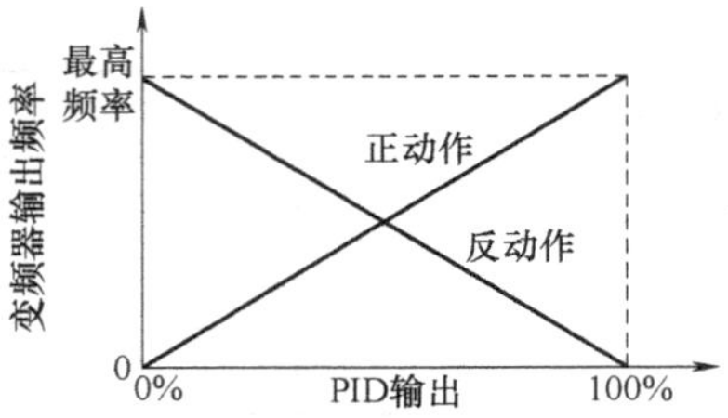

图3-20　PID控制正、反动作功能图

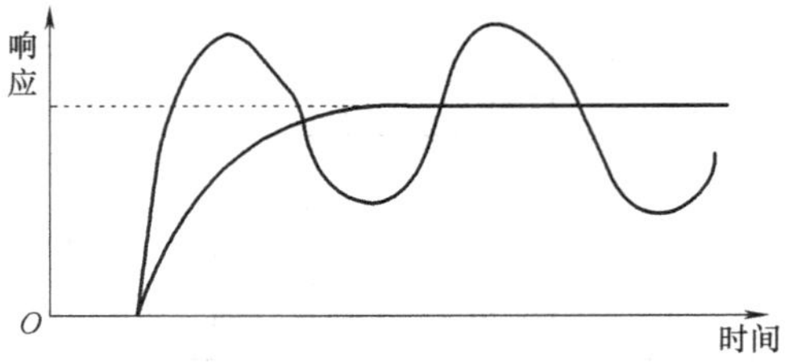

图3-21　P动作输出含义

(3) Pr. 130　PID控制（I：积分时间）　此参数为PID积分时间控制设定，设定范围为0.1~3600s，设定为9999时无积分控制。操作量（输出频率）的变化速度和偏差成比例关系的动作称为I动作。因此，I动作即是输出按偏差积分的操作量，由此能达到使控制量（反馈量）和目标值（设定频率）一致的效果，但其对变化急剧的偏差响应差。积分时间参数I决定I动作效果的大小，积分时间大时，响应迟缓，对外部扰动的控制能力变差；积分时间小时，响应速度快。积分时间过小将产生振荡。I动作输出含义图如图3-22所示。

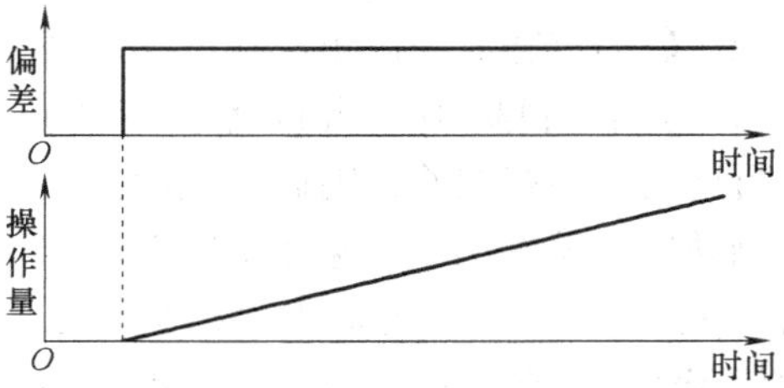

图3-22　I动作输出含义

(4) Pr. 131　PID上限　此参数为PID控制上限值的设定，即测定反馈量的最大输入值，是自动控制中不可缺少的保护检测值。当检测到上限值时，输出为低电平，未达到时输出为高电平。

设定范围：0~100%，当设定为9999时表示无功能。

(5) Pr. 132　PID下限　此参数为PID控制下限值的设定，即测定反馈量的最小输入值，是自动控制中不可缺少的保护检测值。当检测到下限值时，输出为低电平，未达到时输出为高电平。

设定范围：0~100%，当设定为9999时表示无功能。

(6) Pr. 133　PID动作目标值　此参数为PID控制时的目标值，设定范围为0~100%，当设定为9999时表示端子2的输入电压成为目标值。

(7) Pr. 134 PID控制（D：微分时间）　此参数为PID微分时间控制设定，设定范围为0.01~10.00s，设定为9999时表示无微分控制。操作量（输出频率）和偏差的微分值成比例的动作称为D动作。因此，D动作即是输出按偏差微分的操作量，对急剧变化的偏差响应很快。用微分时间参数D决定动作效果的大小，微分时间大时，能使发生偏差时P动作引起的振荡很快衰减，但过大时，反而引起振荡；微分时间小时，发生偏差时的衰减作用小。D动作输出含义如图3-23所示。

(8) Pr. 184　RES（X14）端子功能的选择　此参数为RES（X14）端子功能的选择，本变频器所设定的值为14，是PID控制有效的设定。即当RES接通时，变频器的PID控制功能有效，否则无效。

设定范围：0～5、7、8、12、14～16、18、24、25、62、65～67、9999。

（9）Pr. 190　RUN 端子功能的选择　此参数为 RUN 端子功能的选择，本变频器所设定的值为 14，是 PID 控制输出下限的检测。当检测到下限值时输出为低电平，未检测到时为高电平，相当于接点的接通和断开。有时 OL 也常作为过负荷报警的输出监测。

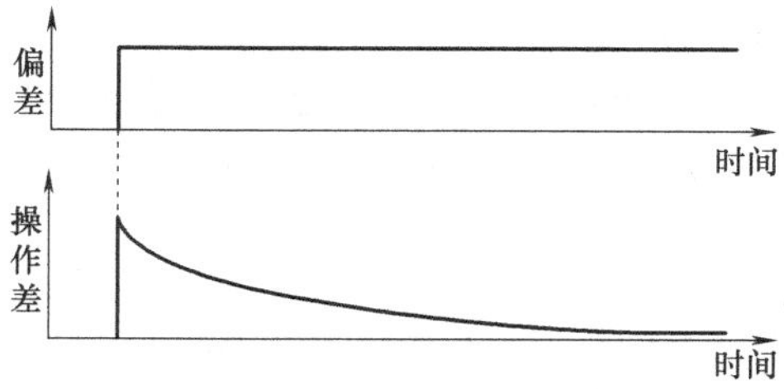

图 3-23　D 动作输出含义

设定范围：0、1、3、4、7、8、11～16、20、25、26、46、47、64、90、91、93、95、96、98、99、100、101、103、104、107、108、111 ～ 116、120、125、126、146、147、164、190、191、193、195、196、198、199、9999（0～99：正逻辑；100～199：负逻辑）。

（10）Pr. 191　FU 端子功能的选择　此参数为 FU 端子功能的选择，本变频器所设定的值为 15，是 PID 控制输出上限的检测。当检测到上限值时输出为低电平，未检测到时为高电平，相当于接点的接通和断开。有时 FU 也常作为频率检测功能的输出监测。

设定范围：0、1、3、4、7、8、11～16、20、25、26、46、47、64、90、91、93、95、96、98、99、100、101、103、104、107、108、111 ～ 116、120、125、126、146、147、164、190、191、193、195、196、198、199、9999（0～99：正逻辑；100～199：负逻辑）。

3. PI 控制、PD 控制和 PID 控制

在工艺生产和机械设备的自动控制中，一般 PID 操作不单独作用，即 P 增益、I 积分时间、D 微分时间不单独使用。常使用 PI 控制、PD 控制和 PID 控制的组合控制方式。

（1）PI 控制　仅用 P 动作控制，不能完全消除偏差。为了消除残留偏差，一般采用增加 I 动作的 PI 控制。用 PI 控制时，能消除由改变目标值和经常的外来扰动等引起的偏差。但是，I 动作过强时，对快速变化的偏差响应迟缓。对有积分元件的负载系统，也可以单独使用 P 动作控制。

（2）PD 控制　发生偏差时，PD 控制会很快产生比单独的 D 动作还要大的操作量，以此抑制偏差的增加。偏差小时，P 动作的作用减小。控制对象中含有积分元件负载的场合，可用 P 动作控制。有时由于积分元件的作用，系统会发生振荡。在这种情况下，为使 P 动作的振荡衰减和使系统稳定，可用 PD 控制。换言之，PD 控制适用于本身没有制动作用的负载。

（3）PID 控制　利用 I 动作消除偏差的作用和 D 动作抑制振荡的作用，再结合 P 动作就构成了 PID 控制。采用 PID 控制方式能获得无偏差、精度高和系统稳定的控制过程。

对于从产生偏差到出现响应需要一定时间的负载系统，使用 PID 控制效果较好。

（4）PID 设定值调整　PID 值最好在用示波器等监视响应波形的同时进行调整，它可作如下调整：

1）“Pr. 129（P：比例带）”，在不发生振荡的条件下增大其值。

2）“Pr. 130（I：积分时间）”，在不发生振荡的条件下减小其值。

3）“Pr. 134（D：微分时间）”，在不发生振荡的条件下增大其值。

在 PID 作用时，对响应波形可作如下调整：

1）抑制超调：增大“Pr. 130（I：积分时间）”，减小“Pr. 134（D：微分时间）”，如

图 3-24 所示。

2）加快响应速度（容许少量超调）：减小“Pr. 130（I：积分时间）”，增大“Pr. 134（D：微分时间）”，如图 3-25 所示。

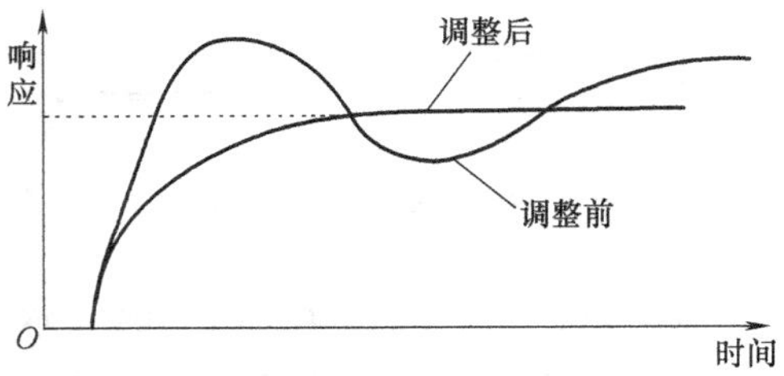

图 3-24　PID 控制调整

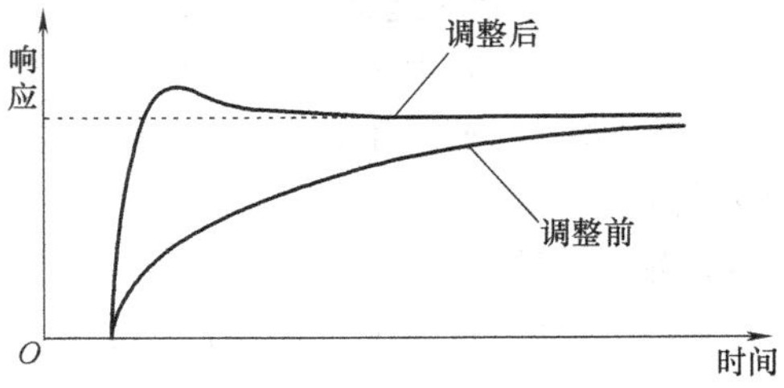

图 3-25　PID 控制调整

3）抑制比“Pr. 130（I：积分时间）”长的周期振荡，增大“Pr. 130（I：积分时间）”，如图 3-26 所示。

4）抑制大约和“Pr. 134（D：微分时间）”同样长的周期振荡，减小“Pr. 134（D：微分时间）”，设定为 9999 仍有振荡时，减小“Pr. 129（P：比例带）”，如图 3-27 所示。

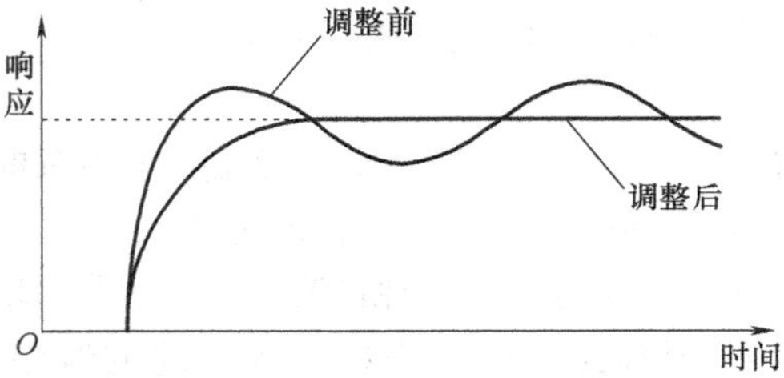

图 3-26　PID 控制调整

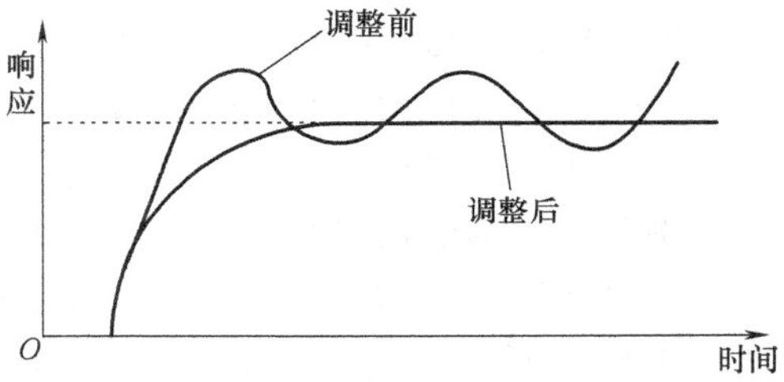

图 3-27　PID 控制调整

三、操作步骤

1. 安装接线及运行调试

1）首先将主、控电路按图 3-18 进行连线。

2）经检查无误后方可通电。

3）将所涉及的参数按要求正确置入变频器：按下操作面板的 MODE 键进入参数设置菜单画面，观察 LED 监视器，并按表 3-12 所给参数进行设定（表中 Pr. 79 运行操作模式在本次 PID 控制运行时设定为 2，EXT 灯亮。也可设定为 4 或 1，读者可自行测定）。设置完毕按 MODE 键切换到运行监视模式画面，此时 MON 灯亮（观察 LED 显示内容，可根据相应要求按下 SET 键监视输出频率、输出电流和输出电压）。有关参数设定的详细操作步骤参阅第二章第三节）。

4）此 PID 控制相关功能参数设定完毕，还要进行整个 PID 调节系统的检查，直到完整无误才可运行调试，确保一次成功。

5）PID 控制运行操作可由面板进行，也可由外端子输入控制信号进行，两者的操作运行方法相同。下面以外端子输入为例进行运行操作。

6）根据外端子 RES（X14）的输入状态决定 PID 运行控制是否有效，再结合 Pr. 133 设定值决定所需信号是外给定还是内给定，并确定其大小。内给定是由键盘面板直接设定被控对象的所需控制值。外给定是通过被控对象的要求，由外部信号供给变频器所需的控制值。在自动控制系统刚开始运行时，由于系统波动较大，此时可先不加入 PID 调节控制，由键盘面板（或手动）直接调节频率的高低来控制被控对象，待系统相对稳定后再加入 PID 自动调节控制。

7）人们可根据生产工艺的要求确定被控对象的给定参数。当系统给定信号为内给定时，可以通过键盘将内给定值设定为 30Hz，也可以通过外给定端子 2 输入 0 ~5V 的模拟电压进行 30Hz 频率的设定。

8）同时接通 SD 与 AU、SD 与 RES（X14）、SD 与 STF 后，电动机开始正转，并根据 2 ~5 端子之间的电压（给定值与反馈值之差，即偏差）大小进行 PID 自动调节控制，直到稳定在给定值。电动机转速将根据工艺生产的波动随着变化，始终稳定在设定值上。

9）当被控制信号发生变化时，通过反馈装置将信号反馈给变频器，与之相对变化的信号 4 ~20mA 改变或人为改变给定信号值时，电动机转速也随着变化，最后稳定运行在给定值上，这就是变频器的 PID 调节功能。

10）同样还可进行面板的启停控制，将 Pr. 79 设定为 1 或 4，按下 RUN 键，电动机正向起动运转，并稳定在 Pr. 133 的设定值上。在两种控制运行模式下，当需要停止时，按下面板 STOP 键或断开端子正转 STF 连线开关 SA1，变频器立即减速停止。

2. 注意事项

1）接线完毕后一定要认真检查，以防接线错误烧坏变频器，特别是主电源电路。

2）在接线时变频器内部端子用力不得过猛，以防损坏。

3）在送电和停电过程中要注意安全，特别是在停电过程中，必须待面板 LED 显示全部熄灭以后方可打开盖板。

4）在变频器进行参数设定时，要根据生产工艺的要求进行 PID 操作正、反转动作的选择。操作时应认真观察 LED、监视窗的内容，以免发生错误，争取一次试验成功。

5）当采用变频器内部 PID 的功能时，加减速时间由积分时间的预置值决定；当不采用变频器内部 PID 的功能时，加减速时间由相应的参数决定。

第七节　变频器的二级加减速控制

三菱变频器 FR-E740 的加减速时间控制共有二级加减速运行时间的设定。通过外部接线端子的控制可以使变频器运行在不同级别的加减速时间上，这在需要多种加减速时间的生产工艺和机械设备中得到了广泛应用。

应用实例：有一台三相异步电动机，功率为 1.1kW，额定电流为 2.52A，额定电压为 380V。现用变频器进行二级加减速控制，同时通过变频器参数设置和外端子接线来控制变频器的运行输出频率，使电动机实现多段速和多级加减速运行。在运行操作中，运行频率按表 3-14 和表 3-15 所给参数设定。并能结合本项目所给运行曲线图（见图 3-28）进行多段速和多级加减速的运行操作。

（注：本运行曲线为八段速控制，但在四个段速中，有两个段速是一样的，所以只需要设六个段速就可以了，见表 3-15）。

一、FR-E740 三菱变频器二级控制线路的连接

1. 主电路的连接

1）输入端子 R/L1、S/L2、T/L3 接三相电源。

2）输出端子 U、V、W 接电动机，输入、输出端子的接线图如图 3-1 所示。

2. 控制电路的连接

二级加减速控制回路的连接如图 3-29 所示。

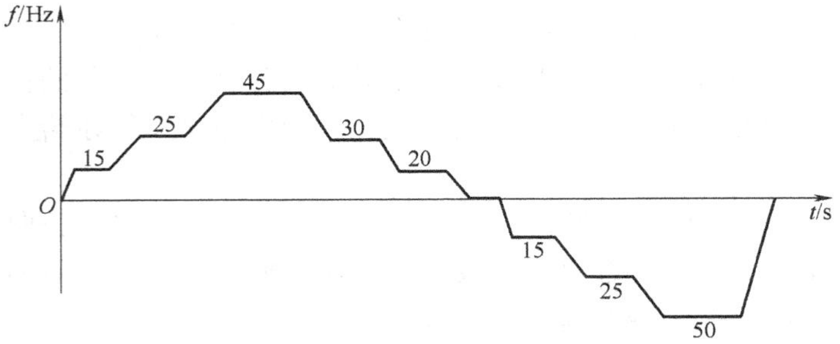

图 3-28　多级加减速运行曲线

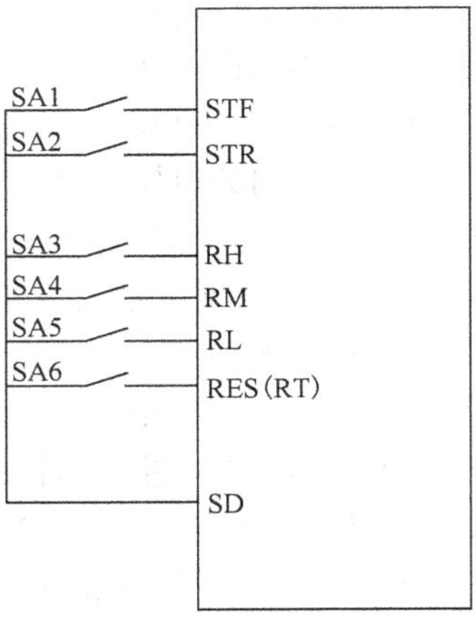

图 3-29　二级加减速控制接线图

二、相关功能参数的含义详解及设定操作技能

1. 参数设定

按表 3-14 和表 3-15 设定相关参数。

表 3-14　二级加减速参数设定

参数代码	功　能	设定数据
Pr. 1	上限频率	50Hz
Pr. 2	下限频率	0Hz
Pr. 3	基准频率	50Hz
Pr. 4	多段速设定：1 段速	45Hz
Pr. 5	多段速设定：2 段速	25Hz
Pr. 6	多段速设定：3 段速	15Hz
Pr. 7	加速时间	2s
Pr. 8	减速时间	2s
Pr. 9	电子过电流保护	2.7A
Pr. 14	适用负荷选择	0
Pr. 20	加减速基准频率	50Hz
Pr. 21	加减速时间单位	0
Pr. 24	多段速设定：4 段速	30Hz
Pr. 25	多段速设定：5 段速	20Hz

（续）

参数代码	功　　能	设定数据
Pr. 26	多段速设定：6 段速	50Hz
Pr. 44	第二加速时间	3s
Pr. 45	第二减速时间	3s
Pr. 77	参数写入选择	0
Pr. 78	逆转防止选择	0
Pr. 79	运行模式选择	3
Pr. 80	电动机（功率）	1.1kW
Pr. 81	电动机（极数）	4 极
Pr. 82	电动机励磁电流	2.52A
Pr. 83	电动机额定电压	380V
Pr. 84	电动机额定频率	50Hz
Pr. 178	STF 端子功能的选择	60
Pr. 179	STR 端子功能的选择	61
Pr. 180	RL 端子功能的选择	0
Pr. 181	RM 端子功能的选择	1
Pr. 182	RH 端子功能的选择	2
Pr. 184	RES（RT）端子第二功能的选择	3

表 3-15　运行状态与接线端子对照

速　　度	1 段速	2 段速	3 段速	4 段速	5 段速	6 段速
控制端子	RH	RM	RL	RM，RL	RH，RL	RH，RM
参数号	Pr. 4	Pr. 5	Pr. 6	Pr. 24	Pr. 25	Pr. 26
设定值/Hz	45	25	15	30	20	50

2. 参数含义详解及设定操作

（1）Pr. 44 第二加速时间　Pr. 45 第二减速时间　此参数为多段速应用中第二加减时间的设定。即与 RT 端子配合，当 RT 信号为 ON 时，第二加减速时间有效。

设定范围：单位为 0.1s 时设定范围为 0～3600s；单位为 0.01s 时设定范围为 0～360s。当 Pr. 45 设为 9999 时为加减速时间相等。

（2）Pr. 184 RES（RT）端子功能的选择　此参数为外端子 RES（RT）功能的选择，本变频器设定为 3 时表示第二功能的选择，即当 RT 接通时，变频器的第二功能有效。要使本变频器设定为第二加减速时间功能有效要与 Pr. 44（第二加速时间）和 Pr. 45（第二减速时间）相配合。RT 端子也可作为其他功能输入端子使用。

设定范围：0～5、7、8、12、14～16、18、24、25、62、65～67、9999。

三、操作步骤

1. 安装接线及运行调试

1）首先将主、控电路线连接好。

2）主电路按图 3-1 接线。

3）控制电路按图 3-28 接线。

4）经检查无误后方可通电。

5）将所涉及参数先按要求正确置入变频器：按下操作面板的 MODE 键进入参数设置菜单画面，观察 LED 监视器，并按表 3-14 和表 3-15 所给参数进行设置（表中 Pr. 79 运行操作模式在本次多级加减速控制运行时设定为 3，PU 和 EXT 灯同时亮）。设置完毕按 MODE 键切换到运行监视模式画面，此时 MON 灯亮。观察 LED 显示内容，可根据相应要求按下 SET 键监视输出频率、输出电流和输出电压。有关参数设定的详细操作步骤请参阅第二章第三节）。

6）此二级加减速操作相关功能参数设定完毕，即可进行二级加减速正、反转运行操作。

7）根据运行曲线图 3-29 所给运行速度进行控制操作。在只接通 RL 与 SD 的前提下，接通 SD 与 STF，电动机将工作在第一段速、正转 15Hz 的连续运行状态，加速时间是 2s，即 Pr. 7 的设定时间。

8）接通 RT 与 SD、RM 与 SD（断开 RL 与 SD），接通 SD 与 STF，电动机将加速到第二段速、正转 25Hz 的连续运行状态，加速时间是 3s，即 Pr. 44 的设定时间。

9）接通 RH 与 SD（断开 RM 与 SD），接通 SD 与 STF，电动机将加速到第三段速、正转 45Hz 的连续运行状态，加速时间是 3s。

10）接通 RL 与 SD、RM 与 SD（断开 RT 与 SD），接通 SD 与 STF，电动机将减速到第四段速、正转 30Hz 的连续运行状态，减速时间是 2s，即 Pr. 8 的设定时间。

11）接通 RL 与 SD、RH 与 SD、RT 与 SD，接通 SD 与 STF，电动机将减速到第五段速、正转 20Hz 的连续运行状态，减速时间是 3s，即 Pr. 45 的设定时间。

12）断开 STF 与 SD、RL 与 SD、RH 与 SD，接通 RT 与 SD，电动机将减速到 0Hz 停止状态，减速时间是 3s。

13）在只接通 RL 与 SD 的前提下，接通 SD 与 STR，电动机将工作在第六段速、反转 15Hz 的连续运行状态，加速时间是 2s，即 Pr. 7 的设定时间。

14）接通 RT 与 SD、RM 与 SD（断开 RL 与 SD），接通 SD 与 STR，电动机将加速到第七段速、反转 25Hz 的连续运行状态，加速时间是 3s，即 Pr. 44 的设定时间。

15）接通 RH 与 SD、RM 与 SD，接通 SD 与 STR，电动机将加速到第八段速、反转 50Hz 的连续运行状态，加速时间是 3s。

16）断开 STR 与 SD、RH 与 SD、RM 与 SD，电动机将减速到 0Hz 停止状态，减速时间是 3s，即 Pr. 45 的设定时间。

2. 注意事项

1）接线完毕后一定要认真检查，以防接线错误烧坏变频器，特别是主电源电路。

2）在接线时变频器内部端子用力不得过猛，以防损坏。

3）在送电和停电过程中要注意安全，特别是在停电过程中，必须待面板 LED 显示全部熄灭后方可打开盖板。

4）在变频器进行参数设定操作时，应认真观察 LED、监视窗的内容，以免发生错误，争取一次试验成功。

5）在二级加减速操作和参数设定时，一定要注意操作和参数设置的正确性，以防设备损坏和不安全因素的产生。（A：RT 的信号不接通时，属第一级加减速；B：RT 的信号接通时，属第二级加减速；C：RH，RM，RL，以及 RL RM，RL RH，RH RM 六个端子状态对应的速度分别由 Pr. 4、Pr. 5、Pr. 6、Pr. 24、Pr. 25、Pr. 26 六个参数决定，没有优先级）。

第四章 变频器的典型应用

第一节 医疗废物焚烧控制系统

随着社会经济的发展与人类征服自然、改造自然进程的加速，在生产和生活中，产生的各种废弃物越来越多，环境治理与生态保护成为人类面临的一个大问题，城乡生活垃圾无害化、减量化、资源化的处理越来越引起社会的关注。尤其是医疗废物，具有更大的危害性。为了保障人类健康，减轻环境污染，对医疗废物进行无害化处置和资源的综合利用，具有一定的现实意义。目前，对医疗废物的处置主要采用高温热处理技术。

一、医疗废物的处置原理

医疗废物的处置系统包括：进料系统，焚烧系统，余热利用系统，尾气处理系统。各系统由电气自动控制装置实时检测控制，以达到焚烧处理过程的稳定、经济、高效。焚烧系统的主要设备是热解气化焚烧炉。热解气化焚烧炉自上而下依次为：干燥段、热解段、燃烧段、燃烬段和冷却段。医疗废物在热解汽化炉（一燃室）内，通过干燥热分解（450～600℃）和汽化（600～800℃），热解汽化后的残留物在炉内继续进行充分燃烧，燃烧温度达到1100～1200℃。此后燃尽的结焦状残渣受到炉底部的一次风冷却，经炉排的机械挤压撞击，破碎成100mm以下的块状物，排至炉底的水封槽内，然后经过湿式出渣系统排出。控制好焚烧系统温度的关键在于控制好两个指标：一个是CO含量，另一个是O_2含量。而控制好这两个指标的关键在于控制好一次风机、二次风机和引风机的进风量，即可保证焚烧系统安全、稳定、高效地运行。

二、焚烧系统风机变频调速的构成

医疗废物焚烧系统风机变频调速的构成框图如图4-1所示。其中一次风机、二次风机分别对应一燃烧室和二燃烧室进行通风补氧，保证室内充分燃烧。而引风机则保持系统内恒定负压，防止烟气外泄。由DCS统一对三个风机分别进行控制来保证系统安全运行。

三、控制原理

在废物处理过程中，根据焚烧系统的温度、压力、气体分析信号的变化，由DCS集散控制系统发出改变各电动机工作频率的4～20mA信号，变频器根据信号大小调整风机转速从而改变输入风量的大小，即可控制各燃烧室的温度和气体成分含量。变频器还根据系统安全性的要求设置了故障报警和模拟输出信号，实时监视系统变化，使系统燃烧更充分更安全（系统中只画出了一燃室风机连接图，二燃室及引风机与一燃室控制原理相同，其变频控制原理及接线一样）。如果电动机功率较小，变频器选用FR-E740。由于引风机功率较大，在

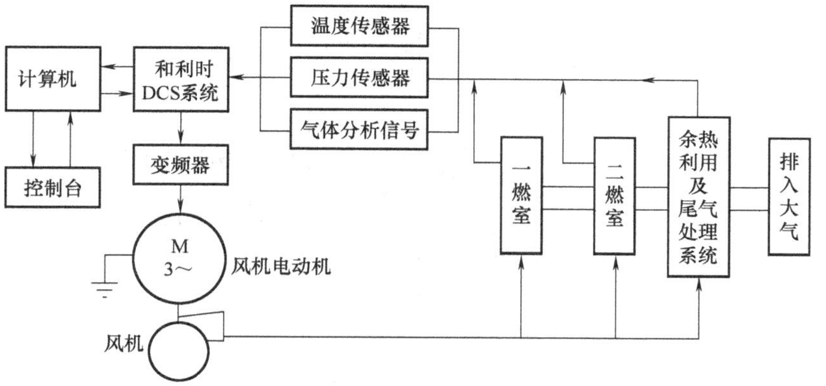

图 4-1　焚烧系统风机变频调速的构成框图

这里我们选用了 FR- A740 型大容量变频器。

四、控制要求

有一个医疗废物处理系统用变频器对风机进行变频调速，从而实现对一次风量、二次风量和引风机风量的精确控制，保证了焚烧系统的安全、稳定、高效的运行。系统接线参照图 4-1、图 4-2 和图 4-3 连接；变频器运行操作频率参照表 4-1、表 4-2 和表 4-3 所给参数设定。

五、电气控制电路的构成

1）焚烧系统一燃室、二燃室变频器控制接线如图 4-2 所示。

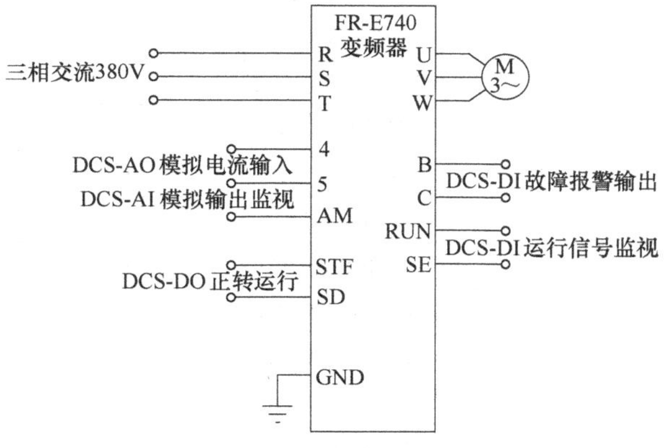

图 4-2　一、二燃室风机变频控制接线

2）焚烧系统引风机变频控制接线如图 4-3 所示。

图中变频器的正转由 DCS 输出节点信号控制；频率的高低由 DCS 发出 4～20MA 的模拟信号进行控制。变频器的模拟输出 0～10V 反馈给 DCS 进行转速监视，变频器的故障输出及运行监视节点信号也与 DCS 相连，当有报警输出时，便于操作人员及时排除故障。

六、根据系统控制，设定变频器的参数

1. 设定变频器的参数

焚烧系统一燃室风机控制变频器参数见表 4-1。

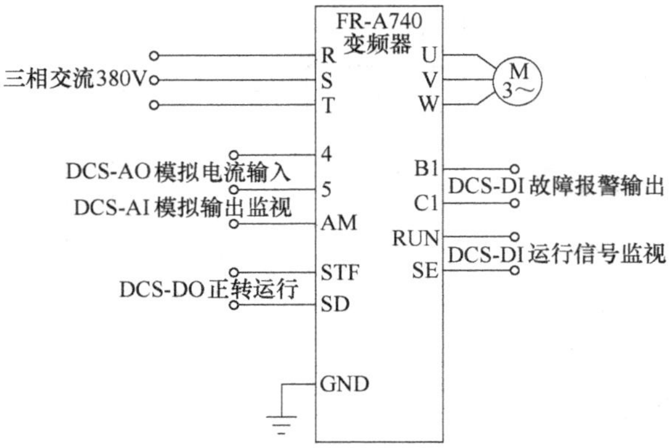

图 4-3　引风机变频控制接线

表 4-1　一燃室风机变频参数

参数代码	功　能	设定数据
Pr. 1	上限频率	50Hz
Pr. 2	下限频率	0Hz
Pr. 3	基准频率	50Hz
Pr. 7	加速时间	4s
Pr. 8	减速时间	4s
Pr. 9	电子过电流保护	14. 3A
Pr. 14	适用负荷选择	0
Pr. 20	加减速基准频率	50Hz
Pr. 40	RUN 旋转方向的选择	0
Pr. 77	参数写入选择	0
Pr. 78	逆转防止选择	1
Pr. 79	运行模式选择	2
Pr. 80	电动机（功率）	5. 5kW
Pr. 81	电动机（极数）	4 极
Pr. 82	电动机励磁电流	13A
Pr. 83	电动机额定电压	380V
Pr. 84	电动机额定频率	50Hz
Pr. 126	端子 4 的设定增益频率	50Hz
Pr. 178	STF 端子功能的选择	60
Pr. 179	STR 端子功能的选择	61
Pr. 190	RUN 端子功能的选择	0
Pr. 192	ABC 端子功能的选择	99
Pr. 267	端子 4 的输入选择	0
Pr. 645	AM 端子 0V 调整	1000
Pr. 901	AM 端子输出校正	0 ~ 10V

焚烧系统二燃室风机控制变频器参数见表 4-2 所示。

表 4-2　二燃室风机变频器参数

参数代码	功　　能	设定数据
Pr. 1	上限频率	50Hz
Pr. 2	下限频率	0Hz
Pr. 3	基准频率	50Hz
Pr. 7	加速时间	4s
Pr. 8	减速时间	4s
Pr. 9	电子过电流保护	26. 4A
Pr. 14	适用负荷选择	0
Pr. 20	加减速基准频率	50Hz
Pr. 21	加减速时间单位	1
Pr. 40	RUN 旋转方向的选择	0
Pr. 77	参数写入选择	0
Pr. 78	逆转防止选择	1
Pr. 79	运行模式选择	2
Pr. 80	电动机（功率）	11kW
Pr. 81	电动机（极数）	4 极
Pr. 82	电动机励磁电流	24A
Pr. 83	电动机额定电压	380V
Pr. 84	电动机额定频率	50Hz
Pr. 126	端子 4 的设定增益频率	50Hz
Pr. 178	STF 端子功能的选择	60
Pr. 179	STR 端子功能的选择	61
Pr. 190	RUN 端子功能的选择	0
Pr. 192	ABC 端子功能的选择	99
Pr. 267	端子 4 的输入选择	0
Pr. 645	AM 端子 0V 调整	1000
Pr. 901	AM 端子输出校正	0 ~ 10V

焚烧系统引风机控制变频器参数见表 4-3。

表 4-3　引风机变频器参数

参数代码	功　　能	设定数据
Pr. 1	上限频率	50Hz
Pr. 2	下限频率	0Hz
Pr. 3	基准频率	50Hz
Pr. 7	加速时间	3s
Pr. 8	减速时间	5s

（续）

参数代码	功　能	设定数据
Pr. 9	电子过电流保护	123.2A
Pr. 14	适用负荷选择	0
Pr. 20	加减速基准频率	50Hz
Pr. 21	加减速时间单位	1
Pr. 40	RUN 旋转方向的选择	0
Pr. 77	参数写入选择	0
Pr. 78	逆转防止选择	1
Pr. 79	运行模式选择	2
Pr. 80	电动机（功率）	55kW
Pr. 81	电动机（极数）	4 极
Pr. 82	电动机励磁电流	112A
Pr. 83	电动机额定电压	380V
Pr. 84	电动机额定频率	50Hz
Pr. 126	端子 4 的设定增益频率	50Hz
Pr. 178	STF 端子功能的选择	60
Pr. 179	STR 端子功能的选择	61
Pr. 190	RUN 端子功能的选择	0
Pr. 195	ABC1 端子功能的选择	99
Pr. 267	端子 4 的输入选择	0
Pr. 858	端子 4 的功能分配	0
Pr. 901	AM 端子输出校正	0～10V

2. 部分参数含义详解

（1）Pr. 190　RUN 端子功能的选择　此参数为 RUN 端子功能的选择，本变频器所设定此值为 0，是变频器正在运行输出时的检测。即当变频器输出频率为起动频率（初始值为 0.5Hz）以上时为低电平，正在停止或正在直流制动时为高电平，相当于接点的接通和断开。有时 RUN 也作为其他的输出监测。

设定范围：0、1、3、4、7、8、11～16、20、25、26、46、47、64、90、91、93、95、96、98、99、100、101、103、104、107、108、111～116、120、125、126、146、147、164、190、191、193、195、196、198、199、9999（0～99：正逻辑；100～199：负逻辑）。

（2）Pr. 901　AM 端子输出校正　此参数为模拟信号输出端子，输出信号作为监视用，AM 输出端子输出信号的范围为 DC 0～10V，许可负载电流为 1MA，在负载电阻为 10kΩ 以上时，分辨率为 8 位。

（3）Pr. 645　AM 端子 0V 输出调整　此参数为模拟量输出为 0V 时的仪表刻度校正。

设定范围：970～1200。

七、操作步骤

1. 系统的安装接线及运行调试

1）首先结合实际要求和实际情况进行设备及元器件的合理布置和安装；然后根据图纸进行导线连接，变频器和电动机及 DCS 的连线如图 3-13 和图 3-14 所示。

2）经检查无误后方可通电。

3）按照要求进行 DCS 系统设置，并进行和上位机组态通信及变频器参数的设置。

4）参数设置好后，在 DCS 系统操作下进行整个系统测试，在测试合格后才可进行正常的生产运行，即废物处理。

5）人们可根据系统变化通过 DCS 对三台风机的风量进行控制，从而达到温度和 CO 及 O_2 含量的相对稳定，使生产高效安全。

2. 注意事项

1）线路必须检查清楚才能上电。

2）注意运行中的安全性与温度、含量的变化，三个风机相互配合，保证废物的充分燃烧和系统的恒定负压。

第二节　车床的变频调速改造

车床在金属切削机床中应用最为广泛，主要用于切削具有旋转表面的工件，如车削工件的外圆、内圆、端面、螺纹等。普通车床的拖动系统主要包括主运动和进给运动，主运动拖动系统通常采用电磁离合器配合齿轮箱进行调速，此调速系统存在体积大、结构复杂、噪声大、电磁离合器损坏率较高、调速性能差等缺点。

而采用变频器对其进行调速控制，可以克服以上不足，提高车床的综合性能。为充分利用现有车床，采用变频器对主运动拖动系统进行改造，不失为一种既经济实用，又能提高调速性能的好方法。

一、原拖动系统概况

1. 转速挡次

负载侧有 12 挡转速：25、50、105、130、180、210、260、360、560、800、1120、1600r/min。

2. 电动机的主要数据

1）额定功率：4.5kV · A。

2）额定转速：1440r/min。

3）过载能力：2.5。

3. 控制方式

由手柄的 12 个位置来控制齿轮的分与合，得到齿轮的 12 种组合，从而得到 12 挡转速。

4. 卧式车床的大致构造与拖动系统

（1）大致构造　如图 4-4 所示，主要部件有：

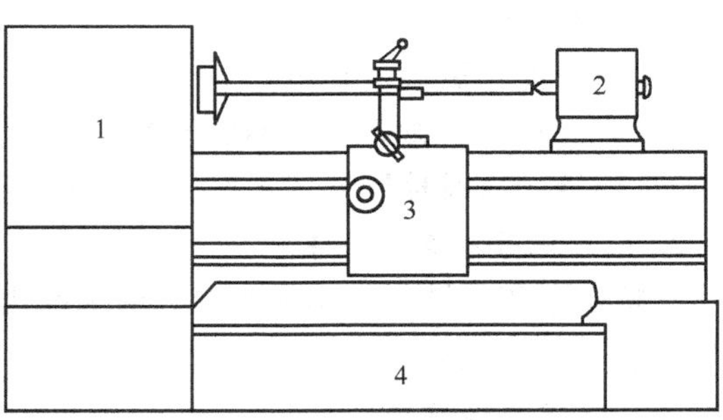

图 4-4　卧式车床的大致构造

1—头架　2—尾座　3—刀架　4—床身

1）头架。用于固定工件。内藏齿轮箱，是主要的传动机构之一。

2）尾座。用于顶住工件，是固定工件用的辅助部件。

3）刀架。用于固定车刀。

4）床身。用于安置所有部件。

（2）拖动系统卧式车床的运动系统主要包括以下两种运动：

1）主运动。工件的旋转运动为卧式车床的主运动，带动工件旋转的拖动系统为主拖动系统。

2）进给运动主要是刀架的移动。由于在车削螺纹时，刀架的移动必须和工件的旋转速度严格配合，故中小型车床的进给运动通常由主电动机经进给传动链而拖动，并无独立的进给拖动系统。

3）主运动系统阻转矩的形成。主运动系统的阻转矩就是工件在切削过程中形成的阻转矩。理论上说，切削功率用于切削的剥落和变形，故切削力正比于被切削的材料性质和截面积，切削面积由吃刀量（切削深度）和走刀量决定。而切削转矩则取决于切削力和工件回转半径的乘积，其大小与下列因素有关：背吃刀量、进刀量、工件的材质与直径等。

5. 主运动的负载性质

在低速段，允许的最大进刀量都是相同的，负载转矩也相同，属于恒转矩区；而在高速段，则由于受床身机械强度和振动以及刀具强度等的影响，速度越高，允许的最大进刀量越小，负载转矩也越小，但切削功率保持相同，属于恒功率区。车床主轴的机械特性如图 4-5 所示。恒转矩区和恒功率区的分界转速，称为计算转速，用 n_D 表示。关于计算转速大小的规定大致如下：

在老系列产品中，一般规定：从最低速起，以全部极数的 1/3 的最高转速作为计算转速。

随着刀具强度和切削技术的提高，计算转速已经大为提高，通常规定：以最高转速的（1/4～1/2）作为计算转速。

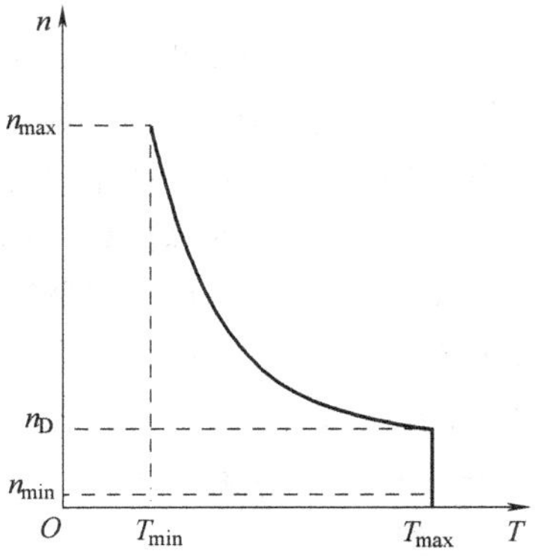

图 4-5　车床主轴机械特性

二、控制改造要求

1. 改造原则

1）尽可能不更换电动机；

2）在高速区，过载能力不低于 1.8；

3）转速挡次及控制方式不变，即仍由手柄的 12 个位置来控制 12 挡转速。

2. 设计任务和具体要求

某精密车床主轴变频调速改造，由于调速用的电磁离合器损坏率较高，配件难找又十分昂贵，故改用变频调速。

三、改造方案确定

1. 主要的数据计算

（1）调速范围，公式为

$$\alpha_L = \frac{n_{Lmax}}{n_{Lmin}} = \frac{1600}{25} = 64$$

（2）负载转矩

1）计算转速。由式 $n_D = n_{max}/(2\sim4)$，并根据机床使用手册提供的数据，有

$$n_D = 1600/4 = 400r/min$$

2）各挡转速下的负载转矩可根据负载功率和转速公式 $T_L = \frac{9550P_L}{n_L}$算出，负载功率可按电动机的额定功率估算。本例中，考虑到设计者在选择电动机时通常都含有余量，故负载功率按 $P_L = 4kW$ 计算，计算结果见表4-4。

表4-4　各挡转速下的负载转矩

挡　次	1	2	3	4	5	6	7	8	9	10	11	12
转速/(r/min)	25	50	105	130	180	210	260	360	560	800	1120	1600
转矩/N·m	95.5	95.5	95.5	95.5	95.5	95.5	95.5	95.5	68.2	47.8	34.1	23.9

3）电动机额定转矩。

$$T_{MN} = 9550 \times 4.5/1440 = 29.8N \cdot m$$

4）电动机的转差率。

$$s = (1500 - 1440)/1500 = 0.04$$

2. 变频调速拖动系统的计算

本着“改造力求从简”的原则，决定不增加速度反馈环节，而采用“无反馈矢量控制”功能或 U/f 控制方式。

（1）频率范围

1）最低工作频率。由于不采用有反馈的矢量控制方式，故工作频率不宜过低，取 $f_{min} = 5Hz$。

2）最高工作频率。根据负载对调速范围的要求，最高工作频率为 $f_{max} = 5\times\alpha_n = 5\times 64Hz = 320Hz$

a. 电动机最高转速为

$$n_{max} = \frac{60f}{p}(1-s) = \frac{60\times320}{2}(1-0.04) = 9216r/min$$

b. 传动比为

$$\lambda = \frac{n_{Mmax}}{n_{lmax}} = \frac{9216}{1600} = 5.76$$

取　$\lambda = 5.8$。

（2）低速时的转矩校核低速时负载转矩的折算值为

$$T'_L = \frac{T_L}{\lambda} = \frac{95.5}{5.8} = 16.5N \cdot m < T_{MN}$$

可见，在最低速时电动机能带动负载。但是由于普通电动机运行在高速时机械结构将无法承受而损坏，因此确定采用两挡传动比方案。

3. 两挡传动比方案设计

对于在加工过程中不进行调速的负载来说，可考虑采用两挡传动比的方案。因车床在车

削过程中是不进行调速的，可以考虑采用此方案，其计算方法如下：

（1）频率范围及分界速

1）频率范围，由下式可得：

$$\alpha_f = \sqrt{a_n} = \sqrt{64} = 8$$

2）分界速的大小，由式 $n_{Lmid} = \dfrac{n_{Lmax}}{a_f}$可知

$$n_{Lmid} = 1600/8 = 200r/min$$

（2）分界速的修正

1）低速挡恒转矩区的调速范围。因为在低速挡，负载的分界速与电动机的最高工作频率（设为100Hz）相对应，其分界速应与f_N相对应，故

$$n_L \leqslant 200/2 = 100r/min$$

2）修正。根据负载的实际转速挡次，取低速挡的恒转矩区为

$$n_L \leqslant 180r/min$$

则分界速度为

$$n_{Lmid} = 180 \times 2 = 360r/min$$

（3）低速挡的频率范围

1）低速挡恒转矩区的调速范围为

$$\alpha_{LD} = 180/25 = 7.2$$

2）最低工作频率为

$$f_{min} = 50/7.2 = 6.94Hz \text{ 或 } f_{min} = f_N \times \frac{25}{180} = 6.94Hz$$

3）最高工作频率为

$$f_{max} = f_N \times \frac{360}{180} = 100Hz$$

（4）高速挡的频率范围　因为普通电动机的工作频率不宜超过额定频率的2倍，故负载的最高转速（$n_{max} = 1600r/min$）应该与$50 \times 2 = 100$（Hz）相对应，则电动机的额定频率与第10挡转速（800r/min）相对应，所以，在最高挡：

1）最低工作频率为

$$f_{min} = f_N \times \frac{360}{800} = 22.5Hz$$

2）最高工作频率为

$$f_{max} = f_N \times \frac{1600}{800} = 100Hz$$

（5）确定传动比

1）拖动系统的工作区，见表4-5。

2）低速挡的传动比为

$$\lambda = 1440/180 = 8.0$$

取 $\lambda_L = 8$。

3）高速挡的传动比为

表 4-5 拖动系统的工作区

挡位	低速区		高速区	
参数范围 \ 工作区	恒转矩区	恒功率区	恒转矩区	恒功率区
负载转速范围/(r/min)	20 ~ 180	180 ~ 360	360 ~ 800	800 ~ 1500
工作频率范围/Hz	6.9 ~ 50	50 ~ 100	22.5 ~ 50	50 ~ 100
电动机转速范围/(r/min)	198.7 ~ 1440	1440 ~ 2880	648 ~ 1440	1440 ~ 2880

$$\lambda_H = 1440/800 = 1.8$$

取 $\lambda_H = 2.0$。

(6) 电动机功率不变的可行性核算　由于所取的 λ_L 和 λ_H 值均与计算值不同，表 4-5 中的数据会有所调整。

电动机的转速为 $$n = n_L \lambda$$

电动机的工作频率为 $$f = \frac{np}{60(1-s)}$$

电动机的调频比为 $$k_f = \frac{f}{f_N}$$

电动机的电磁转矩为 $$T_M = \frac{9550 P_{MN}}{n_M}$$

根据以上各式可将各挡转速的转矩核算结果列于表 4-6 中。

表 4-6 各挡转速的转矩核算结果

负载转速/(r/min)	25	50	105	130	180	210	260	360	560	800	1120	1600
负载转矩/N·m	95.5	95.5	95.5	95.5	95.5	95.5	95.5	95.5	68.2	47.8	34.1	23.9
电动机工作频率/Hz	6.94	13.9	29.2	36.1	50	58.3	72.2	100	38.9	55.6	77.8	111.1
电动机的调频比	0.139	0.278	0.584	0.722	1	1.166	1.444	2	0.778	1.112	1.556	2.222
电动机的电磁转矩/N·m	29.8	29.8	29.8	29.8	29.8	25.5	20.7	15	29.8	26.9	19.2	13.4
传动比	8								2.0			
负载转矩折算值/N·m	11.94	11.94	11.94	11.94	11.94	11.94	11.94	11.94	34.1	23.9	17.1	11.95

比较表中各挡的电动机转矩与负载转矩的折算值，可以看出：

1) 除第 9 挡略显逊色外，其余各挡转速的拖动转矩都能满足要求。

2) 在第 9 挡，电动机转矩与负载转矩之比为 29.8/34.1 = 0.874，在实际的工作中，已能满足要求。

故得出结论：采用两挡传动比后，可以不必加大电动机的功率。

四、操作步骤

1. 变频调速系统的设计

(1) 变频器的选择

1) 变频器的容量。考虑到车床在低速车削毛坯时，常常出现较大的过载现象，且过载时间有可能超过1min。故所选变频器的容量要比正常的配用电动机功率加大一挡。

现选择 $S_N=9.1kV \cdot A$（配用 $P_{MN}=5.5kV \cdot A$ 电动机）的变频器，额定电流 $I_N=12A$。

2）控制方式的选择

①根据用户要求，不考虑增加转速反馈环节；

②最低工作频率为6.9Hz，并不很低。

所以，选择 U/f 控制方式或无反馈矢量控制方式均可。

（2）变频器的功能预置

1）频率给定方式。由于用户不希望增加PLC，所以调速装置由一个旋钮开关旋转12个位置调节转速，采用电阻分压式给定方法，如图4-6所示。其中，各挡电阻值的计算应能使各挡的转速与改造前相同。

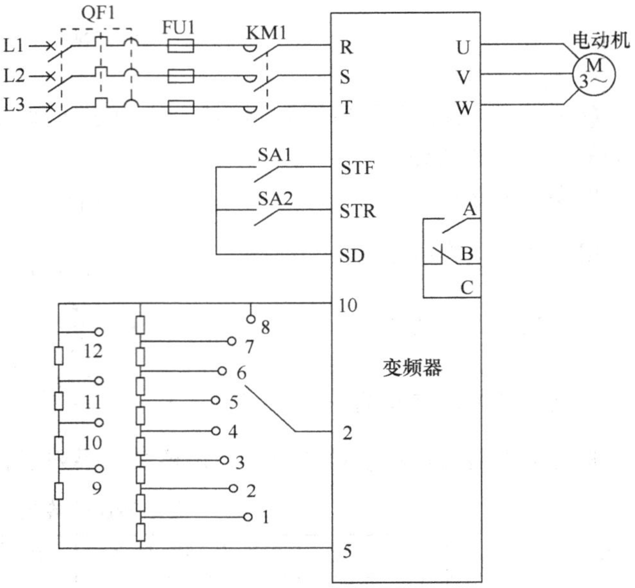

图4-6　变频器的频率给定

2）基本频率与最高频率。

①基本频率。基本频率是和额定电压相对应的，故预置为50Hz。

②最高频率。最高频率是和最大给定信号相对应的，由表4-7可知，最高运行频率为111Hz，故最高频率预置为112Hz。

3）U/f 比（转矩提升）。预置方法如下：使车床运行在最低速挡，按最大切削量切削最大直径的工件，逐渐加大 U/f 比，直至能够正常切削，然后退刀，观察空载时是否因过电流而跳闸。如不跳闸，则预置完毕。

表4-7　车床控制参数设定

参数代码	功　能	设定数据
Pr. 0	转矩提升	4%
Pr. 1	上限频率	50Hz
Pr. 2	下限频率	0Hz
Pr. 3	基准频率	50Hz
Pr. 7	加速时间	5s
Pr. 8	减速时间	3s
Pr. 9	电子过电流保护	18A
Pr. 10	直流制动动作频率	5Hz
Pr. 11	直流制动动作时间	1s
Pr. 12	直流制动动作电压	4%

（续）

参数代码	功　　能	设定数据
Pr. 13	起动频率	0.5Hz
Pr. 14	适用负荷选择	0
Pr. 17	MRS 端子输入选择	0
Pr. 20	加减速基准频率	50Hz
Pr. 21	加减速时间单位	0
Pr. 40	RUN 旋转方向的选择	0，1
Pr. 73	模拟量输入的选择	1
Pr. 77	参数写入选择	0
Pr. 78	逆转防止选择	0
Pr. 79	运行模式选择	0，2
Pr. 80	电动机（功率）	5.5kW
Pr. 81	电动机（极数）	4 极
Pr. 82	电动机励磁电流	12A
Pr. 83	电动机额定电压	380V
Pr. 84	电动机额定频率	50Hz
Pr. 125	端子 2 设定增益频率	50Hz
Pr. 178	STF 端子功能的选择	60
Pr. 179	STR 端子功能的选择	61
Pr. 192	ABC 端子功能的选择	99

4）升、降速时间。考虑到车削螺纹的需要，将升、降速时间预置为 1s。由于变频器容量已经加大了一挡，升速时不会跳闸。为了避免降速过程的跳闸，将降速时的直流电压上限值预置为 680V（过电压跳闸值通常大于 700V）。与此同时，升、降速都预置了防止跳闸（防失速）功能，当升速电流或降速时的直流电压超过上限值时，变频器将自动延长升、降速时间，以防止跳闸。

5）过载保护。变频器的过电流取 $I_{set} \approx 150\% I_{MN}$，在变频器的热保护功能中，将保护电流的百分数预置为 155%。

6）根据工艺要求进行变频器参数设定　按表 4-7 设定相关参数。

2. 系统的安装接线及运行调试

1）首先将主、控电路按图 4-6 进行连线，并与实际操作中的情况相结合。

2）经检查无误后方可通电。

3）在通电后不要急于运行，应先检查各电气设备的连接是否正常，然后进行单一设备的逐个调试。

4）按照系统要求进行变频器参数的设置。

5）对整个系统统一调试，包括安全和运行情况的稳定性。

3. 注意事项

1）必须检查清楚线路以后才能上电。

2）在系统运行调整中要有准确的实际记录，包括转速变化范围是否小，运行是否平稳及节能效果如何。

3）对运行中出现的故障现象准确地描述分析。

第三节　恒压供水系统

一、水泵供水的基本模型与主要参数

1. 基本模型

如图4-7是一生活小区供水系统的基本模型，水泵将水池中的水抽出并上扬至所需高度，以便向生活小区供水。

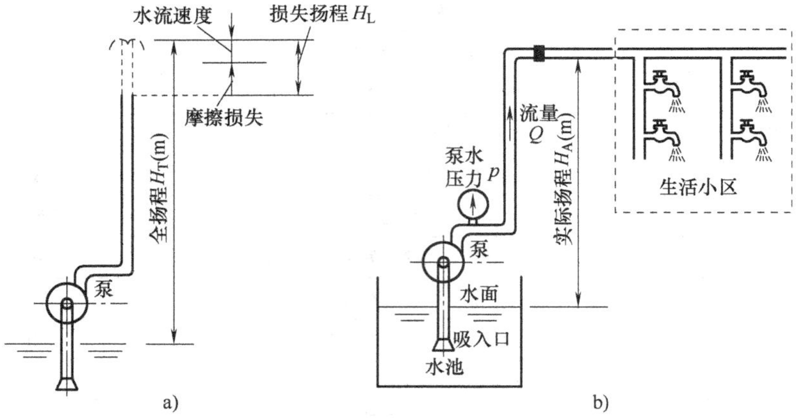

图4-7　供水系统的基本模型

a）全扬程的概念　b）基本模型

2. 供水系统的主要参数

（1）流量　流量是泵在单位时间内所抽送液体的数量，常用的流量是体积流量，用 Q 表示，其单位是 m^3/s。

（2）管阻　表示管道系统（包括水管、阀门等）对水流阻力的物理量，符号是 P，其大小在静态时主要取决于管路的结构和所处的位置，而在动态情况下，还与供水流量和用水流量之间的平衡情况有关。

（3）扬程　单位质量的液体通过泵后所获得的能量，通常称之为扬程。扬程主要包括三个方面：

1）提高水位所需的能量。

2）克服水在管路中流动时的阻力所需的能量。

3）使水流具有一定的流速所需的能量。通常用所抽送液体的液柱高度 H 表示，其单位是m。习惯上常用水从一个位置上扬到另一个位置时水位的变化量（即对应的水位差）来代表扬程。

（4）全扬程　全扬程也叫总扬程，是表征水泵泵水能力的物理量，包括把水从水池的水面上扬到最高水位所需的能量，克服管阻所需的能量和保持流速所需的能量，符号是 H_T。在

数值上等于在没有管阻、也不计流速的情况下水泵能够上扬水的最大高度，如图 4-7a 所示。

（5）实际扬程　实际扬程是通过水泵实际提高水位所需的能量，符号是 H_A。在不计损失和流速的情况下，其主体部分正比于实际的最高水位与水池水面之间的水位差。如图 4-7b 所示。

（6）损失扬程　全扬程与实际扬程之差即损失扬程，符号是 H_L。H_T、H_A、H_L 三者之间的关系是：

$$H_T = H_A + H_L$$

二、供水系统的特性与工作特点

1. 供水系统的特性

（1）扬程特性　扬程特性即水泵的特性。在管路中阀门全打开的情况下，全扬程 H_T 随流量 Q_H 变化的曲线 $H_T = f(Q_u)$，称为扬程特性。如图 4-8 所示，图中，A_1 点是流量较小（等于 Q_1）时的情形，这时全扬程较大的为 H_{T1}，A_2 点是流量较大（等于 Q_2）时的情形，这时全扬程较小为 H_{T2}。这表明用户用水越多（流量越大），管道中的摩擦损失以及保持一定的流速所需的能量也越大，故供水系统的全扬程就越小，流量的大小取决于用户。因此，扬程特性反映了用户的用水需求对全扬程的影响。

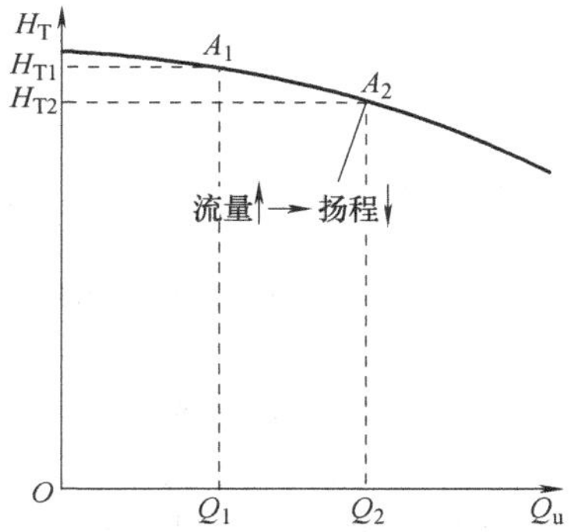

图 4-8　扬程特性
注：箭头“↑”表示物理量上升；箭头“↓”表示物理量下降。

（2）管阻（路）特性　反映为了维持一定的流量而必须克服管阻所需的能量。它与阀门的开度有关，实际上是表明当阀门开度一定时，为了提高一定流量的水所需要的扬程。因此，这里的流量表示供水流量，用 Q_G 表示，所以管阻特性的函数关系是 $H_T = f(Q_G)$，如图 4-9 所示。显然，当全扬程不大于实际扬程（$H_T < H_A$）时，是不可能供水（$Q_G = 0$）的。因此，实际扬程也是能够供水的“基本扬程”。在实际的供水管路中流量具有连续性，并不存在供水流量与用水流量的差别，这里的流量是为了便于说明供水能力和用水需求之间的关系而假设的量。

从图 4-9 中可以看出，在供水流量较小（$Q_G = Q_1$）时，所需量程也较小（$H_T = H_{T1}$），如 B_1 点；反之，在供水量较大（$Q_G = Q_2$）时，所需量程也较大（$H_T = H_{T1}$），如 B_2 点。

2. 供水系统的工作点

（1）工作点　扬程特性曲线和管阻特性曲线的交点，称为供水系统的工作点，如图 4-10 中的 A 点所示。在这一点，系统既要满足扬程特性曲线①，也要符合管阻特性曲线②，才能使供水系统处于平衡状态，使系统达到稳定运行。如阀门开度为 100%，转速也为 100%，则系统处于额定状态，这时的工作点成为额定工作点，或称自然工作点。

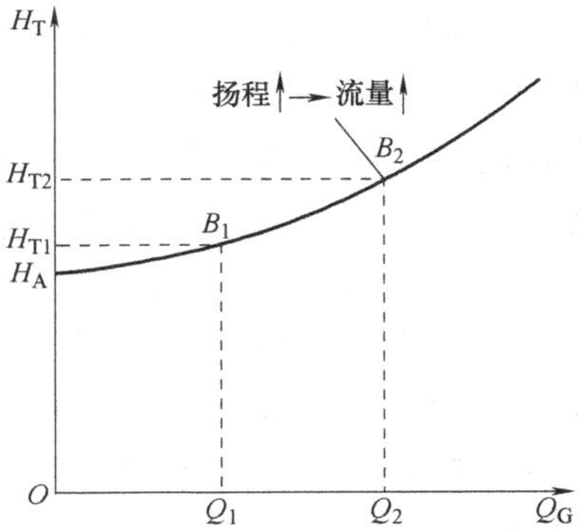

图 4-9　管阻（路）特性
注：箭头“↑”表示物理量上升；箭头“↓”表示物理量下降。

（2）供水功率　供水系统向用户供水时，电动机所

消耗的功率 P_0（kW）称为供水功率，供水功率与流程 Q 和扬程 H_T 的乘积成正比，即

$$P_G = G_P H_T Q$$

式中 G_P——比例常数。

由图4-11可以看出，供水系统的额定功率与面积 $ODAC$ 成正比。

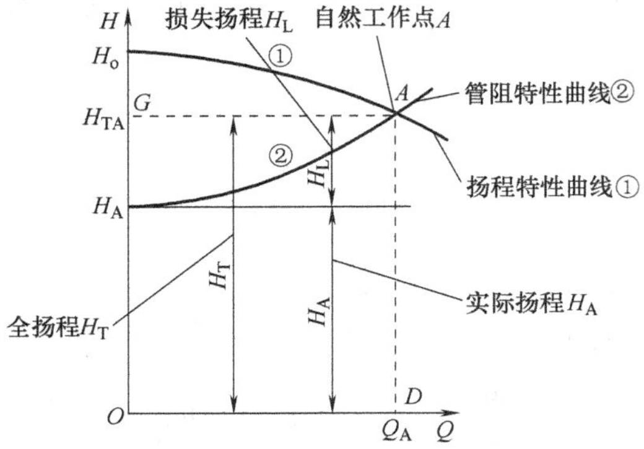

图4-10 供水系统的工作点

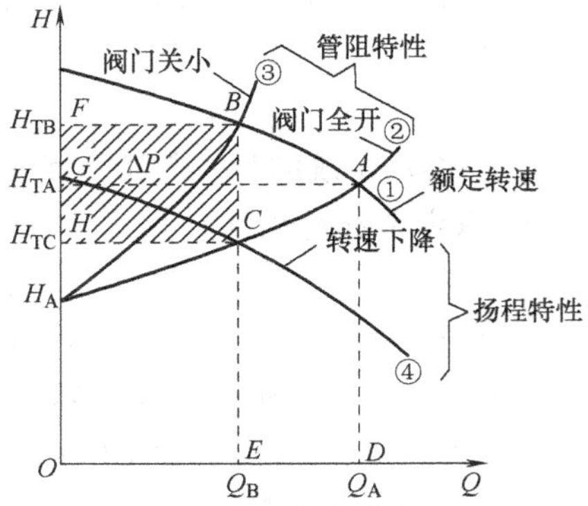

图4-11 调节流量的方法与比较

三、节能原理分析

1. 调节流量的方法

在供水系统中，最根本的控制对象是流量。因此，要研究节能问题必须从考虑如何调节流量入手。最常见的方法有阀门控制法和转速控制法两种。

（1）阀门控制法　即通过开关阀门大小来调节流量，转速保持不变，通常为额定转速。阀门控制法的实质是：水泵本身的供水能力不变，而是通过改变水路中的阻力大小改变供水能力，以适应用户对流量的需求。这时管阻特性将随阀门开度的大小而改变，但扬程特性不变。如图4-11所示，设用户所需流量从 Q_A 减小到 Q_B，当通过关小阀门来实现时，管阻特性曲线②则改变为曲线③，而扬程特性仍为曲线①，故供水的工作点由 A 点移至 B 点，这时流量减少，但扬程却从 H_{TA} 增大到 H_{TB}，由公式 $P_G = G_P H_T Q$ 可知，供水功率 P_G 与面积 $OEBF$ 成正比。

（2）转速控制法　转速控制法就是通过改变水泵的转速来调节流量，而阀门开度则保持不变（通常为最大开度）。转速控制法的实质是通过改变水泵的全扬程来适应用户对流量的要求。当水泵的转速改变时，扬程特性将随之改变，而管阻特性将不变。仍以用户所需流量 Q_A 减为 Q_B 为例，当转速下降时，扬程特性下降为曲线④，管阻特性则仍为曲线②，故工作点移至 C 点，可见在流量减小为 Q_B 的同时，扬程减小为 H_{TC}，供水功率 P_G 与面积 $OECH$ 成正比。

2. 转速控制法的节能效果

（1）供水功率的比较　比较上述两种调节流量的方法，可以看出在所需流量小于额定流量的情况下，转速控制时扬程比阀门控制时小得多，所以转速控制方式所需的供水功率比阀门控制方式小很多。图4-11中 $CBFH$ 阴影部分的面积即表示两者供水之差 ΔP，也就是转速控制方式节约的供水功率，它与 $CBFH$ 面积成正比，这是采用调速供水系统具有节能效果的最基本方面。

（2）从水泵的工作效率看节能

1）工作效率的定义　水泵的供水功率 P_G 与轴功率 P_P 之比，即为水泵的工作效率

η_P，即

$$\eta_P = P_G / P_P$$

式中　P_P——水泵的轴功率，是指水泵的输入功率（电动机的输出功率）或是水泵的取用功率；

P_G——水泵的供水功率，是根据实际供水扬程和流量算得的功率，是供水系统的输出功率。

因此，这里所说的水泵工作效率，实际上包含了水泵本身的效率和供水系统的效率。

2）水泵工作效率的近似计算公式　水泵工作效率相对值 η^* 的近似计算公式如下：

$$\eta_P^* = C_1(Q^*/n^*) - C_2(Q^*/n^*)^2$$

式中　$\eta_P{}^*$、Q^*、n^*——效率、流量和转速的相对值（即实际值与额定值之比的百分数）；

C_1、C_2——常数，由制造厂提供。C_1 与 C_2 之间通常遵守如下规律：$C_1 - C_2 = 1$。上式表明水泵的工作效率主要取决于流量与转速之比。

3）不同控制方式下的工作效率　由上式可知，当通过关小阀门来减少流量时，由于转速不变，$n^* = 1$，比值 $Q^*/n^* = Q^*$，其效率曲线如图 4-12 中的曲线①所示。当流量 $Q^* = 60\%$ 时，其效率将降至 B 点。可见，随着流量的减少，水泵工作效率的降低是十分明显的。而在控制方式下，由于阀门开度不变的情况下，流量 Q^* 与转速 n^* 是成正比的，比值 Q^*/n^* 不变。其效率曲线如图 4-12 中的曲线②所示。当流量 $Q^* = 60\%$ 时，效率由 C 点决定，它和 $Q^* = 100\%$ 时的效率（A 点）是相等的。也就是说，采用转速控制方式时，水泵的工作效率总是处于最佳状态。所以，转速控制方式与阀门控制方式相比，水泵的工作效率要大得多，这是采用变频调速供水系统具有节能效果的第二个方面。

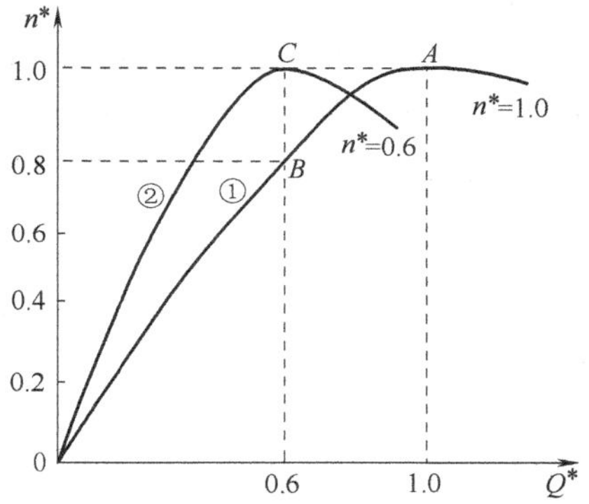

图 4-12　水泵的效率曲线

(3) 从电动机的效率看节能效果　水泵厂在生产水泵时，由于对用户的管路情况无法预测、管阻特性难以准确计算、必须对用户的需求留有足够的裕量等原因，在决定额定扬程和额定流量时，通常裕量也较大。所以在实际运行过程中，即使在用水量的高峰期，电动机也经常不处于满载状态，其功率因数和效率都比较低。

采用了转速控制方式以后，可将排水阀完全打开而适当降低转速，由于电动机在低频运行时，变频器的输出电压也将降低，从而提高电动机的工作效率，这是变频调速供水系统具有节能效果的第三个方面。

综合起来，水泵的轴功率与流量间的关系如图 4-13 所示。图中，曲线①是调节阀门开度时的功率曲线，当流量 $Q^* = 60\%$ 时，所消耗的功率由 C 点决定。由图可知，与调节阀门开度相比，调节转速时所节约的功率 ΔP 是相当可观的。

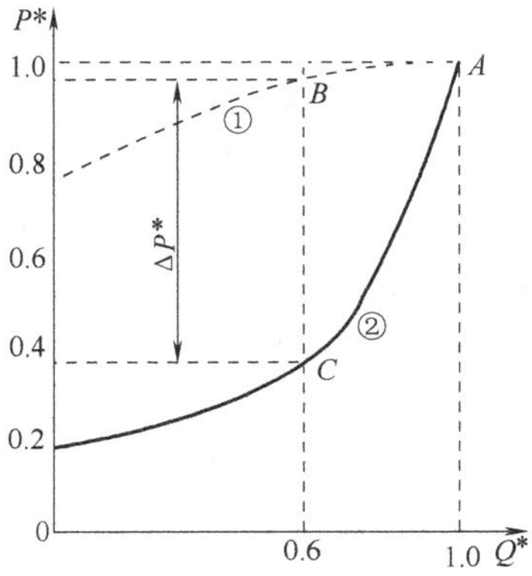

图 4-13　水泵的轴功率与流量间的关系曲线

四、二次方根负载实现调速后如何获得最佳节能效果

如图 4-14a 所示，曲线 Q 是二次方根负载的机械特性。曲线 1 是电动机在 U/f 控制方式下转矩补偿为 0（电压调节比 K_u = 频率调节比 K_f）时的有效转矩线，与图 4-14b 中的曲线 1 对应。当转速为 n_x 时，由曲线 0 可知，负载转矩为 T_{LX}；由曲线 1 可知，电动机的有效转矩为 T_{MX}。

很明显，即使转矩补偿为 0，在低频运行时，电动机的转矩与负载转矩相比，仍有较大的裕量，这说明该拖动系统还有相当大的节能裕量。

1）U/f 线选用曲线 01。

2）适当加大起动频率，以避免死点区域。

应当注意的是，几乎所有变频器在出厂时都将 U/f 线设定在具有一定补偿量的情况下（$U/f>1$）。如果用户未经功能预置，直接接上水泵或风机运行，节能效果就不明显了。个别情况下，甚至会出现低频运行时的励磁电流过大而跳闸的现象。

为此变频器设置了若干低频 U/f（$k_u<k_f$）线，如图4-14b 中由曲线 01 和曲线 02 所示，与此对应的有效转矩线如图 4-14a 中的曲线 01 和曲线 02 所示。但在选择低 U/f（$k_u<k_f$）线时，有时也会发生难起动的问题，如图 4-14a 中的曲线 01 和曲线 02 相交于 S 点所示，显然在 S 点以下，拖动系统不能起动，可采取以下对策。

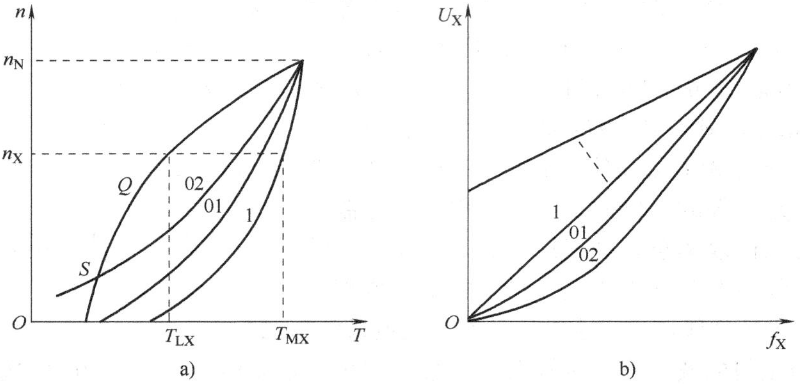

图 4-14　电动机的有效转矩与低频 U/f 曲线

a）有效转矩与二次方根负载　b）低频 U/f 曲线

五、变频器恒压供水调速系统的构成

本项目是利用 PLC 控制继电器组来达到变频与工频的切换。恒压供水系统为闭环控制系统，其工作原理为：供水的压力通过传感器采集给系统，再通过变频器的 A/D 转换模块将模拟量转换成数字量，同时，变频器的 A/D 将压力设定值转换成数值量，两个数据同时经过 PID 控制模块进行比较，PID 根据变频器的参数设置进行数据处理，并将数据处理的结果以运行频率的形式控制输出。PID 控制模块具有比较和差分的功能，当供水的压力低于设定压力时，变频器就会将运行频率升高，反之则降低，并且可以根据压力变化的快慢进行差分调节。以负作用为例，如果压力在上升到接近设定值的过程中上升速度过快，PID 运算会自动减少执行量，从而稳定压力（见图 4-15）。供水压力经 PID 调节后的输出量，通过交流接触器组进行切换控制水泵的电动机。在水网中的用水量增大时，会出现一台“变频泵”效率不够的情况，这时

就需要其他的水泵以工频的形式参与供水，交流接触器组就负责水泵的切换工作，由 PLC 控制各个接触器是工频供电还是变频供电，按需要选择水泵的运行情况。

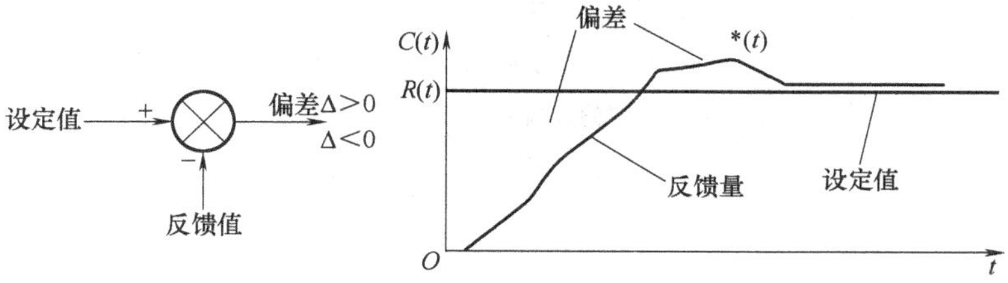

图 4-15　PID 控制原理

1. 变频器的 PID 设定

在 PID 控制下，使用一个标准输出信号 4 ~ 20mA、量程范围 0 ~ 0.5MPa 的传感器作为反馈信号与变频器的给定信号进行比较来调节水泵的供水压力，设定值通过变频器的 2 和 5 端子（0 ~ 5V）给定。变频器的 PID 参数设置流程图如图 4-16 所示。

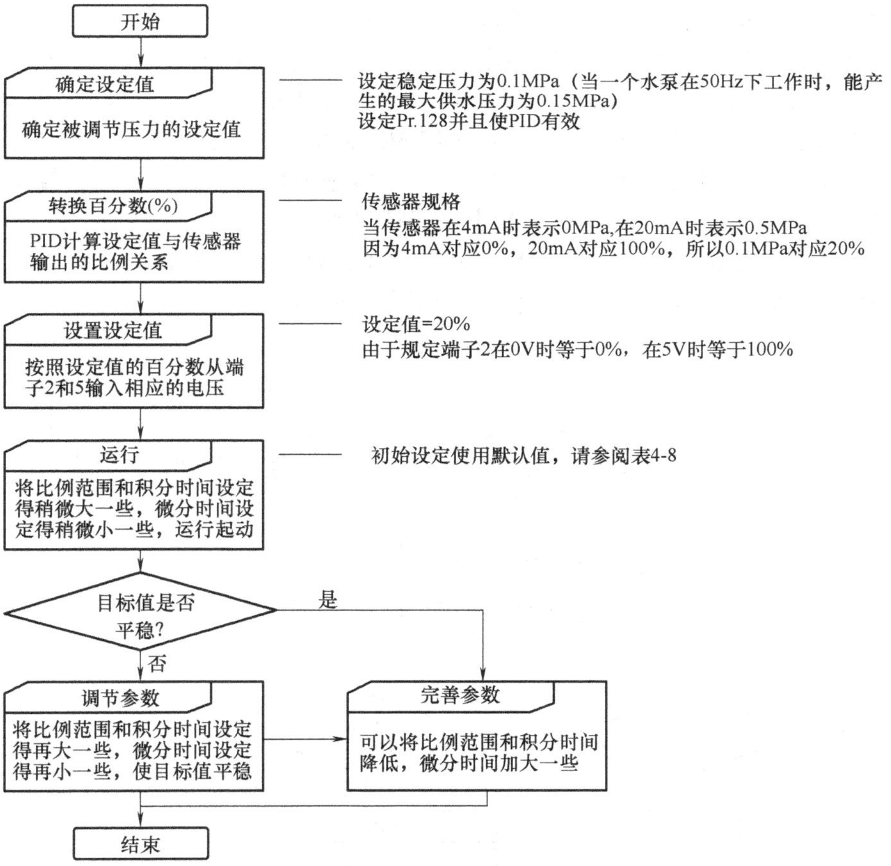

图 4-16　变频器的 PID 设置流程图

如需要校准时，用 Pr. 902 ~ Pr. 905 校正传感器的输出，在变频器停止时，在 PU 模式下输入设定值，见表 4-8。

表 4-8　模拟输入电压、电流、频率的校正参数设定

参数号	功能	设定值	
Pr. 902	设定端子 2 的设定偏置频率	0V	0Hz
Pr. 903	设定端子 2 的频率设定增益	5V	100%
Pr. 904	设定端子 4 的设定偏置频率	4mA	0Hz
Pr. 905	设定端子 4 的频率设定增益	20mA	100%

2. PLC 控制

PLC 在这个项目中的作用是控制交流接触器组进行工频—变频的切换和水泵工作数量的调整。由操作步骤中主电路的接线图可以看出，交流接触器组中的 KM0 与 KM1 分别控制 1#水泵的变频运行和工频运行，而 KM2 和 KM3 则控制 2#水泵的变频运行与工频运行，KM4 与 KM5 控制 3#水泵的变频起动。考虑到操作的安全，我们没有把 3#水泵的工频运行连接，即没有实现三台水泵同时工频运行。读者可结合实际生产工艺使用的要求实行三台泵的全工频运行。本项目的运行要求如下：

系统起动时，KM0 闭合，1#水泵以变频方式运行。

当变频器的运行频率超出设定值时输出一个上限信号，PLC 通过这个上限信号后将 1#水泵由变频运行转为工频运行，KM0 断开 KM1 吸合，同时 KM2 吸合，变频起动 2#水泵。

如果再次接收到变频器上限输出信号，则 KM2 断开 KM3 吸合，2#水泵由变频转为工频，同时 KM4 闭合，3#水泵变频运行。如果变频器频率偏低，即压力过高，输出的下限信号使 PLC 关闭 KM4、KM3，开启 KM2，2#水泵变频起动。

再次收到下限信号就关闭 KM2、KM1，吸合 KM0，只剩 1#水泵变频工作。

由控制要求可画出本项目 PLC 参考程序流程图，如图 4-17 所示。

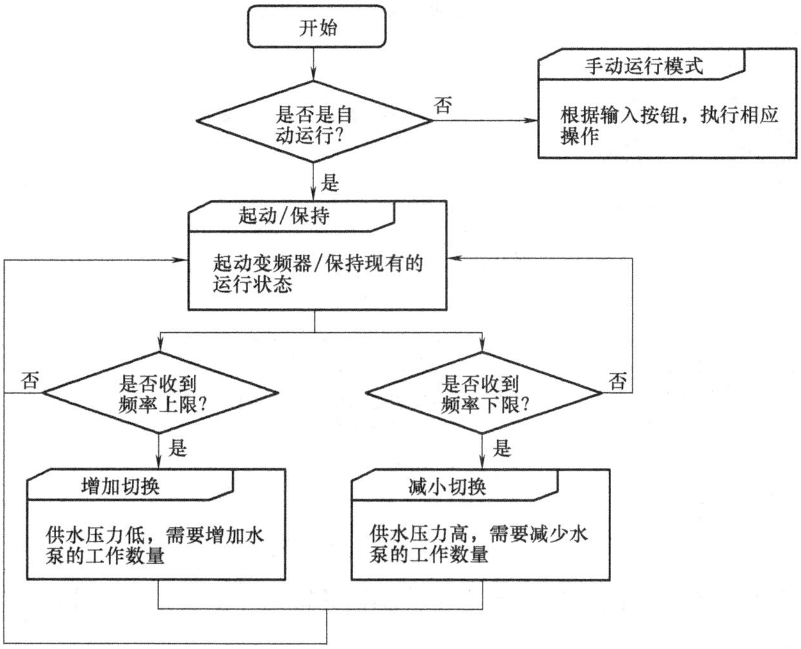

图 4-17　PLC 参考程序流程图

3. 根据系统结构进行主电路和控制电路的连线及 PLC 程序的编写

1）主电路连接图如图 4-18 所示。

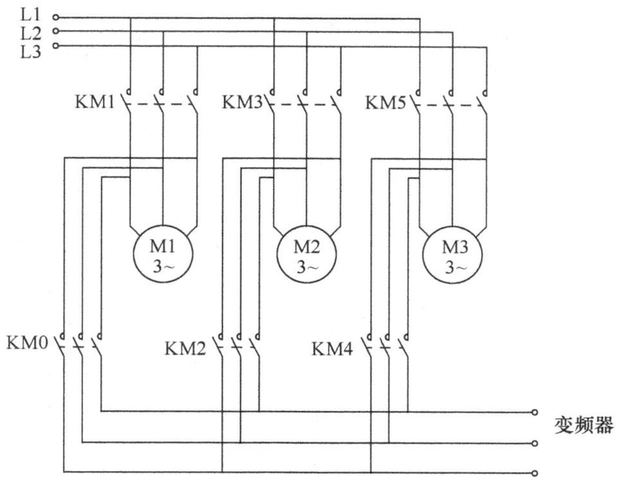

图 4-18　恒压供水 PLC 控制的主电路连接图

2）交流接触器及 PLC 控制电路部分连接图如图 4-19 所示，即 Y21 ~ Y26 分别控制继电器 KM0 ~ KM5。KM0 与 KM1、KM2 与 KM3、KM4 与 KM5 之间分别互锁，防止它们同时闭合使变频器输出端接入电源输入端。

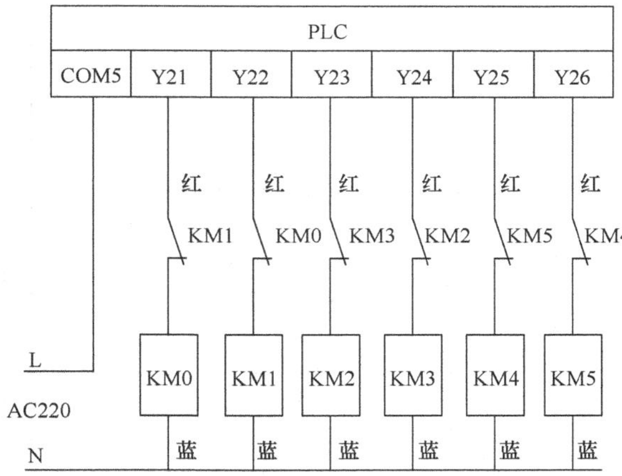

图 4-19　交流接触器及 PLC 控制电路部分连接图

3）变频器控制电路连接图如图4-20 所示，变频器起动运行靠 PLC 的 Y0 控制，频率检测的上/下限信号分别通过变频器的输出端子功能 FU、RUN 输出至 PLC 的 X4、X5 输入端。当 PLC 的 X3 输入端为手/自动切换信号输入，变频器 RES（X14）输入端为手/自动切换调整时，PID 控制是否有效由 PLC 的输出端 Y1 供给信号。故障报警输出连接 PLC 的 X2 及 COM 端，当系统发生故障时，输出接点信号给 PLC，由 PLC 立即控制 Y0 断开，停止输出。PLC 输入端 SB1 为起动按钮，SB2 为停止按钮，SA1 为手/自动切换，由 SA2 ~ SA7 手动控制变频工频的起动和切换。在自动控制时由压力传感器发出的信号（4 ~ 20mA）和被控制信号（给定信号，变频器 2 端，也可用 0 ~ 10V 信号发生器供给）进行比较，通过 PID 调节输出一个频率可变的信号改变供水量的大小，从而改变压力的高低，实现恒压供水控制。

4）下面结合项目内容给出恒压供水 PLC 控制的 I/O 分配表、接线图、状态流程图及参考程序梯形图。I/O 分配见表 4-9，接线图如图 4-21 所示，状态流程图如图 4-22 所示，参考程序梯形图如图 4-23 所示。

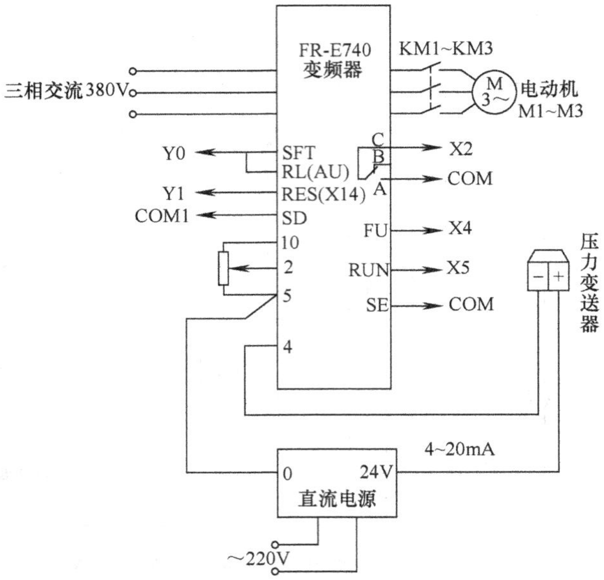

图 4-20　变频器控制电路连接图

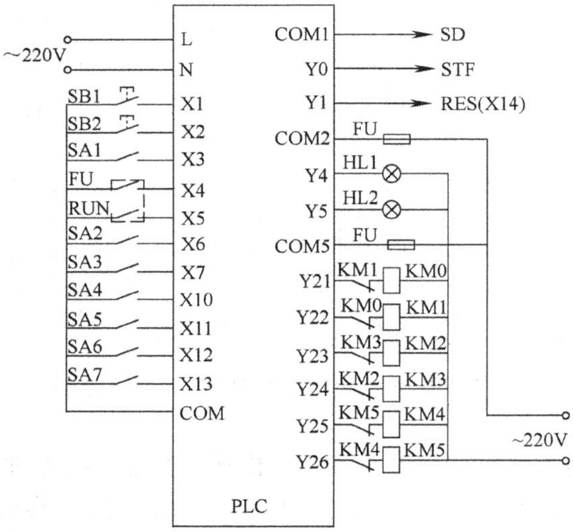

图 4-21　PLC 控制接线图

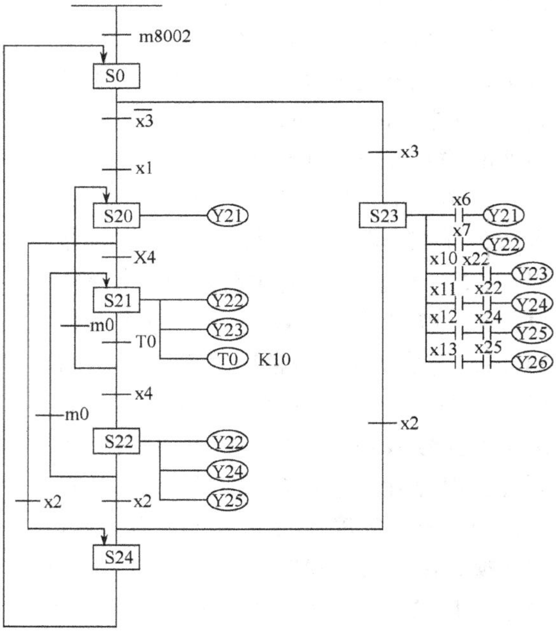

图 4-22　PLC 控制状态流程图

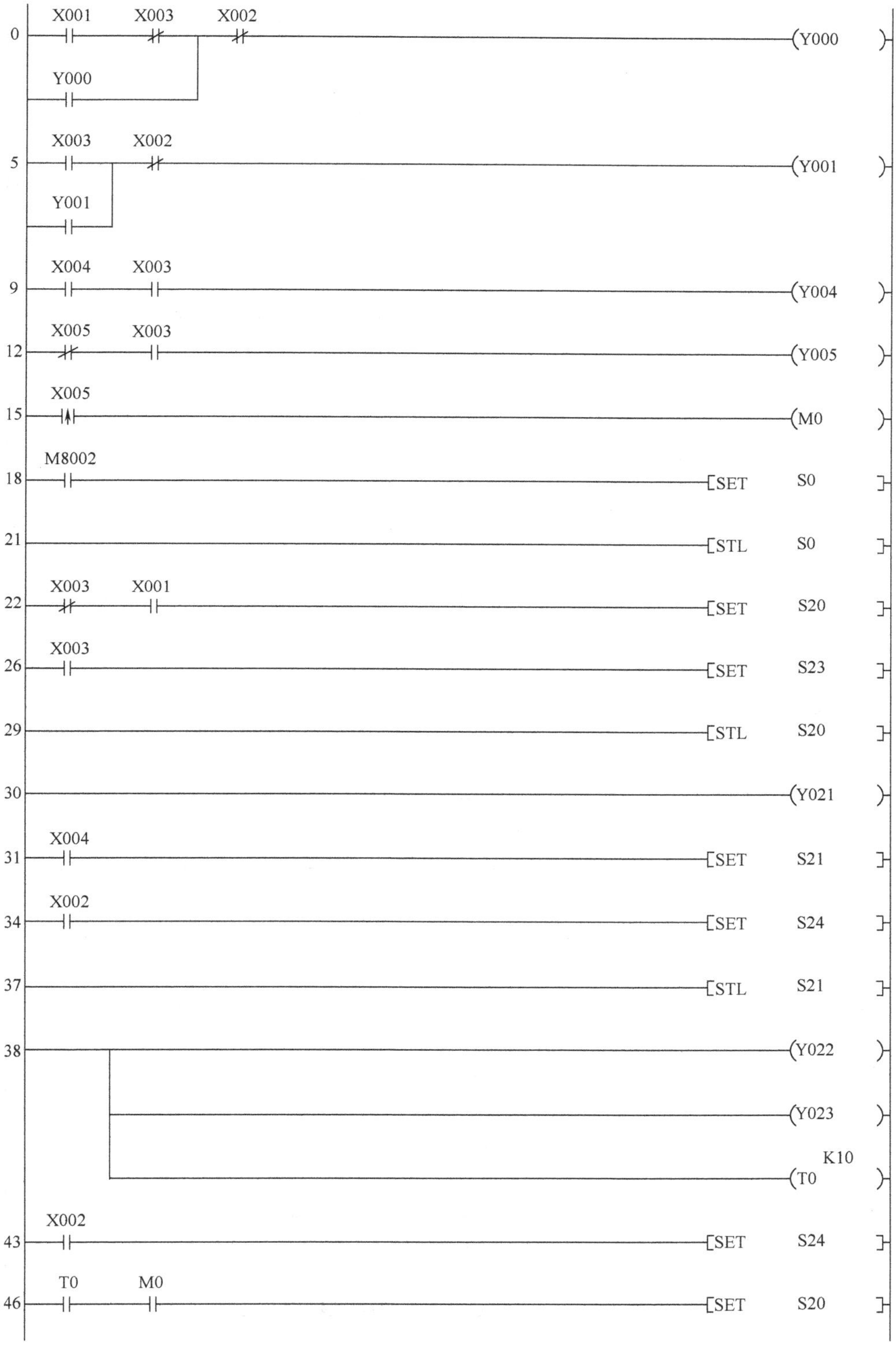

图 4-23 恒压供水 PLC 控制参考程序梯形图

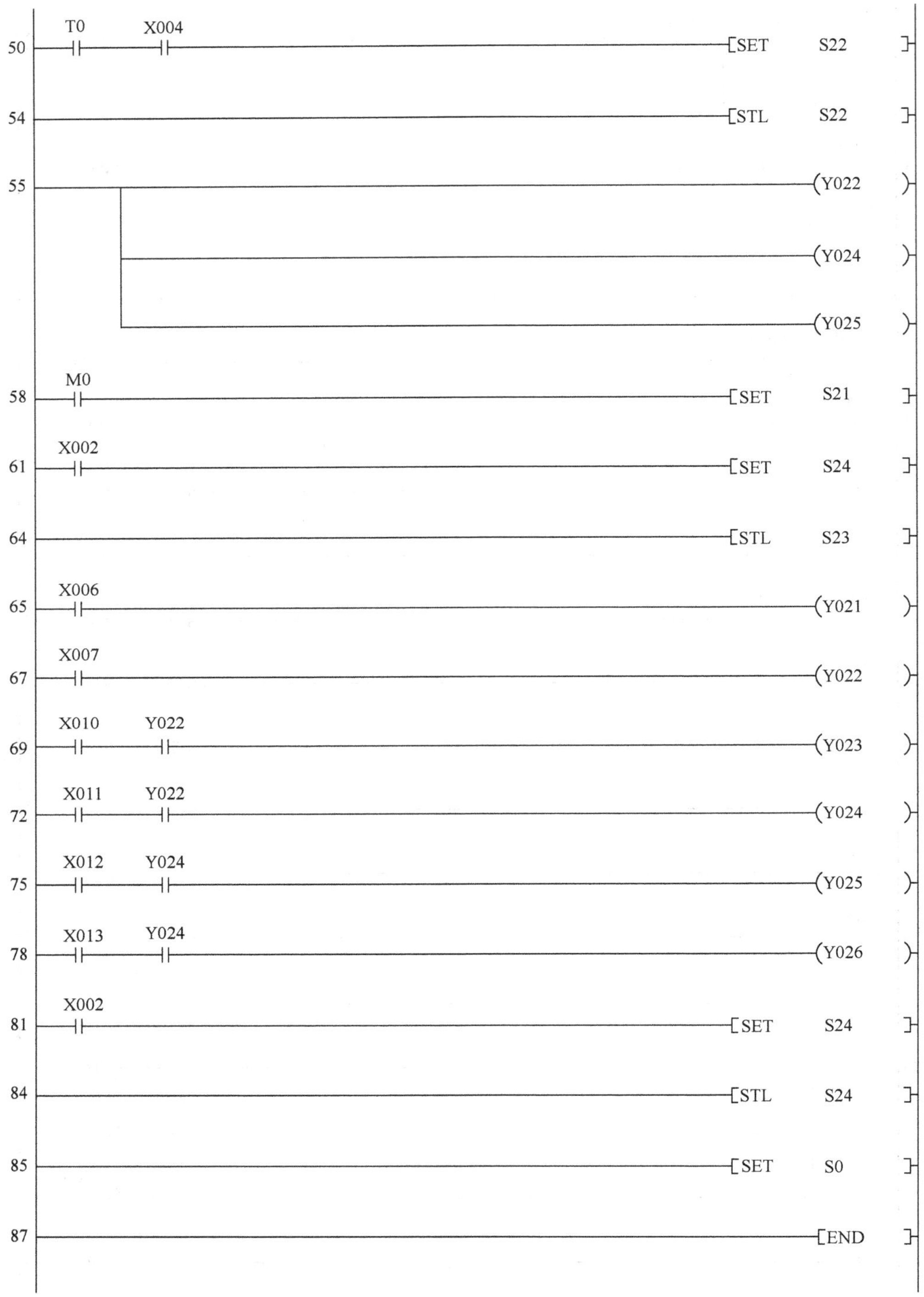

图 4-23　恒压供水 PLC 控制参考程序梯形图（续）

表 4-9 恒压供水 PLC 控制的 I/O 分配

输入信号			输出信号		
名称	代号	输入点编号	输出点编号	代号	名称
起动按钮	SB1	X1	Y0	STF	变频运行正转
停止按钮	SB2	X2	Y1	RES	PID 控制有效端
手/自动切换	SA1	X3	Y4	HL1	上限指示灯信号
上限检测信号	FU	X4	Y5	HL2	下限指示灯信号
下限检测信号	RUN	X5	Y21	KM0	电动机 1 变频控制接触器
电动机 1 变频运行（手动）	SA2	X6	Y22	KM1	电动机 1 工频控制接触器
电动机 1 工频运行（手动）	SA3	X7	Y23	KM2	电动机 2 变频控制接触器
电动机 2 变频运行（手动）	SA4	X10	Y24	KM3	电动机 2 工频控制接触器
电动机 2 工频运行（手动）	SA5	X11	Y25	KM4	电动机 3 变频控制接触器
电动机 3 变频运行（手动）	SA6	X12	Y26	KM5	电动机 3 工频控制接触器
电动机 3 工频运行（手动）	SA7	X13			

4. 根据系统控制要求进行变频器参数设置

（1）参数设置　按表 4-10 设定相关参数

表 4-10 恒压供水 PLC 控制参数设定

参数代码	功　能	设定数据
Pr. 1	上限频率	50Hz
Pr. 2	下限频率	0Hz
Pr. 3	基准频率	50Hz
Pr. 7	加速时间	3s
Pr. 8	减速时间	3s
Pr. 9	电子过电流保护	14. 3A
Pr. 14	适用负荷选择	0
Pr. 20	加减速基准频率	50Hz
Pr. 40	RUN 旋转方向的选择	0
Pr. 42	输出频率检测	10Hz
Pr. 73	模拟量输入的选择	1
Pr. 77	参数写入选择	0
Pr. 78	逆转防止选择	1
Pr. 79	运行模式选择	2
Pr. 80	电动机（功率）	7. 5kW
Pr. 81	电动机（极数）	2 极
Pr. 82	电动机励磁电流	13A
Pr. 83	电动机额定电压	380V
Pr. 84	电动机额定频率	50Hz

（续）

参数代码	功　能	设定数据
Pr. 125	端子 2 的设定增益频率	50Hz
Pr. 126	端子 4 的设定增益频率	50Hz
Pr. 128	PID 动作选择	20
Pr. 129	PID 比例带	100%
Pr. 130	PID 积分时间	10s
Pr. 131	PID 上限	96%
Pr. 132	PID 下限	10%
Pr. 133	PID 动作目标值	20%
Pr. 134	PID 微分时间	2s
Pr. 178	STF 端子功能的选择	60
Pr. 179	STR 端子功能的选择	61
Pr. 180	RL（AU）端子电流输入的选择	4
Pr. 184	RES（X14）端子 PID 控制有效	14
Pr. 190	RUN 端子下限的选择	14
Pr. 191	FU 端子功能的选择	15
Pr. 192	ABC1 端子功能的选择	99
Pr. 267	端子 4 的输入选择	0

（2）部分参数含义详解

1）Pr. 42：输出频率检测。此参数为设定输出频率的动作（检测）值。当输出频率超过设定的动作值时，即 FU 信号为 ON 时的频率。

设定范围：0 ~ 400Hz。

2）Pr. 191：FU 端子功能的选择。此参数为 FU 输出端子功能的选择，本变频器所设定此值为 4。

设定范围：0、1、3、4、7、8、11 ~ 16、20、25、26、46、47、64、90、91、93、95、96、98、99、100、101、103、104、107、108、111 ~ 116、120、125、126、146、147、164、190、191、193、195、196、198、199、9999（0 ~ 99：正逻辑；100 ~ 199：负逻辑）。

3）Pr. 192：ABC 端子功能的选择。此参数为 ABC 继电器输出端子功能的选择，本变频器所设定此值为 99，作为变频器报警异常输出时用。是当变频器因保护功能动作时输出停止的转换接点。发生故障时：B-C 间不导通（A-C 间导通）；正常时：B-C 间导通（A-C 间不导通）。ABC 也可作为其他功能的输出监测。

设定范围：0、1、3、4、7、8、11 ~ 16、20、25、26、46、47、64、90、91、93、95、96、98、99、100、101、103、104、107、108、111 ~ 116、120、125、126、146、147、164、190、191、193、195、196、198、199、9999（0 ~ 99：正逻辑；100 ~ 199：负逻辑）。

5. 控制系统组成

利用 PLC 和变频器来实现恒压供水的自动控制，现场压力信号的采集由压力传感器完成，整个系统可由计算机利用工控组态软件进行实时监控，其组成如图 4-24 所示。

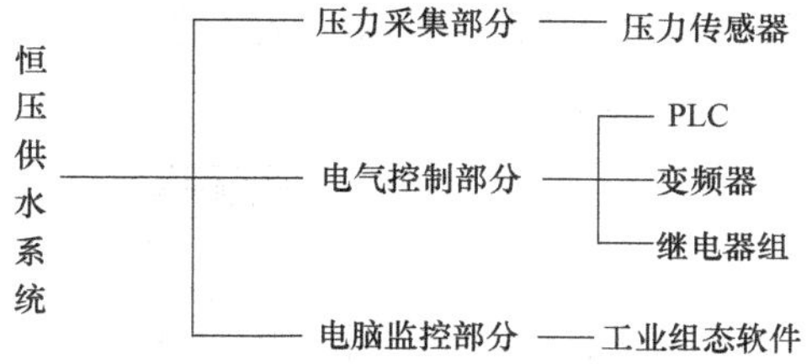

图 4-24　恒压供水控制系统组成

在系统连接中参照图 4-18 和图 4-19 连接；变频器运行操作频率参照表 4-10 所给参数设定运行。

六、PLC 与变频器的连接

1. 利用 PLC 的模拟量输出模块控制变频器

PLC 的模拟量输出模块输出 0～5V 电压或 4～20mA 电流，将其送给变频器的模拟电压或电流输入端，控制变频器的输出频率。这种控制方式的硬件接线简单，但是可编程控制器的模拟量输出模块价格相当高，有的用户难以接受。

2. 利用 PLC 的开关量输入/输出模块控制变频器

PLC 的开关量输入/输出端一般可以与变频器的开关量输入/输出端直接相连。这种控制方式的接线很简单，抗干扰能力强，PLC 的开关量输出模块可以控制变频器的正反转、转速和加减速时间，能实现较复杂的控制要求。虽然只能有级调速，但对于大多数系统来说，这已经足够了。

3. PLC 通过 485 通信接口控制变频器

这种控制方式的硬线接线简单，但需要增加通信用的接口模块，这种模块的价格可能较高，熟悉通信模块的使用方法和设计通信程序可能要花较多的时间。

(1) PLC 通过 485 通信接口控制变频器的系统硬件组成　该系统硬件组成如图 4-25 所示。

1) 系统所用 PLC，如 FX2N 系列。

2) FX2N-485-BD 为 FX2N 系统 PLC 的通信适配器，主要用于 PLC 与变频器之间数据的发送和接收。

3) SC09 电缆用于 PLC 与计算机之间的数据传送。

4) 通信电缆采用五芯电缆，可自行制作。

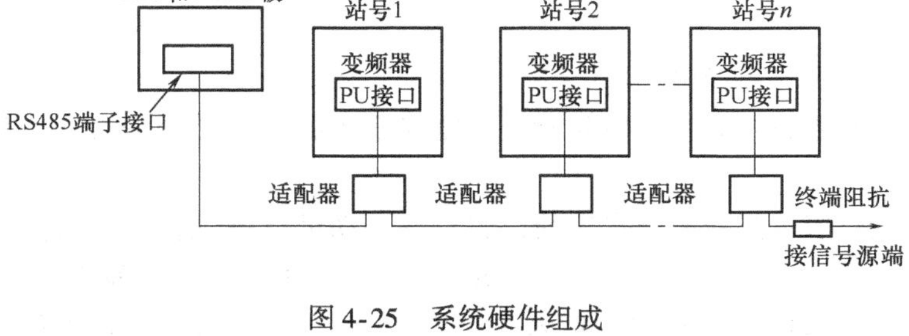

图 4-25　系统硬件组成

(2) PLC 与 485 通信接口的连接方式　变频器端的 PU 接口用于 RS485 通信时的接口端

子排定义如图4-26所示。如图4-27所示，五芯电缆线的一端接变频器FX2N-485BD，另一端用专用接口压接五芯电缆接变频器的PU口。

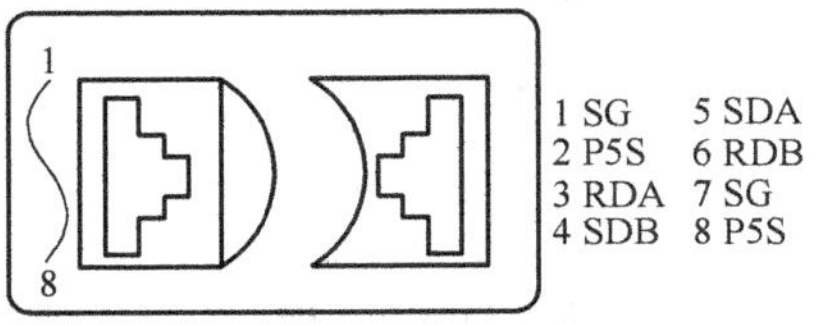

图4-26　变频器接口端子排定义

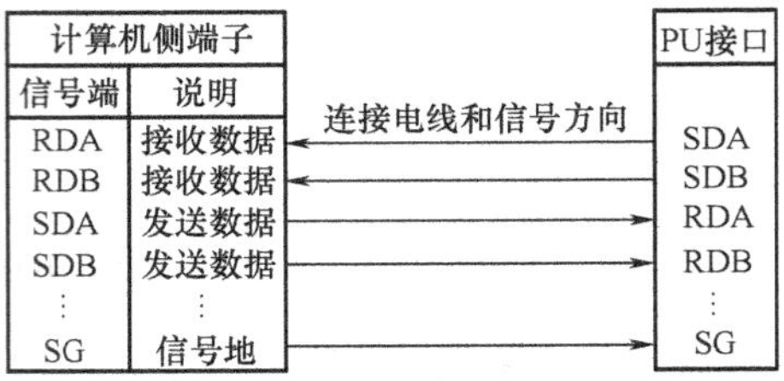

图4-27　PLC与变频器的通信连接示意图

(3) PLC和变频器之间的RS-485通信协议和数据传送形式

1) PLC和变频器之间的RS-485通信协议。PLC和变频器进行通信，通信规格必须在变频器初始化时设定。如果没有进行设定或有一个错误的定位，数据将不能进行通信，且每次参数设定后，需复位变频器，确保参数的设定生效。设定好参数后将按如下协议进行数据通信，如图4-28所示。

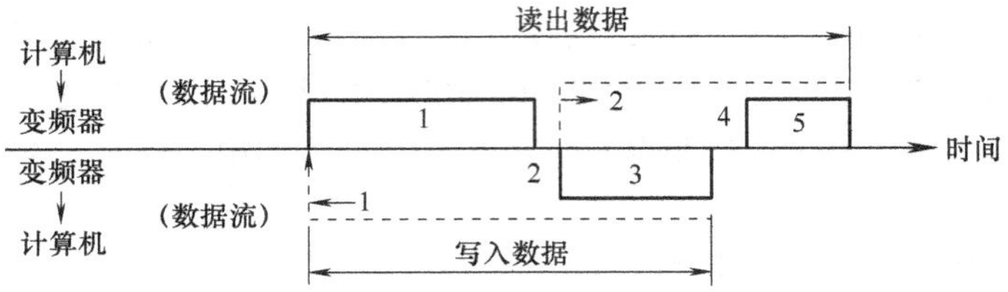

图4-28　RS-485通信协议

2) 数据传送形式。

① 从PLC到变频器的通信请求数据。

② 写入数据时从变频器到PLC的应答数据。

③ 读出数据时从变频器到PLC的应答数据。

④ 读出数据时从PLC到变频器的发送数据。

七、操作步骤

1. 系统的安装接线及运行调试

1) 首先安装元器件，然后将主、控电路按图4-17至图4-20进行连线，并与实际操作的情况相结合。

2) 经检查无误后方可通电。

3) 在通电后不要急于运行，应先检查各电气设备的连接是否正常，然后进行单一设备的逐个调试。

4) 按照系统要求进行变频器参数的设置，并手动运行调试直到正常。在系统手动调试状态下，可通过"KM0～KM5"和"SA1～SA7"按键对系统进行手动调节控制。

5) 按照系统要求将PLC程序的传入PLC内，如图4-29所示。在手动状态下进行模拟运行调试，观察输入和输出点是否和要求一致。

6）和计算机连接进行通信，由已经组态好的恒压供水软件画面进行监视和调控。

7）对整个系统统一调试，包括安全和运行情况的稳定性。观察恒压的控制效果，如果稳定性不是太好，可根据实际情况按照参数及原理要求进行变频器PID控制参数的整定，直到系统在自动控制下稳定运行。

图4-29　输入PLC程序

8）在自动控制方式下，按下起动按钮，系统就开始自动运行，向用户供水。根据用户的多少，由压力变送器实时感受压力的高低并传给变频器进行变频调速，以实现压力的相对恒定，当达到压力的上、下限时，由变频器检测信号检出并送给PLC，进行电动机的变频及工频切换，从而实现用户用水压力的恒定。

9）当有故障发生时，异常报警功能起作用，输出报警信号并停止运行，也可手动按下停止按钮停止运行。

2. 注意事项

1）线路必须经检查无误后才能上电。

2）要有准确的记录，包括变频器PID参数及其对应的系统峰值时间和稳定时间。

3）对运行中出现的故障现象准确地描述分析。

4）注意：不能使变频器的输出电压和工频电压同时加于同一台电动机，否则会损坏变频器。

第四节　注塑机的自动化改造

随着社会的发展和技术的不断改革，工业生产的自动化程度及性能都得到了大幅提高。由于变频器不仅可以改变转速，而且在起动、停止时减少了对设备的冲击，所以相对稳定了生产。

注塑机采用PLC和变频器配合，节省了人力，提高了生产线的自动控制性能和稳定程度，并使设备的安全性能得到了进一步提升，从而提高了生产效率，延长了设备的使用寿命。

一、注塑机的结构及原理

注塑机是塑料成型加工设备，在一个注塑成型周期中，包括预塑计量、注射充模、保压补缩、冷却定型过程。

1. 基本功能

注塑机的类型有立式、卧式、全电式。无论哪种注塑机，都有如下两个基本功能：

1）加热塑料，使其达到熔化状态。

2）对熔融塑料施加高压，使其射出而充满模具型腔。

2. 注塑机的结构

注塑机通常由注射系统、合模系统、电气控制系统、润滑系统、加热及冷却系统、安全监测系统等组成。

1）注射系统。注射系统的作用：注射系统是注塑机最主要的组成部分之一，其作用是，在注塑料机的一个循环中，能在规定的时间内将一定数量的塑料加热塑化，然后在一定的压力和速度下通过螺杆将熔融塑料注入模具型腔中。注射结束后，对注射到模腔中的熔料保持定型。

注射系统的组成：注射系统由塑化装置和动力传递装置组成。

塑化装置主要由加料装置、料筒、螺杆、射咀部分组成。动力传递装置主要是螺杆驱动装置（射胶电动机）。

2）合模系统。合模系统的作用：合模系统的作用是保证模具闭合、开启及顶出制品；同时，在模具闭合后，给予模具足够的锁模力，以抵抗熔融塑料进入模腔产生的模腔压力，防止模具开缝造成制品形状不良。

合模系统的组成：合模系统主要由合模装置、调模机构、顶出机构、前后固定模板、移动模板和安全保护机构组成。

3）电气控制系统。电气控制系统与液压系统合理配合，可按照注射机的工艺过程要求（压力、温度、速度、时间）实现各种程序动作。主要由电器、电子元件、仪表、加热器、传感器等组成。一般有四种控制方式：手动、半自动、全自动、调整。

4）加热/冷却系统。加热系统是用来加热料筒及注射喷嘴的，注塑机的料筒采用电热带作为加热装置，安装在料筒的外部，并用两个热电偶进行分段检测。热量通过筒壁导热为物料塑化提供热源。冷却系统主要是用来冷却油温，油温过高会引起多种故障，所以必须加以控制。另一处需要冷却的位置在料管下料口附近，防止原料在下料口熔化，导致原料不能正常下料。

3. 注塑机的工作原理和控制

注塑机的工作原理与静脉注射用的注射器相似，它是借助螺杆的推力，将已塑化好的熔融状态（即粘流态）的塑料注射入闭合好的模腔内，经固化定型后取得制品的工艺过程。

注射成型是一个循环的过程，每一个周期的主要流程为：定量加料—熔融塑化—施压注射—充模冷却—启模取件。取出塑件后再闭模，进行下一个循环。

注塑机操作项目：本系统操作分为手动和自动两套控制方法。手动项目包括控制键盘操作、控制电器系统操作两个方面；自动项目主要是控制键盘操作。手动项目和自动项目都可分别进行注射过程动作、加料动作、注射压力、注射速度、顶出形式的选择，料筒各段温度的监控，注射压力和背压压力的调节等。

二、注塑机自动化改造的可行性分析

1）一台通用注塑机设备，在一个完整的注塑过程中的锁模、射胶、充填、溶胶、冷却、开模等阶段对压力的要求各不相同，开模阶段只需保证较小的压力即可，但在溶胶、冷却时却需要较大的压力，以保证产品质量及生产率。由注塑机原理可知，电动机转速越高，注射压力也就越大，所以通过变频器对注塑电动机进行调速实现变压节能是完全可行的。

2）当前大多数注塑机都未采用节能变频器技术，仍然采用星形-三角形起动这种方式由工频电网直接供电，起动电流大，且严重浪费电能；如果采用变频调速调压的方式，则可实现注塑电动机的软起动，并可根据各个不同工艺阶段的压力需求自动改变运行频率，达到节能增效的目的。这些功能可通过变频器的流量压力模拟反馈或多段速度的调节方式来实现，具有投资回收快的特点。

三、注塑机自动化改造的方案

1. 确定注塑机拖动系统变频器控制方案

由上面的操作过程可以看出，传统的电拖电气线路简便，但是操作繁杂长时间的机械操作。针对电气线路改造，根据操作要求及电力节约的方案考虑，采用变频器对注塑机进行自动控制。

（1）设计控制内容

1）起动加热溶胶阶段，此时并伴有料仓冷却（水泵自动开起）。

2）等待5s后，模具开始合模，先快速用50Hz的频率合模运行，3s后，用慢速20Hz的频率进行锁模，直到合模限位接通，合模电动机停止工作。

3）当温度到达射胶温度（温度传感器节点接通）时开始射胶，此时射台前移（先以高速50Hz的频率驱使电动机移动，3s后再慢速移动），当射台到位时，开始以40Hz的频率驱使电动机向模具内射胶，5s后，以20Hz的频率驱使电动机低速补胶保压。当到达射胶限位后，射胶电动机停止。

4）射胶结束后，射台以40Hz速度后移，当到达限位时，开始溶胶下料，溶胶电动机以10Hz的速度后退下料，当到达溶胶限位时，溶胶下料电动机停止，但电加热继续，等待下一次射胶。

5）射胶结束30s后零件冷却结束，开模电动机先以30Hz的速度开模，3s后以低速15Hz开模，并由顶针顶出零件。当到达开模限位后，电动机停止，此时整个注塑周期结束。

6）本注塑机也可根据实际情况进行手动控制和调整。为了手动时使设备安装调试方便，在此设计了一个双重功能（手/自动切换和手动）按钮，即当按下手/自动切换时，当前工步结束，按一次手动执行下一个工步，按两次手动执行下下一个工步；以此类推。

（2）选择变频器　根据电动机的功率选择变频器，选用三菱FR E700系列变频器，功率为0.75kW。

（3）设计变频器控制线路　变频器控制线路如图4-30所示。

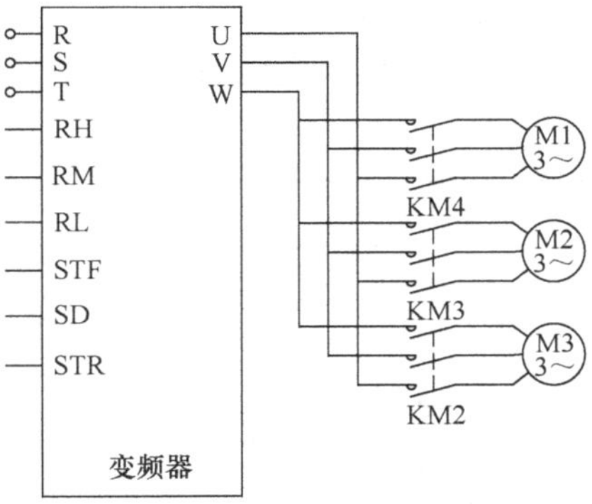

图4-30　变频器控制线路

2. 注塑机控制系统的PLC改造方案

针对注塑机中无法进行自动控制、容易使长期操作的操作员产生职业病的缺点，选用PLC进行控制电路的自动控制线路改造。控制方案如下：

（1）模具电动机正、反转实现合模和开模

1）合模时：模具电动机先高速正转进行快速合模，当左模接近右模时，模具电动机转入低速运行进行合模。

2）合模结束时：为了做到准确停车，采用传感器控制继电器的方法使电动机停止工作。

3）开模时：模具电动机高速反转进行快速开模。

4）开模结束时：为了做到准确停车，采用传感器控制继电器的方法使电动机停止工作。

(2) 注塑电动机正、反转实现注料杆的左右运行

1) 注料杆左行和下降：注塑电动机先高速正转，注料杆快速下降，当注料杆接近挤压位置时，电动机转入低速运行，此时注料杆低速向左进行注塑挤压。

注料杆向左结束：停车时，为了做到注料杆准确定位，采用行程开关停止电动机动作。

2) 注料杆右行和上升：注塑电动机高速反转，注料杆快速上升。用传感器控制继电器停止电机动作。

注料杆向右结束：为了做到准确停车，用传感器控制继电器停止电动机动作。

(3) 原料的加热溶化和加热时间　人工将一定量的塑料原料加入到料筒中，料筒中的塑料原料在加热器的作用下经过一段时间（大约 1min）的加热后溶化，此时即可将其挤入模具成型注塑机。模具成型注塑机可以对很多不同的原材料（如聚丙烯、聚氯乙烯、ABS 原料等）进行生产和加工，由于原材料的性质不同，所以加热溶化的时间长短也不一样。这就要求加热的时间长短可以根据材料的性质不同进行调整。

(4) 温度加热器　温度加热器用于对原材料进行加热，温度的高低通过改变加热器两端的电压高低来实现，要求温度的高低可以调整。

(5) 开模时间　高温原材料挤入模具后，需要在模具中冷却一段时间，让其基本成型后才能打开模具，这一段时间为保模时间。由于产品的大小和原材料的性质的不同，不同产品的保模时间有所不同，这就要求保模时间长短可以调整。

用 PLC 控制变频器的输入和模具开合状态。

四、操作步骤

1. 变频器参数的设定

结合实际控制应用的要求设置变频器的参数，见表 4-11。

表 4-11　变频器的参数

参数代码	功　能	设定数据
Pr. 0	转矩提升	4%
Pr. 1	上限频率	50Hz
Pr. 2	下限频率	0Hz
Pr. 3	基准频率	50Hz
Pr. 4	多段速设定：1 段速	50Hz
Pr. 5	多段速设定：2 段速	20Hz
Pr. 6	多段速设定：3 段速	30Hz
Pr. 7	加速时间	2s
Pr. 8	减速时间	3s
Pr. 9	电子过电流保护	1.7A
Pr. 14	适用负荷选择	0
Pr. 20	加减速基准频率	50Hz
Pr. 21	加减速时间单位	0

（续）

参数代码	功　能	设定数据
Pr. 24	多段速设定：4 段速	40Hz
Pr. 25	多段速设定：5 段速	10Hz
Pr. 26	多段速设定：6 段速	15Hz
Pr. 77	参数写入选择	0
Pr. 78	逆转防止选择	0
Pr. 79	运行模式选择	3
Pr. 80	电动机（功率）	0. 55kW
Pr. 81	电动机（极数）	4 极
Pr. 82	电动机励磁电流	1. 5A
Pr. 83	电动机额定电压	380V
Pr. 84	电动机额定频率	50Hz
Pr. 178	STF 端子功能的选择	60
Pr. 179	STR 端子功能的选择	61
Pr. 180	RL 端子功能的选择	0
Pr. 181	RM 端子功能的选择	1
Pr. 182	RH 端子功能的选择	2

2. 分配 PLC 控制系统输入、输出地址

PLC 控制系统输入、输出地址分配见表 4-12。

表 4-12　I/O 分配

输　入			输　出		
名称	代号	输入点编号	输出点编号	代号	名称
起动按钮	SB1	X10	Y0	KM1	水泵电动机接触器
停止按钮	SB2	X11	Y1	KA	电加热丝接触器
手/自动切换按钮	SA1	X12	Y5	KM2	开合模电动机接触器
开模限位	SQ6	X0	Y6	KM3	下料电动机接触器
急停	SB	X1	Y7	KM4	射胶电动机接触器
合模限位	SQ1	X2	Y10	RH	高速
温度检测节点	BL	X3	Y11	RM	中速
射台前限位	SQ2	X4	Y12	RL	低速
射胶限位	SQ3	X5	Y13	STF	正转
射台后限位	SQ4	X6	Y14	STR	反转
溶胶下料限位	SQ5	X7	Y20	HL1	电源指示灯
手动-合模	SA2	X13	Y21	HL2	溶胶下料电动机

（续）

输　　入			输　　出		
名称	代号	输入点编号	输出点编号	代号	名称
手动-开模	SA2	X14	Y22	HL3	加热指示灯
手动-溶胶	SA3	X15	Y23	HL4	射台-后退
手动-射台前进	SA4	X16	Y24	HL5	射台-前进
手动-射台后退	SA4	X17	Y25	HL6	合模
手动-高速	SB3	X20	Y26	HL7	开模
手动-中速	SB4	X21	—	—	—
手动-低速	SB5	X22	—	—	—
手动-正转	SB6	X23	—	—	—
手动-反转	SB7	X24	—	—	—
手动-下料电动机按钮	SB8	X25	—	—	—

3. 设计 PLC 控制系统电路原理图

注塑机控制接线图如图 4-31 所示。

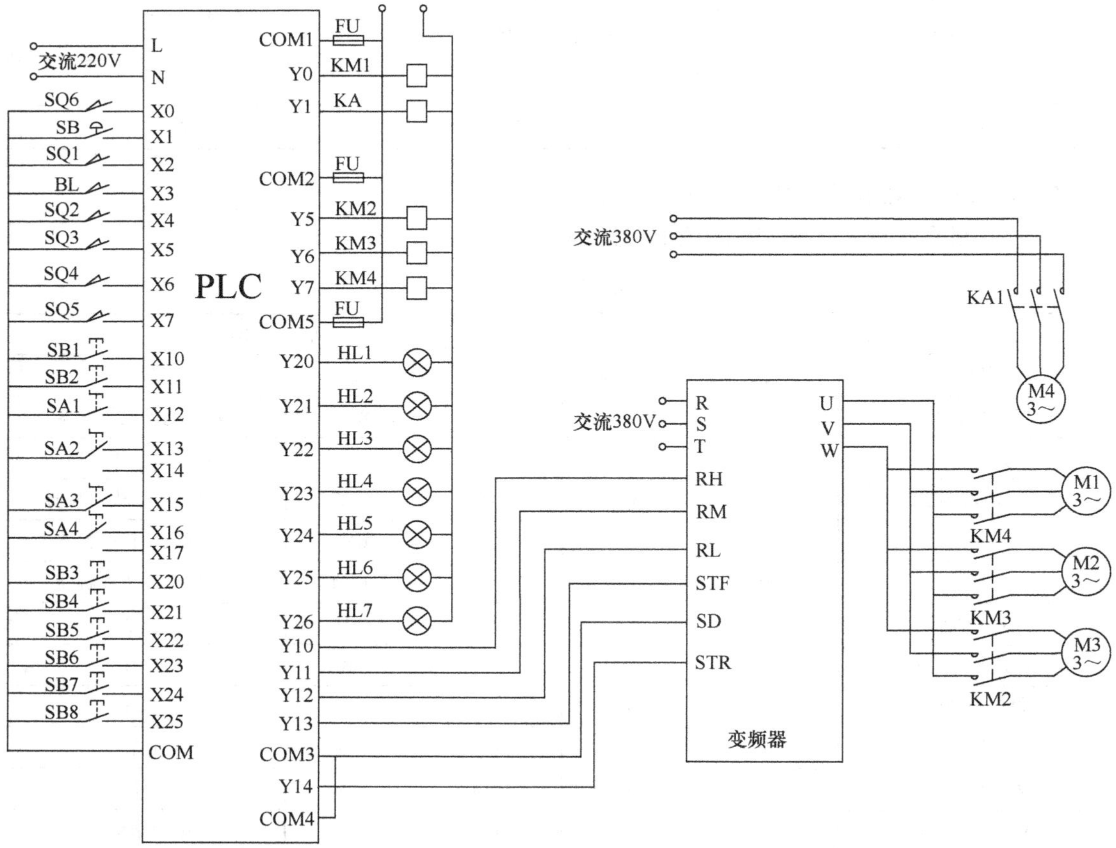

图 4-31　注塑机控制接线图

4. 编制 PLC 控制程序

注塑机控制程序参考梯形图如图 4-32 所示。

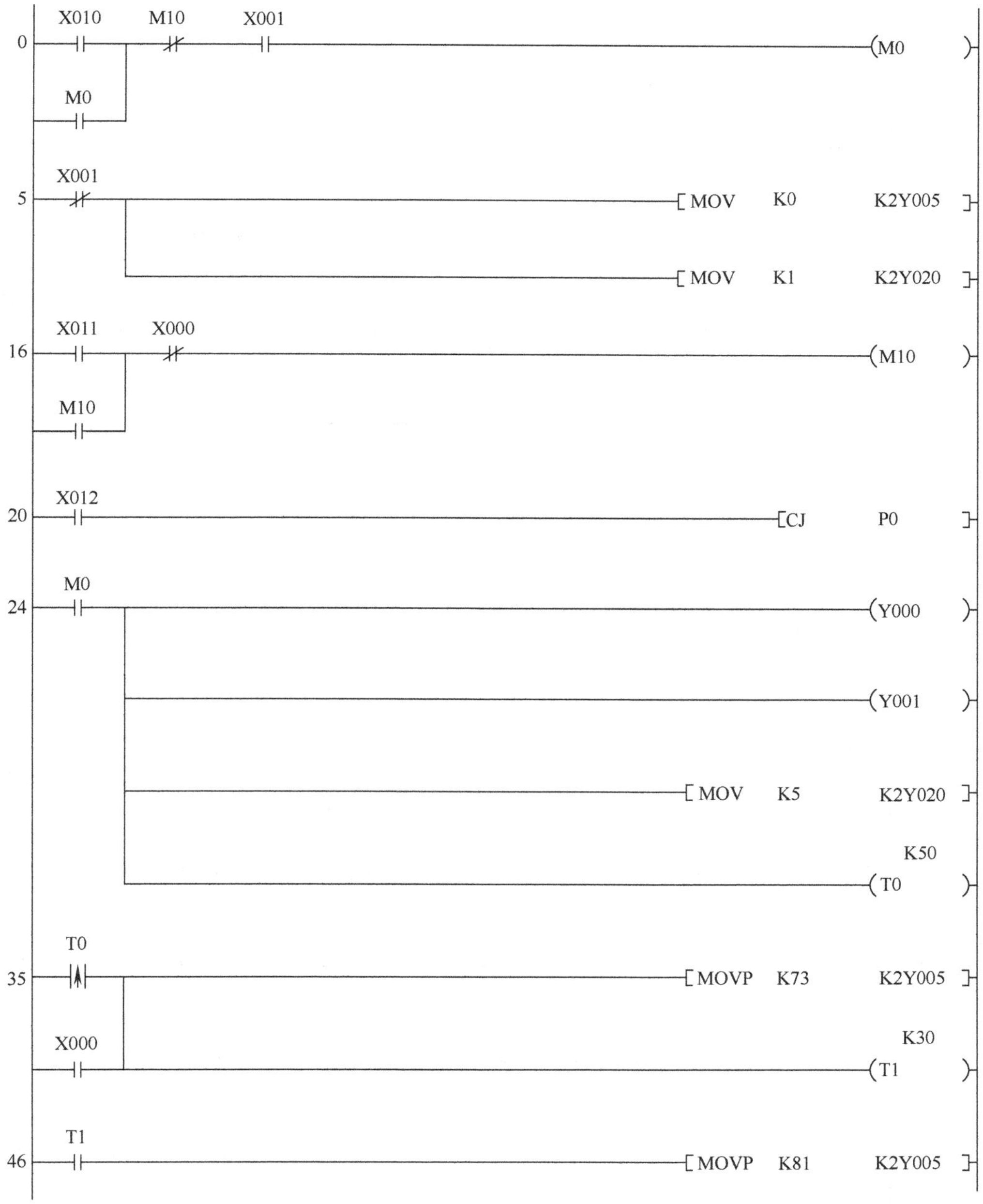

图 4-32　注塑机控制程序参考梯形图

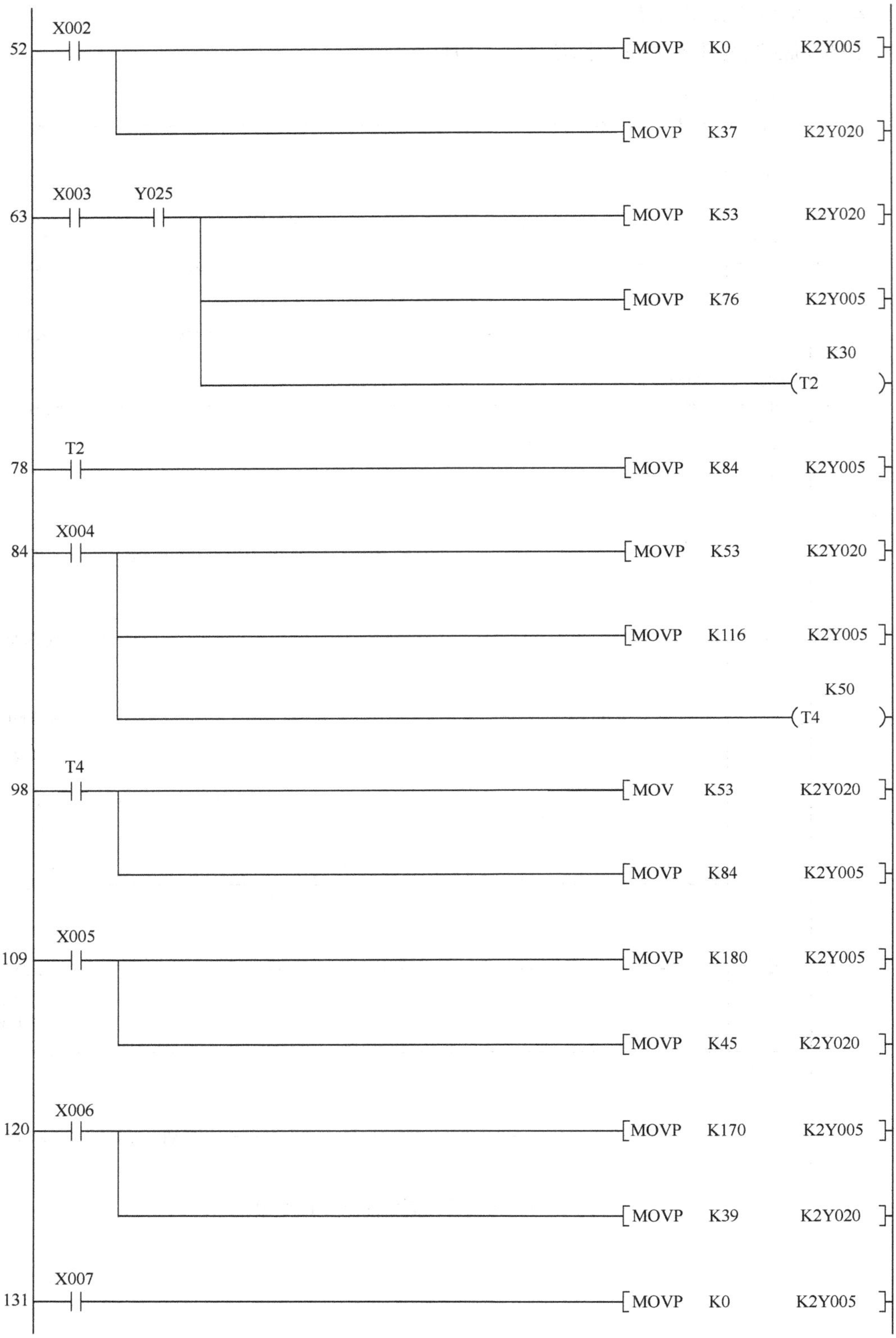

图 4-32　注塑机控制程序参考梯形图（续）

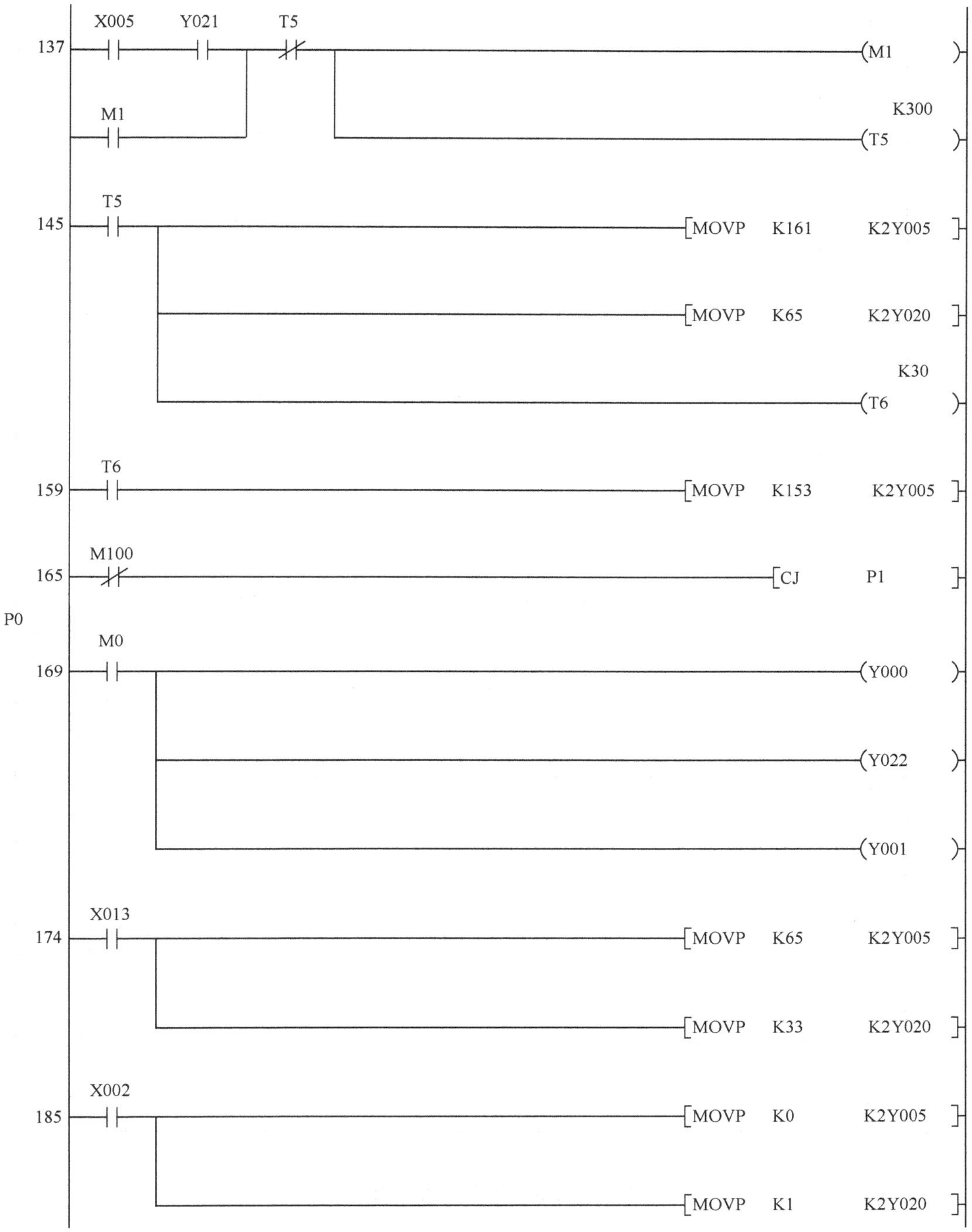

图 4-32　注塑机控制程序参考梯形图（续）

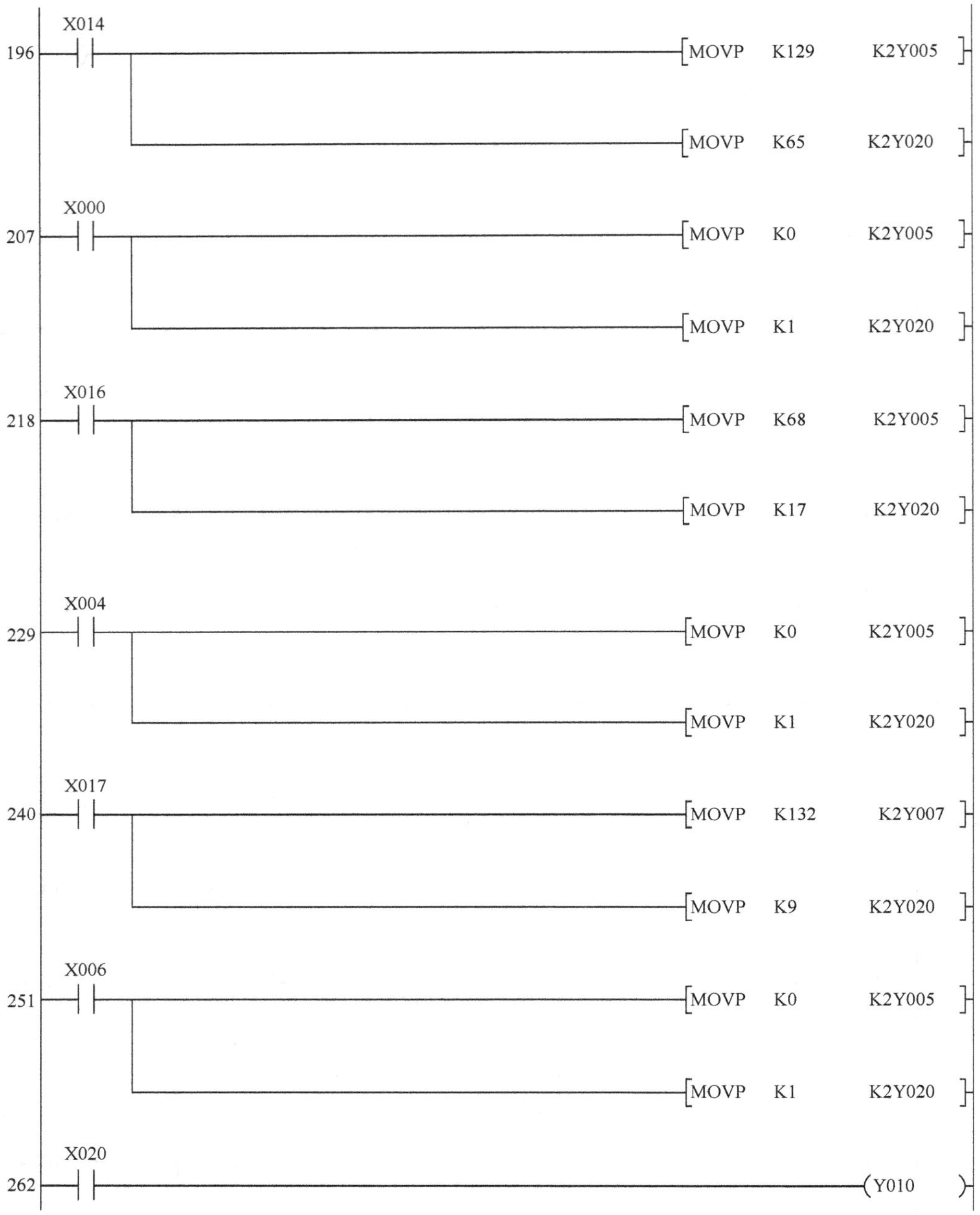

图 4-32　注塑机控制程序参考梯形图（续）

图 4-32　注塑机控制程序参考梯形图（续）

5. 安装和调试

（1）按接线图进行连线　首先将主、控电路按图 4-31 的接线图进行连线，并进行检查，注意与实际操作中的情况相结合。

（2）通电　经检查无误后方可通电，装好的电气柜内和电气柜面板的元器件布局如图 4-33 和图 4-34 所示。

图 4-33　电气柜内的元器件布局

（3）调试

1）在通电后不要急于运行，应先检查各电气设备的连接是否正常，然后进行单一设备的逐个调试。

2）按照系统要求进行变频器参数的设置。

3）按照系统要求进行 PLC 程序的编写并传入 PLC 内，并进行模拟运行调试，观察输入和输出点是否和要求一致。

4）对整个系统统一调试，包括安全性和运行情况的稳定性。

5）在系统正常情况下，接通起动开关，

图 4-34　电气柜面板的元器件布局

注塑机就开始按照控制要求自动运行。根据程序由变频器控制注塑机上三台电动机的转速，以达到多段速的控制，从而实现注塑机的自动控制。具体的调试包括整机调试、合模装置调试。

6. 注意事项

1）在注塑机的改造过程中，除了根据生产要求进行自动控制以外，还要设定出相应完善的保护功能。

2）在注塑机上安装变频器和 PLC 时，一定要注意安装环境，尽量避免安装在振动较大的场合。

3）在进行注塑机参数设定时，不同的模具是不相同的。对所有的新模具，刚开始均要调试确定出相应的加工参数，本注塑机所列的参数仅是对某一个模具而言，不同形状的模具其注塑机参数有所不同。

第五节　中央空调控制系统

随着社会的发展和人们生活水平的提高，中央空调的应用已非常普遍。那么中央空调自动控制系统的原理、组成以及如何应用 PLC 和变频器的结合进行调速并最终达到恒温自动控制的目的就成为人们关心的问题。

利用变频调速控制中央空调不仅可以实现温差小、使用环境较为舒适的自动恒温控制，还有非常明显的节能效果，因此得到了广泛的应用。

一、中央空调系统的构成及原理

中央空调系统主要由冷冻机组、冷却水塔、外部热交换系统等部分构成，其系统构成示意图如图 4-35 所示。

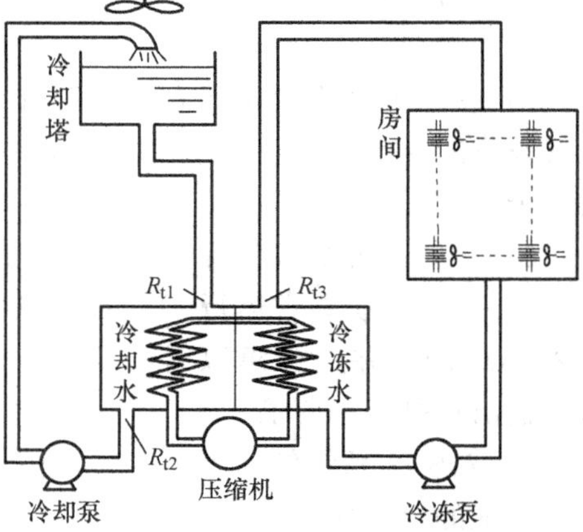

图 4-35　中央空调系统构成示意图

（1）冷冻机组　这是中央空调的“制冷源”，通往各个房间的循环水由冷冻机组进行“内部热交换”，降温为“冷冻水”。

（2）冷却水塔　冷却水塔用于为冷冻机组提供“冷却水”。冷却水在盘旋流过冷冻主机后，带走冷冻主机所产生的热量，使冷冻主机降温。

(3) “外部热交换”系统　它由两个循环水系统组成：

1) 冷冻水循环系统。由冷冻泵及冷冻水管组成。冷冻水从冷冻机组流出，由冷冻泵加压送入冷冻水管道，在各个房间内进行热交换，带走房间内的热量，使房间内的温度下降。同时，冷冻水的温度升高，即循环水温度升高，经冷冻机组后又变成冷冻水，如此往复循环。

从冷冻机组流出、进入房间的冷冻水简称为“出水”；流经所有的房间后回到冷冻机组的冷冻水简称为“回水”。由于回水的温度高于出水的温度，因而形成温差。

2) 冷却水循环系统。由冷却泵、冷却水管道及冷却塔组成。冷冻机组进行热交换，使水温冷却的同时，必将释放大量的热量。该热量被冷却水吸收，使冷却水温度升高。冷却泵将升温后的冷却水压入冷却塔，使之在冷却塔中与大气进行热交换，然后再将降温后的冷却水送回到冷冻机组。如此不断循环，带走了冷冻机组释放的热量。

流进冷冻机组的冷却水简称为“进水”；从冷冻机组流回冷却塔的冷却水简称为“回水”。同样，回水的温度高于进水的温度，也形成了温差。

(4) 冷却风机　冷却风机有两种情况：

1) 室内风机。安装于所有需要降温的房间内，用于将由冷冻水冷却了的冷空气吹入房间，加速房间内的热交换。

2) 冷却塔风机。用于降低冷却塔中的水温，加速将“回水”带回的热量散发到大气中去。可以看出，中央空调系统的工作过程是一个不断地进行热交换的能量转换过程。在这里，冷冻水和冷却水循环系统是能量的主要传递者。因此，对冷冻水和冷却水循环系统的控制便是中央空调控制系统的重要组成部分。

(5) 温度检测　通常使用热电阻或温度传感器检测冷冻水和冷却水的温度变化。

二、中央空调变频调速系统的基本控制原理

中央空调变频调速系统的控制依据是：中央空调系统的外部热交换由两个循环水系统来完成。循环水系统的回水与进（出）水温度之差，反映了需要进行热交换的热量。因此，根据回水与进（出）水温度之差来控制循环水的流动速度，从而达到控制热交换的目的，是比较合理的控制方法。

1. 冷冻水循环系统的控制

由于冷冻水的出水温度是冷冻机组“冷冻”的结果，常常是比较稳定的，因此，单是回水温度的高低就足以反映房间内的温度。所以，对于冷冻泵的变频调速系统，可以简单地根据回水温度进行如下控制：回水温度高，说明房间温度高，应提高冷冻泵的转速，加快冷冻水的循环速度；反之，回水温度低，说明房间温度低，可降低冷冻泵的转速，减缓冷冻水的循环速度，以节约能源。简言之，对于冷冻水循环系统，控制依据是回水温度，即通过变频调速实现回水的恒温控制。

2. 冷却水循环系统的控制

由于冷却塔的水温是随环境温度而变的，其单侧水温不能准确地反映冷冻机组内产生热量的多少。所以，对于冷却泵，以进水和回水间的温差作为控制依据，实现进水和回水间的恒温差控制是比较合理的。温差大，说明冷冻机组产生的热量大，应提高冷却泵的转速，增大冷却水的循环速度；反之则减缓冷却水的循环速度，以节约能源。

3. 中央空调变频调速系统的切换方式

中央空调的水循环系统一般都由若干台水泵组成。采用变频调速时，可以有两种方案：

（1）一台变频器方案　若干台冷冻泵由一台变频器控制，若干台冷却泵由另一台变频器控制。现对三台水泵进行控制，各泵之间的切换方法如下：

1）先起动1号泵，进行恒温度（差）控制。

2）当1号泵的工作频率上升至50Hz时，将它切换至工频电源；同时将变频器的给定频率迅速降到0Hz，使2号泵与变频器相接，并开始起动，进行恒温度（差）控制。

3）当2号泵的工作频率上升至50Hz时，切换至工频电源；同时将变频器的给定频率迅速降到0Hz，使3号泵与变频器相接，并开始起动，进行恒温度（差）控制。

4）当3号泵的工作频率下降至设定的下限切换频率时，将1号泵停机。

5）当3号泵的工作频率再次下降至设定的下限切换频率时，将2号泵停机。这时，只有3号泵处于变频调速状态。

这种方案的主要优点是只用一台变频器，设备投资较少；缺点是节能效果稍差。

（2）全变频方案　即所有的冷冻泵和冷却泵都采用变频调速，其切换方法如下：

1）先起动1号泵，进行恒温度（差）控制。

2）当工作频率上升至设定的切换上限值（通常可小于50Hz，如48Hz）时，起动2号泵，1号泵和2号泵同时进行变频调速，实现恒温度（差）控制。

3）当工作频率又上升至切换上限值时，起动3号泵，三台泵同时进行变频调速，实现恒温度（差）控制。

4）当三台泵同时运行，而工作频率下降至设定的下限切换值时，可关闭3号泵，使系统进入两台泵运行的状态，当频率继续下降至下限切换值时，关闭2号泵，进入单台泵运行状态。

全频调速系统由于每台泵都要配置变频器，故设备投资较高，但节能效果却要好得多。

三、控制要求

利用变频器通过控制压缩机的速度来实现温度控制，温度信号的采集由温度传感器完成。整个系统可由PLC和变频器配合实现自动恒温控制。系统控制要求如下：

1）某空调冷却系统有三台水泵，按设计要求每次运行两台，一台备用，十天轮换一次。

2）冷却进（回）水温差超出上限温度时，一台水泵全速运行，另一台变频高速运行；冷却进（回）水温差小于下限温度时，一台水泵变频低速运行。

3）三台泵分别由电动机M1、M2、M3拖动，全速运行由KM1、KM3、KM5三个接触器控制，变频调速分别由KM2、KM4、KM6三个接触器控制。

四、操作步骤

1）变频调速通过变频器的七段速运行实现控制，其参数设定见表4-13。

表 4-13　七段速运行参数设定

速度	1 速	2 速	3 速	4 速	5 速	6 速	7 速
控制端子	RH，RM，RL	RH，RM	RH，RL	RM，RL	RL	RM	RH
参数号	Pr. 27	Pr. 26	Pr. 25	Pr. 24	Pr. 6	Pr. 5	Pr. 4
设定值/Hz	10	15	20	25	30	40	50

2）全速冷却泵的开起与停止由进（回）水温差控制。

3）结合空调制冷原理和要求，主电路的连接如图 4-36 所示。

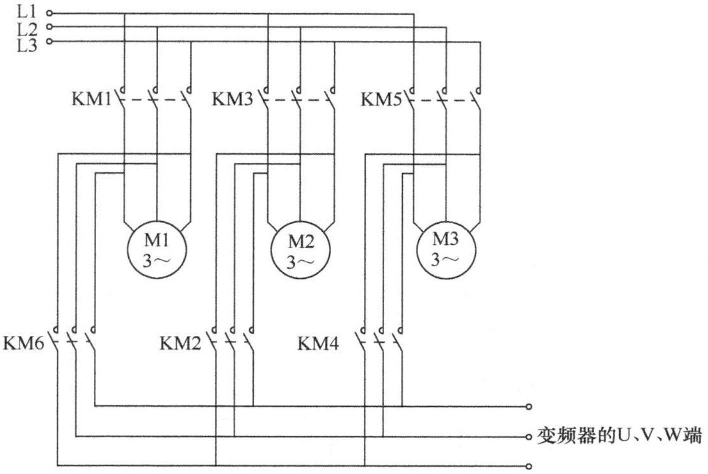

图 4-36　冷却泵主电路接线图

4）PLC 与变频器控制接线如图 4-37 所示。

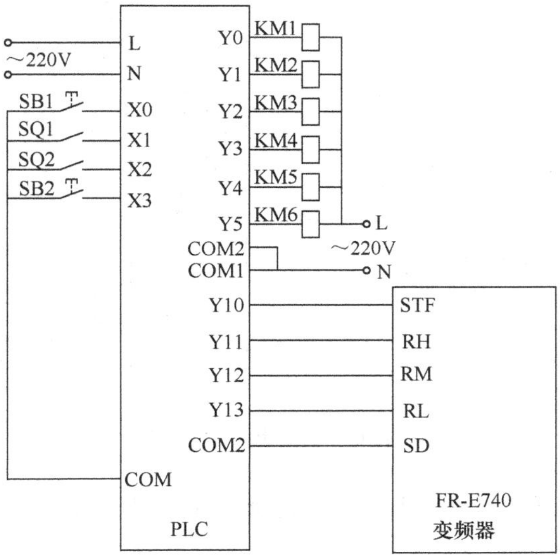

图 4-37　PLC 与变频器控制接线图

5）PLC 状态转移图　PLC 状态转移图如图 4-38 所示。X0 为停止；X1 为温差下限（降低速度）；X2 为温差上限（提高速度）；X3 为起动；Y0 为 KM1；Y1 为 KM2；Y2 为 KM3；Y3 为 KM4；Y4 为 KM5；Y5 为 KM6；Y10 为 STF；Y11 为变频器 RH 端；Y12 为变频器 RM 端；Y13 为变频器 RL 端。

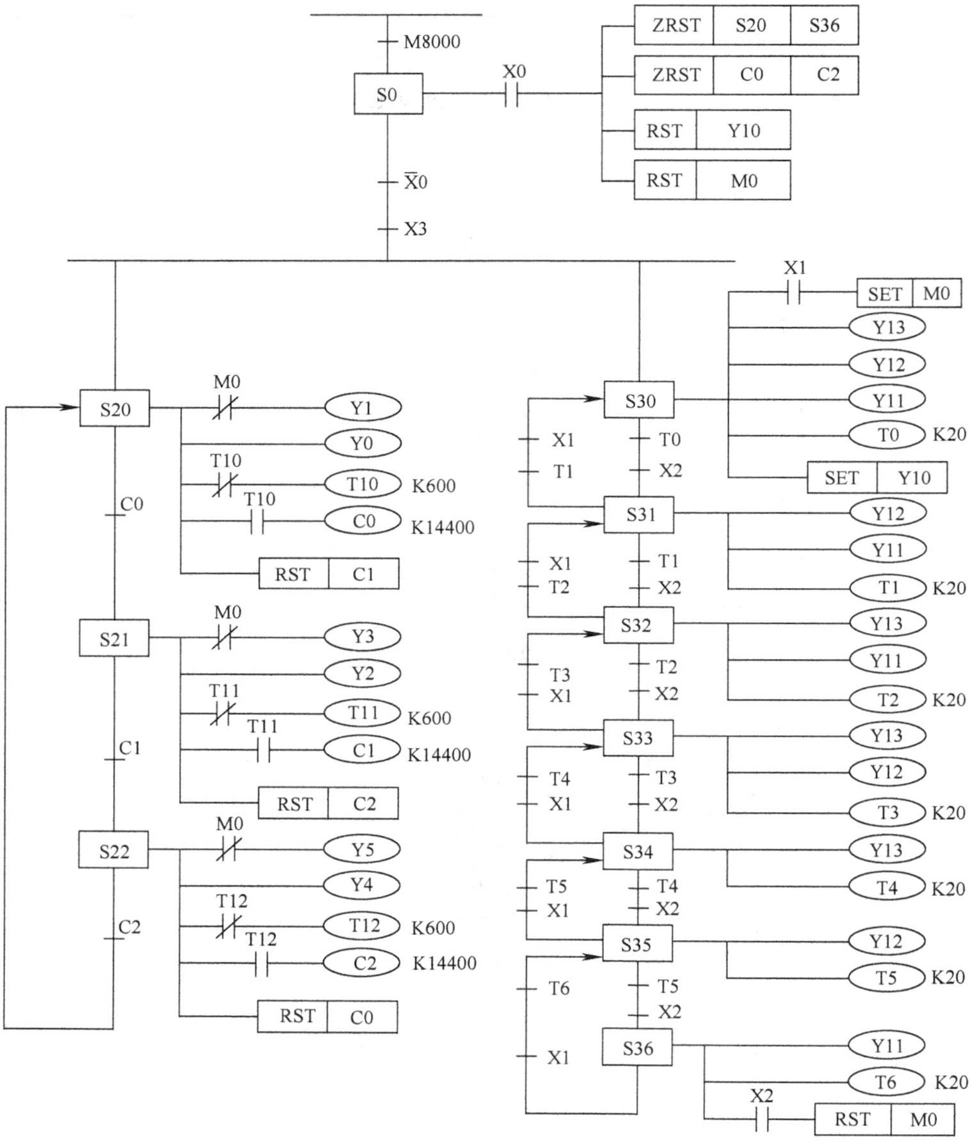

图 4-38　PLC 状态转移图

6）设计程序　冷却泵控制程序参考梯形图如图 4-39 所示。

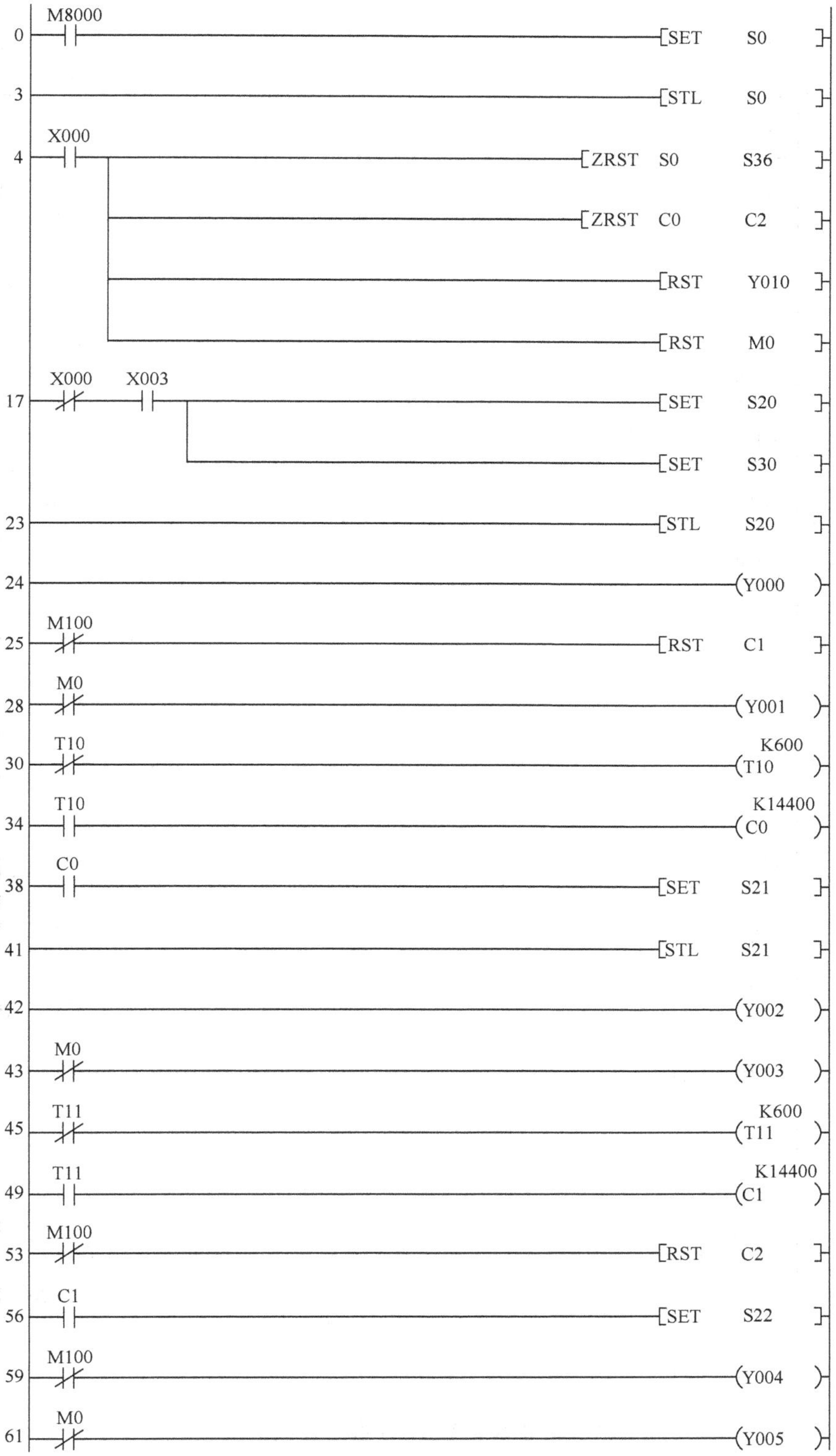

图 4-39　冷却泵控制程序参考梯形图

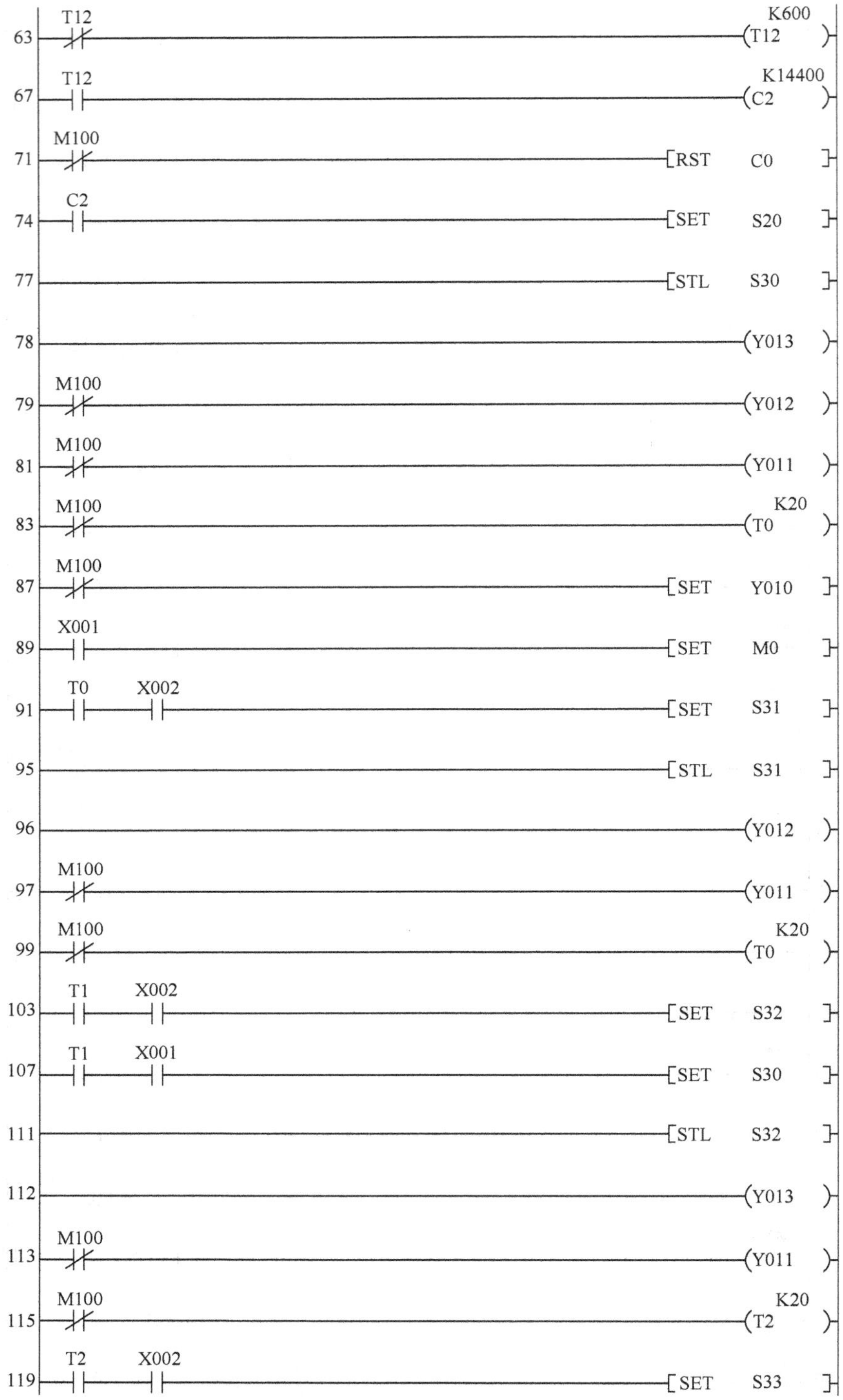

图 4-39　冷却泵控制程序参考梯形图（续）

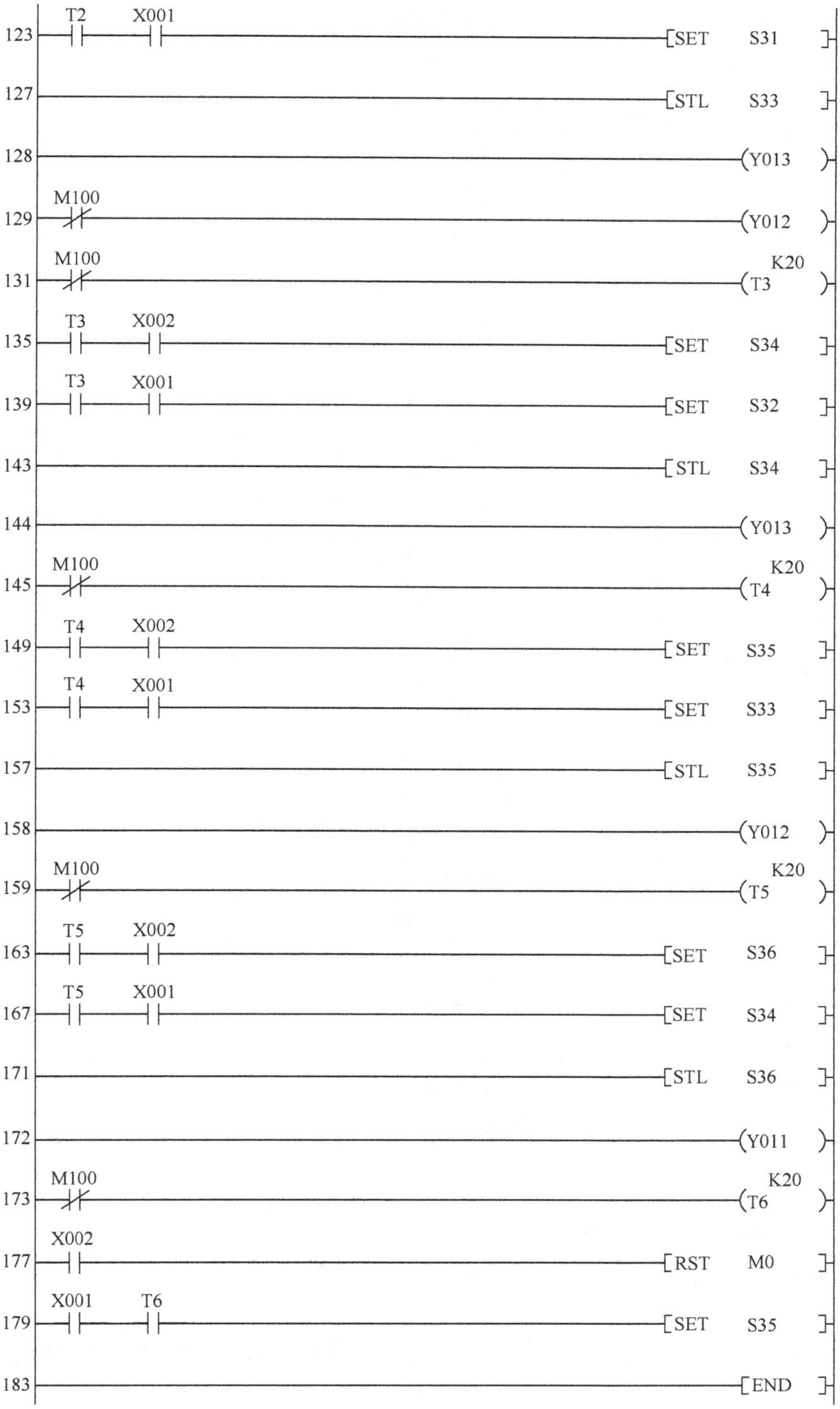

图 4-39　冷却泵控制程序参考梯形图（续）

7）根据系统控制要求进行变频器基本参数设置

空调制冷系统变频器基本参数设定见表4-14。

表4-14 空调制冷系统变频器基本参数设定

参数代码	功　能	设定数据
Pr. 0	转矩提升	3%
Pr. 1	上限频率	50Hz
Pr. 2	下限频率	0Hz
Pr. 3	基准频率	50Hz
Pr. 7	加速时间	3s
Pr. 8	减速时间	4s
Pr. 9	电子过电流保护	14.3A
Pr. 14	适用负荷选择	0
Pr. 20	加减速基准频率	50Hz
Pr. 21	加减速时间单位	0
Pr. 40	RUN 旋转方向的选择	0
Pr. 77	参数写入选择	0
Pr. 78	逆转防止选择	1
Pr. 79	运行模式选择	3
Pr. 80	电动机（功率）	5.5kW
Pr. 81	电动机（极数）	2极
Pr. 82	电动机励磁电流	13A
Pr. 83	电动机额定电压	380V
Pr. 84	电动机额定频率	50Hz
Pr. 178	STF 端子功能的选择	60
Pr. 179	STR 端子功能的选择	61
Pr. 180	RL 端子功能的选择	0
Pr. 181	RM 端子功能的选择	1
Pr. 182	RH 端子功能的选择	2

五、操作步骤

1. 系统的安装接线及运行调试

1）首先将主、控电路按图4-36、图4-37进行连线，并与实际操作中的情况相结合。

2）经检查无误后方可通电。

3）在通电后不要急于运行，应先检查各电气设备的连接是否正常，然后进行单一设备的逐个调试。

4）按照系统要求进行变频器参数的设置。

5）按照系统要求进行PLC程序的编写并传入PLC内，并进行模拟运行调试，观察输入和输出点是否和要求一致。

6）对整个系统统一调试，包括安全性和运行情况的稳定性。

7）在系统正常的情况下，按下起动按钮，系统就开始自动运行。根据温度的变化由温度传感器检测出温度的上、下限并发出接点命令（由 SQ1、SQ2 端输入），PLC 根据检测到的上、下限，对变频器输入端 RH、RM、RL 的接通状态进行自动切换，以达到多段速的控制，从而实现空调制冷系统的恒温差控制。

8）按下停止按钮 SB2 停止运行。

2. 注意事项

1）线路必须经检查无误后才能上电。

2）在系统运行调整中要有准确的实际记录，包括温度变化范围是否小、运行是否平稳及节能效果如何。

3）对运行中出现的故障现象准确地描述分析。

4）注意不能使变频器的输出电压和工频电压同时加于同一台电动机，否则会损坏变频器。

第六节　龙门刨床拖动系统变频控制

龙门刨床主拖动系统传统上采用电机扩大机调速系统。电机扩大机由交流电动机 MB 拖动，其输出电压给发电机 G1 的励磁绕组供电，而交流电动机 MA 则拖动发电机 G1 和励磁发电机 G2，它们又分别给直流电动机的电枢绕组和励磁绕组供电，通过控制线路实现对直流电动机的调速控制，其系统组成如图 4-40 所示。

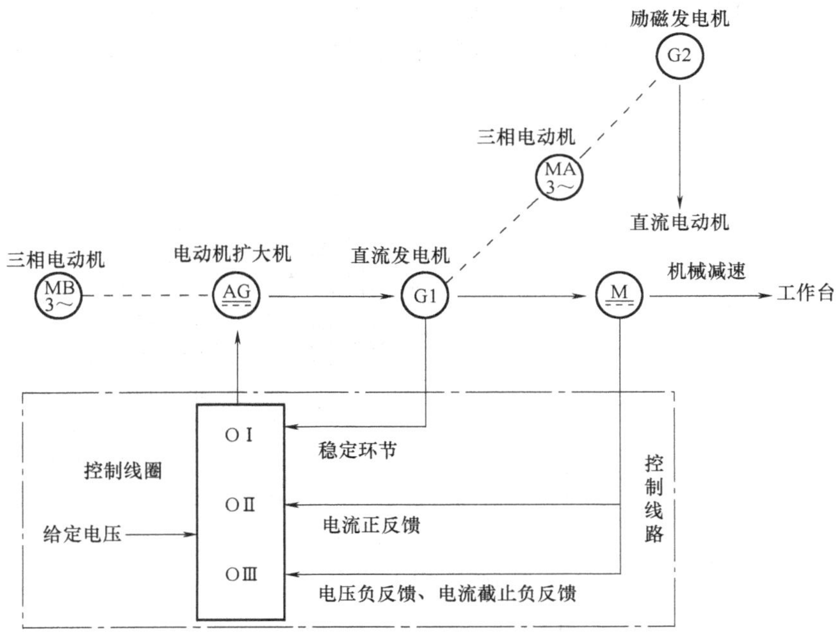

图 4-40　龙门刨床主拖动系统组成

从龙门刨床主拖动系统的组成可以发现，其刨台拖动系统采用 M—G—M（电动机—发电机—电动机组）调速系统。该调速系统结构比较复杂，尽管直流电动机在额定转速以上可以进行具有恒功率性质的弱磁调速，但由于在弱磁调速时无法利用电流反馈和速度反馈环节来改善机械特性，故不能用于切削过程中。同时，该系统中的电动机功率比负载实际所需功率要大很多，能量消耗大。另外，由于调速系统结构复杂，尤其是系统中用到了直流发电机和直流电动机，使其出现故障率高、维护保养工作量大等缺点。再者，主拖动系统的 M—G—M 调速系统用到了三台功率相近的大功率电机，也使成本和占地面积明显增加。

根据变频调速理论可知，当工作频率低于额定频率时，电动机调速具有恒转矩输出特性，而当高于额定频率时，电动机电压不能升高，具有恒功率输出特性。因此，采用变频调速时，电动机的机械特性曲线刚好与刨台运动所对应的特性曲线相符。由此可见，适于采用变频调速对龙门刨床主拖动系统进行改造，并可使电动机的工作频率适当提高至额定频率以上。

控制要求如下：

1）能按规定的速度完成自动往复循环。

2）调整机床时，工作台能以较低的速度“步进”或“步退”。

3）工作台停止时有制动，防止“爬行”。

4）磨削时应低速。

5）有必要的联锁保护。

6）编制 PLC 控制程序。

7）进行控制系统的安装与调试。

一、龙门刨床基本结构及运动方式

龙门刨床主要用来加工各种平面、斜面、槽，更适合于加工大型而狭长的工件，如机床床身、横梁、立柱、导轨和箱体等。龙门刨床的结构如图 4-41 所示，主要由以下七个部分组成。

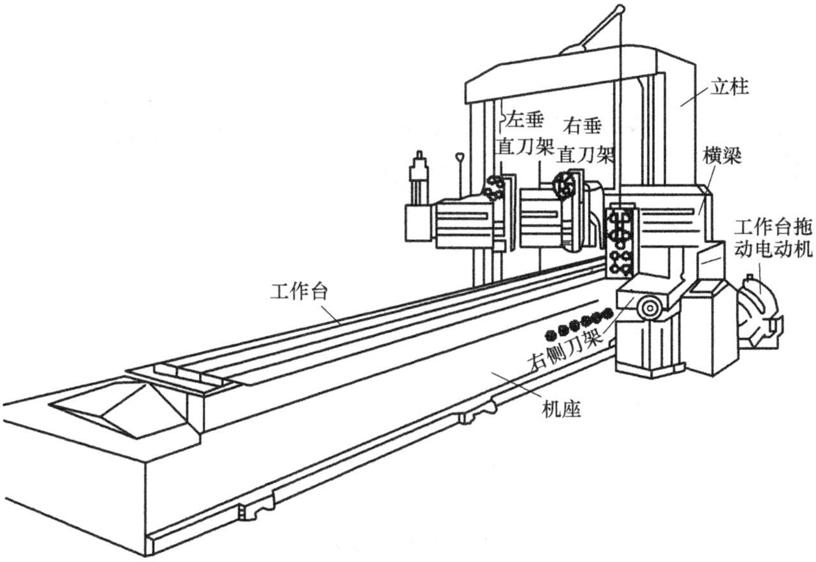

图 4-41　龙门刨床结构

1）机座：是一个箱形体，上有 V 形和 U 形导轨，用于安置工作台。

2）工作台：也叫刨台，用于安置工件。下有传动机构，可顺着床身的导轨作往复运动。

3）立柱：用于安置横梁及刀架。

4）横梁：用于安置垂直刀架，在切削过程中严禁动作，仅在更换工件时移动，用以调整刀架的高度。

5）垂直刀架：安装在横梁上，可沿水平方向移动，刨刀也可沿刀架本身的导轨垂直移动。

6）左、右侧刀架：安置在立柱上，可上、下移动。

7）拖动电动机：用于拖动工作台的往复循环运动。

1. 龙门刨床的运动

1）主运动：工作台的往复运动。

2）进给运动：刨刀垂直于主运动的运动。

3）辅助运动：横梁的夹紧、放松及升降。

2. 拖动系统的要求

1）调速范围：通常采用直流电动机调压调速、并加一级机械变速，使工作台调速范围达 1∶20，工作台低速挡的速度为 6～60m/min，高速挡为 9～90m/min。

2）静差度：要求负载变动时，工作台速度的变化在允许范围内。龙门刨床的静差率一般要求为 0.05～0.1，B2012A 型为 0.1。

3）工作台往复运动中的速度能根据要求相应变化：刨刀慢速切入（工作台开始前进时速度要慢，避免刨刀切入工件时的冲击使刨刀崩裂）、刨削加工恒速（刨刀切入工件后，工作台速度增加到规定值，并保持恒定，使得工件表面均匀光滑）、刨刀慢速退出（行程末尾工作台减速，刨刀慢速离开工件，防止工件边缘剥落，减小工作台对机械的冲击）。除此之外，还包括快速返回和缓冲过渡过程。

4）调速方案能满足负载性质的要求：$n<25$r/min 时输出转矩恒定，$n>25$r/min 时输出功率恒定，低速磨削时 $n=1$r/min。另外，工作台正反向过渡过程快，且有必要的联锁。

3. 刨台运动的机械特性

下面对刨台的运动特性分两种情况进行分析：

1）低速区：刨台运行速度较低时，刨刀允许的切削力由电动机的最大转矩决定。电动机确定后，即确定了低速加工时的最大切削力。因此，在低速加工区，电动机为恒转矩输出。

2）高速区：刨台运行速度较高时，切削力受机械结构的强度限制，允许的最大切削力与速度成反比，因此，电动机为恒功率输出。

4. 工作台的行程控制

1）工作台对电控系统的要求：调整机床时，工作台能以较低的速度“步进”或“步退”；能按规定的速度图完成自动往复循环；工作台停止时有制动，防止“爬行”；磨削时应低速；有必要的联锁保护。

2）工作台的行程控制。在 B2012A 型龙门刨床的床身上装有六个行程开关，即前进减速 SQ1、前进换向 SQ2、后退减速 SQ3、后退换向 SQ4、前进终端 SQ5、后退终端 SQ6。工作台侧面装有 A、B、C、D 四个撞块，如图 4-42 所示。减速与换向时行程开关的工作情况见表 4-15。

当主拖动机组起动完毕，横梁已经夹紧，油泵已经工作，并且机床润滑油供给情况正常时，工作台自动往返工作的控制电路将处于准备状态。

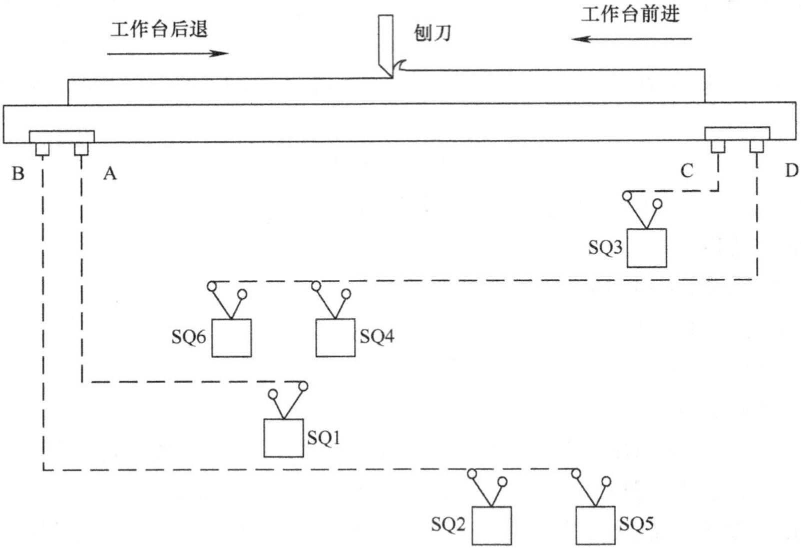

图 4-42　行程开关布置示意图

表 4-15　减速与换向时行程开关状态

触点 \ 状态		原位	加速	工进	减速	停止	快速退回			减速	停止
前进减速行程开关	SQ1	−	−	−	+	+	+	−	−	−	−
前进换向行程开关	SQ2	−	−	−	−	+	−	−	−	−	−
后退减速行程开关	SQ3	+	−	−	−	−	−	−	−	+	+
后退换向行程开关	SQ4	+	−	−	−	−	−	−	−	−	+

注：“+”表示行程开关动作接通，“−”表示行程开关不动作。

二、系统设计

1. 变频器的选择

（1）变频器的型号　龙门刨床常常与铣削或磨削兼用，而铣削或磨削时的进刀速度约只有刨削时的百分之一，考虑到龙门刨床本身对机械特性的硬度和动态响应能力的要求较高。故要求拖动系统具有良好的低速运行性能。

综合各方面因素，本系统选用三菱 FR-R700 系列变频器。该变频器即使工作在无反馈矢量控制的情况下，也能在 0.5Hz 时使输出转矩达到额定转矩的 150%，能够满足拖动的要求。

(2) 变频器的容量　变频器的容量只需和配用电动机功率相符即可。

2. 主电路

(1) 设计电路图　电路图如图 4-43 所示。

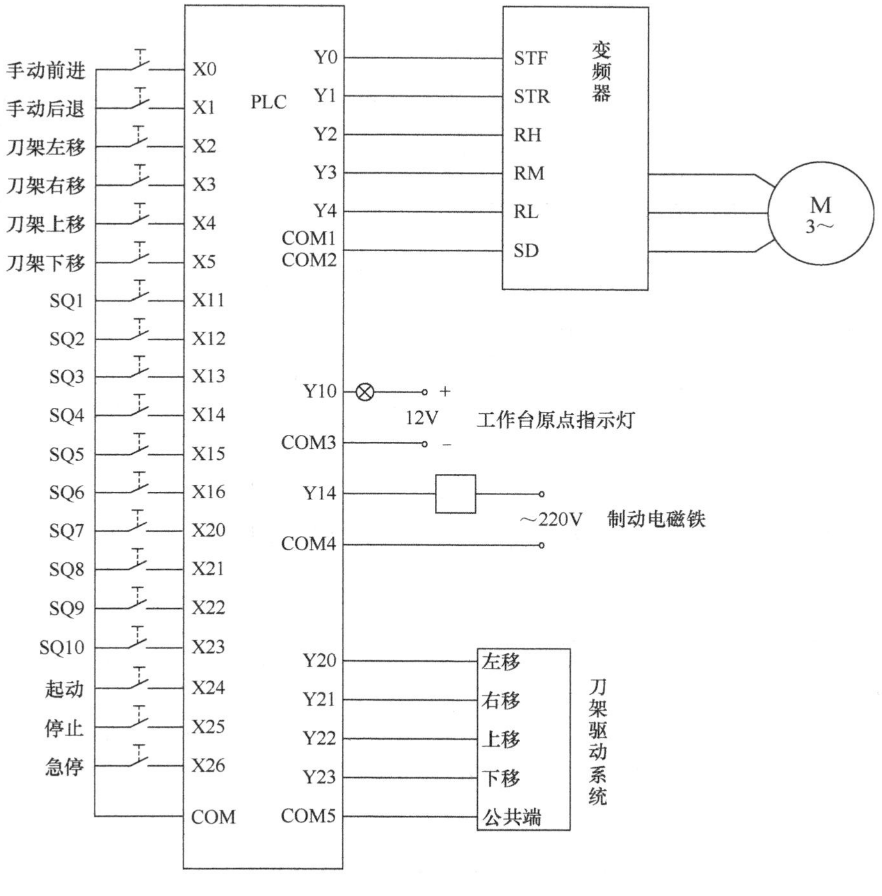

图 4-43　刨台变频调速系统电路图

采用变频器对龙门刨床主拖动系统中的刨台进行速度控制，可以克服原设计中的不足。

在系统中设置了工作台的手动前进与后退（慢速）控制，并设置了刀架的手动控制，方便加工。开始时直接将刨刀放在合适的位置，提高生产效率。刀架的运动是根据刨刀运动的方向由 PLC 发出相应的控制脉冲，再由刀架控制系统驱动刀架移动。当工作台到达原点时，原点指示灯点亮，提示操作人员当前工作台的状态。当工作台停止运行时，Y14 所控制的电磁铁动作，起到制动的作用，防止工作台的“爬行”。SQ1 ~ SQ6 如前文所述，是工作台中各位置检测处的行程开关，SQ7 ~ SQ10 为刀架上下左右四个位置的限位开关。

（2）I/O 分配　根据系统的控制要求，可以利用变频器的多段速度运行功能满足工作台往复运动时的速度要求。低速时用于刨刀切入、刨刀退出，中速时用于刨削加工，高速时用于空刀返回。SQ1 ~ SQ6 用于工作台在工作过程中的减速与换向。输出点包括变频器的控制、刀架的运动控制及原点指示与制动。编制 PLC 的 I/O 地址分配，见表 4-16。

表 4-16　PLC 输入/输出信号地址分配

输入信号		输出信号	
功　能	地　址	功　能	地　址
手动前进	X0	STF	Y0
手动后退	X1	STR	Y1
刀架左移	X2	RH	Y2
刀架右移	X3	RM	Y3
刀架上移	X4	RL	Y4
刀架下移	X5	工作台原点指示灯	Y10
SQ1（前行减速）	X11	制动电磁铁	Y14
SQ2（前行换向）	X12	刀架左移脉冲	Y20
SQ3（后退减速）	X13	刀架右移脉冲	Y21
SQ4（后退换向）	X14	刀架上移脉冲	Y22
SQ5（前行终端）	X15	刀架下移脉冲	Y23
SQ6（后退终端）	X16		
SQ7（左限位）	X20		
SQ8（右限位）	X21		
SQ9（上限位）	X22		
SQ10（下限位）	X23		
起动	X24		
停止	X25		
急停	X26		

3. 变频器六段速设置

工作台的运行中，要求有六种不同的速度，在此采用变频器的七段速功能（其中一速不用），其六段速的设定见表 4-17。

变频器其他的参数设定见表 4-18。

表 4-17　七段速设定

名　称	对应控制端	参数号（Pr.）	设定值/Hz	备　注
速度 1	RH	4	10	
速度 2	RM	5	15	
速度 3	RL	6	20	
速度 4	RM、RL	24	25	
速度 5	RH、RL	25	45	
速度 6	RH、RM	26	50	
速度 7	RH、RM、RL	27		此处不用

表 4-18　基本运行参数设定

参数名称	参数号（Pr.）	设定值
提升转矩	0	5%
上限频率	1	50Hz
下限频率	2	3Hz
基准频率	3	50Hz
加速时间	7	5s
减速时间	8	5s
电子过电流保护	9	3A（以实际使用的电动机为准）
加减速基准频率	20	50Hz
操作模式	79	2

4. 编制程序

本设计中动作的时序性很强，适合用状态转移的方法编程。

（1）绘制流程图　利用 PLC 状态转移中的多进程的特性，这里设立三个流程，分别是：进程 1，即正常工作进程；进程 2，即工作过程的停止操作；进程 3，即工作过程的紧急停止。龙门刨床的加工流程图如图 4-44 所示。

1）进程 1：在刚开始时，可以手动对龙门刨床的工作台进行慢速地前进后退、刀架的上下左右移动操作，可以在此阶段调整刀架的高度及左右和上下限位，同时还可以调整在工作台的前行与后退中减速与换向行程开关的位置。在上述内容调整好之后，先使工作台回原点，然后就等待运行指令。

当按下起动按钮后，工作台就按照工艺所要求的运行程序开始运行。在切削的过程中，不同的工作台位置，其运行速度是不同的。根据要求在程序当中设定时间与速度的关系，为提高可靠性，还要根据行程开关的动作（即工作台的位置）对速度和换向同样作出限定，

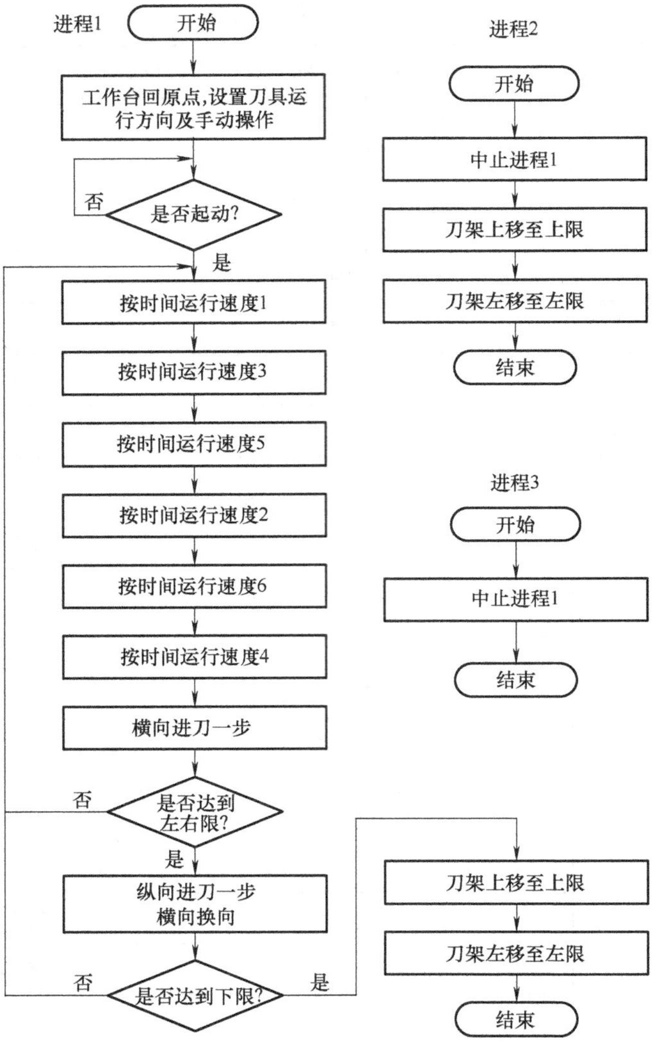

图 4-44　龙门刨床的加工流程图

位置开关与时间的条件是逻辑或的关系。刨刀刨一条线后，刀架横向进给一步，再刨第二刀，刀架再横向进给一步，如此反复重复。当刨刀到达横向限位时，完成该面一层的切削，便纵向进给一步，改变刨刀横向进给的方向，再重复上一层的切削过程，也是如此反复地重复一层层的切削。当下限开关动作时，表明该面的加工完成，刀架先上长到上限位，再移到左限位，本次操作完成。

2）进程 2：当加工过程中遇到情况需要停车时，按下停止按钮，起动停车的进程。在该进程中，中止进程 1，并将刀架先上移，后左移，最终放置在左上的位置。

3）进程 3：当遇到突发紧急事件时，按下急停按钮，起动急停进程。在该进程中，中止进程 1，工作台与刀架保留在原地不动。

（2）编程　此加工过程是严格按顺序加工的，这里采用状态转移的方法编程，参考程序如图 4-45 所示。

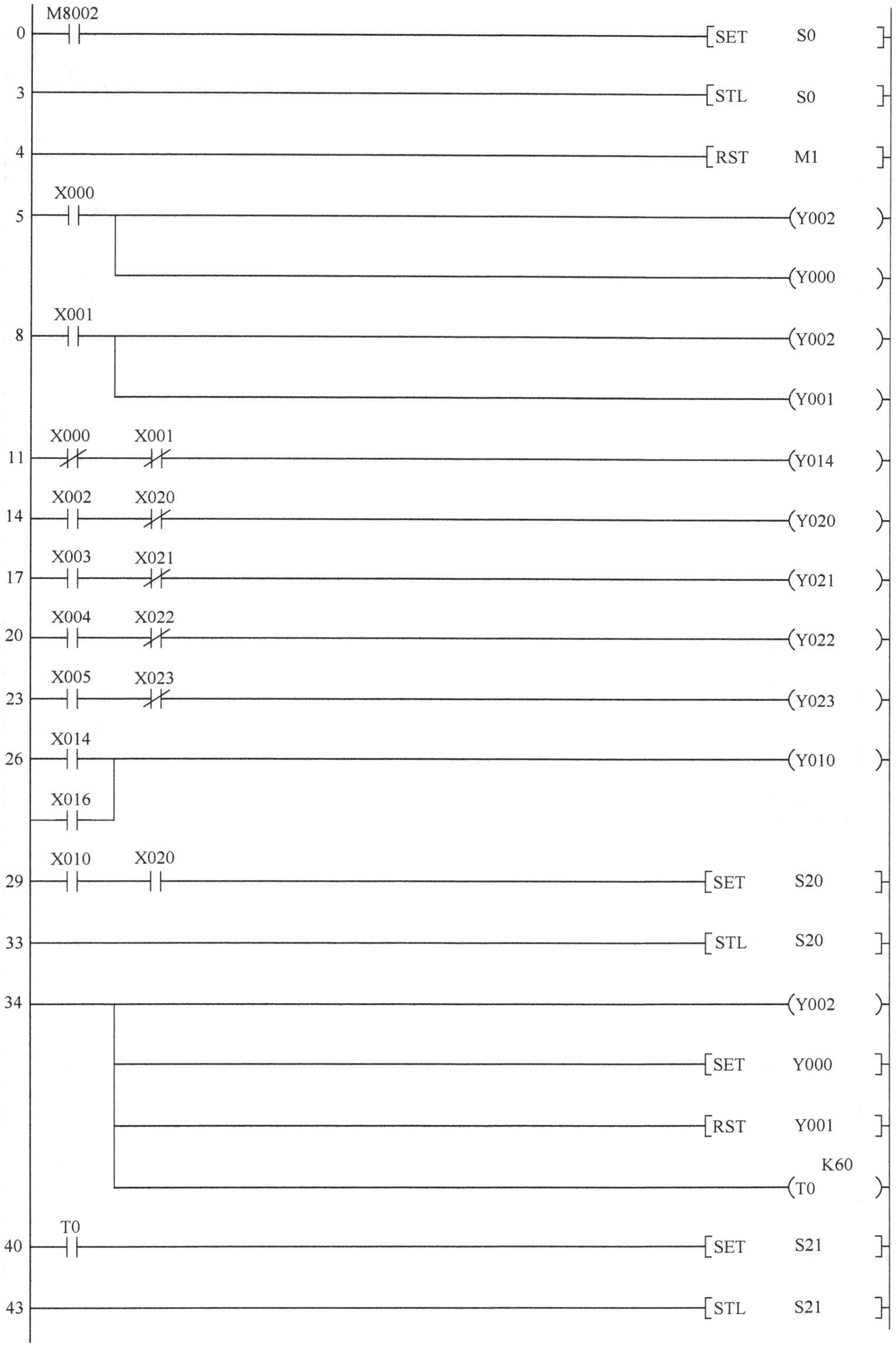

图 4-45　龙门刨床控制梯形图

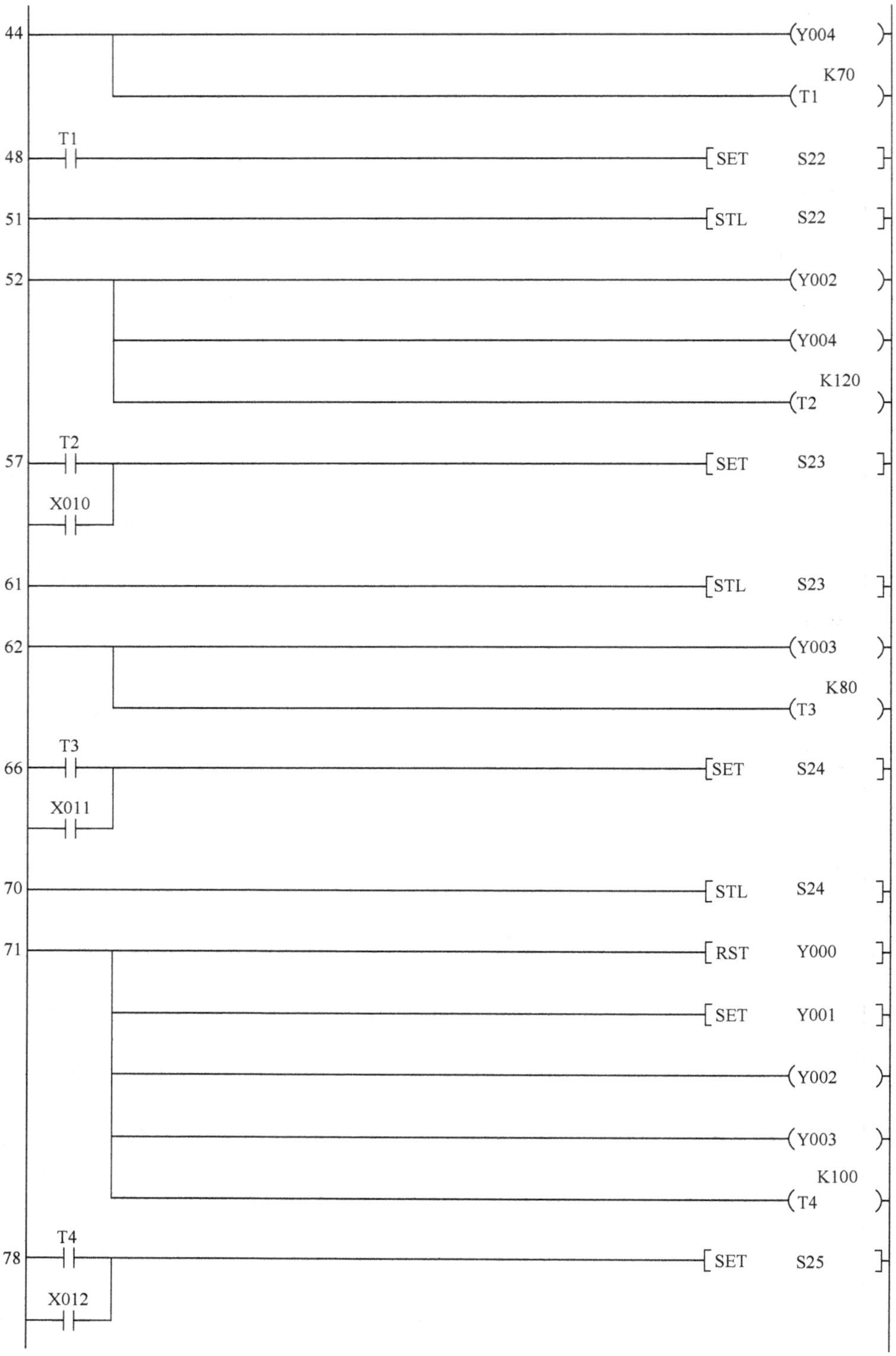

图 4-45　龙门刨床控制梯形图（续）

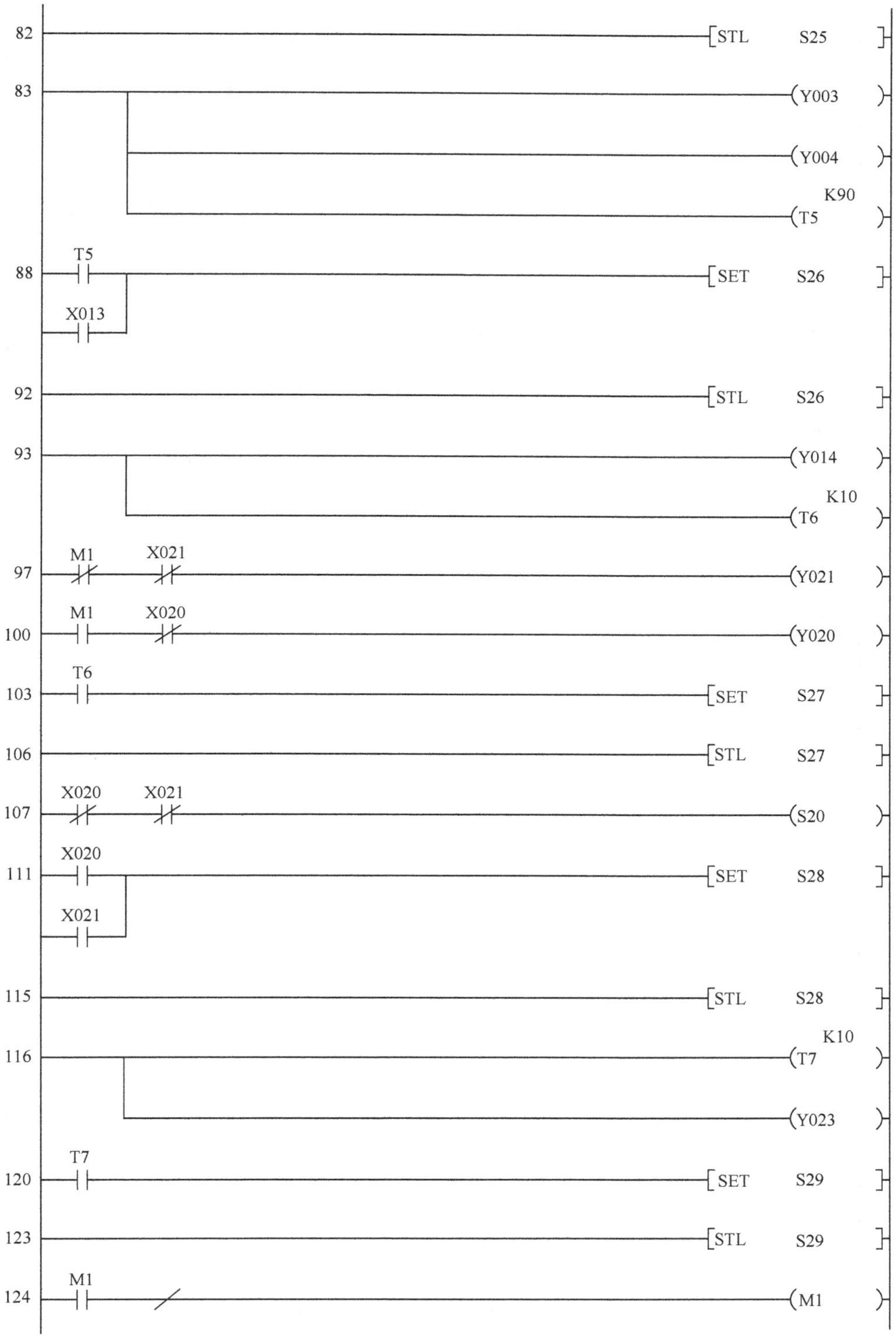

图 4-45　龙门刨床控制梯形图（续）

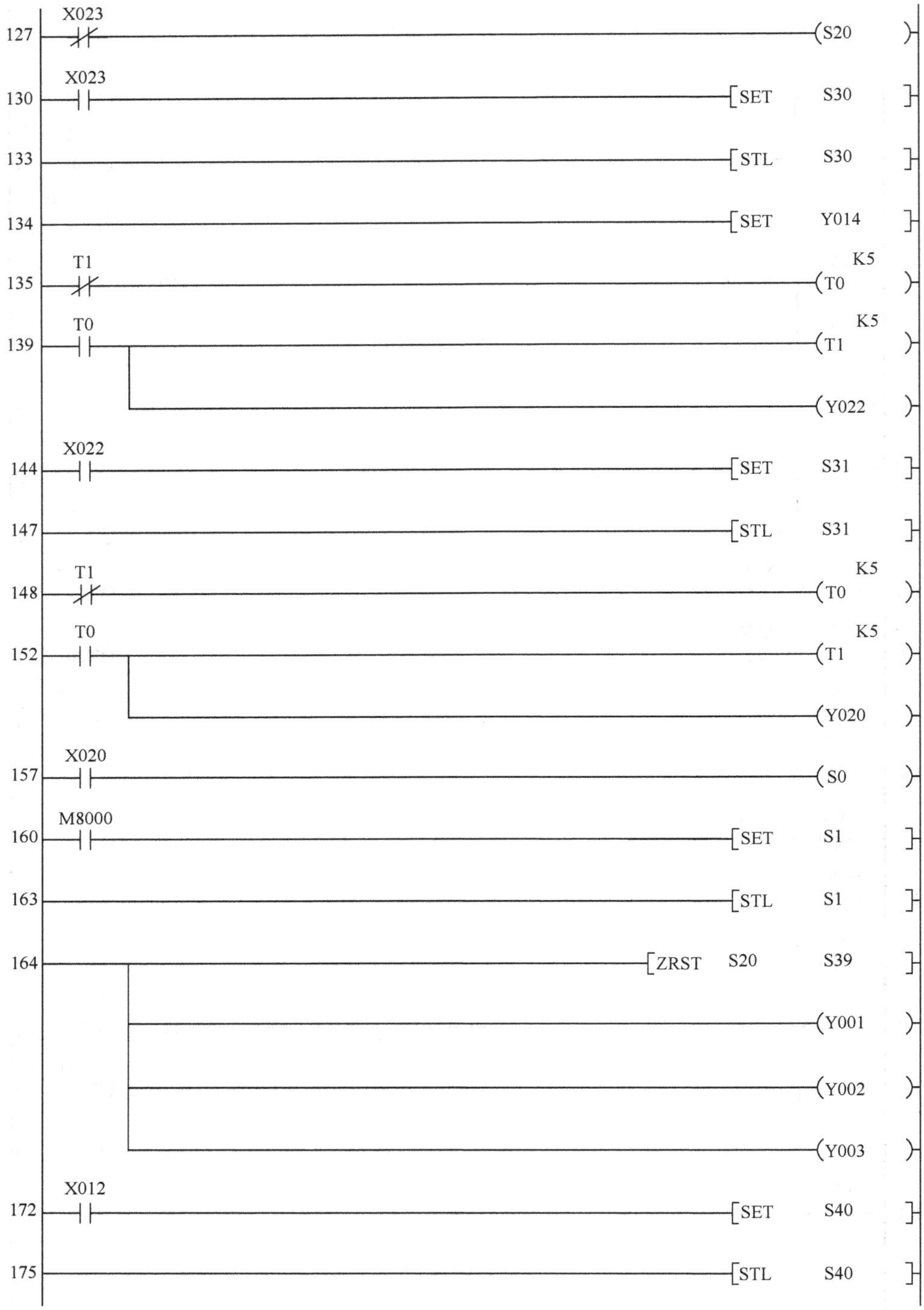

图 4-45　龙门刨床控制梯形图（续）

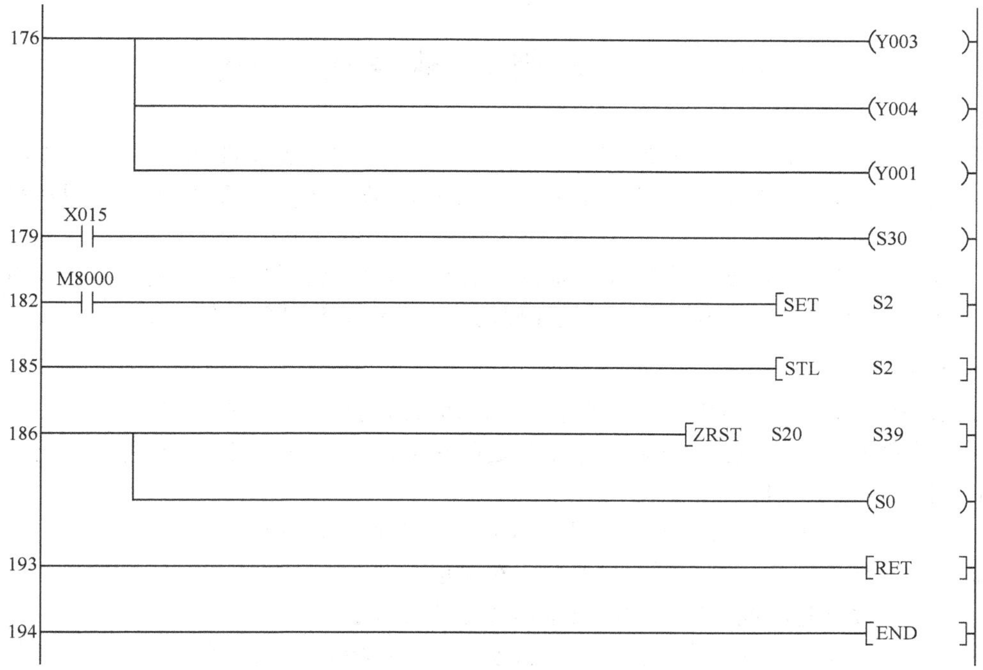

图 4-45　龙门刨床控制梯形图（续）

三、操作步骤

1. 接线

按照系统图接线，分下列步骤：

1）接输入按钮连接线路。

2）接行程开关信号线路。

3）接 PLC 与变频器之间的控制线路。

4）接 PLC 与刀架驱动系统间的控制线路。

2. 调试

将计算机与 PLC 连接，并将程序下载到 PLC 中，开始调试。

1）将变频器与主拖电动机的接线断开，检查变频器是否按时间顺序输出相应的频率，并检查相序（电动机旋转方向）。无误后再恢复与主拖电动机的接线。

2）检查工作台对应的行程开关（SQ1～SQ6）是否可靠动作，位置是否合适，并作适当调整。

3）检查刀架控制电路接线，并发脉冲看刀架工作是否正常，否则作适当调整。

4）检查刀架对应的行程开关（SQ7～SQ10）是否可靠动作，位置是否合适，并作适当调整。

5）以上各步正常后，再作连机总调。

6）运行并记录数据。

第七节　运料小车控制系统

随着社会的发展和技术的不断改革，工业生产的自动化程度及性能都得到了大幅提高。由于变频器不仅可以改变转速，而且在起动、停止时减少了对设备的冲击，相对稳定了生产。

小车运料采用 PLC 和变频器配合，提高了生产线的自动控制性能和稳定程度，并且设备的安全性能都得到了进一步的提升，从而提高了生产效率和设备的使用寿命。

一、控制要求

用 PLC 和变频器组合对生产线中的小车自动运行进行控制。控制内容为：

1）某车间有五个工位，小车在五个工位之间往返运行送料，当小车所停工位号小于呼叫号时，小车右行至呼叫号处停车。

2）当小车所停工位号大于呼叫号时，小车左行至呼叫号处停车。

3）当小车所停工位号等于呼叫号时，小车原地不动。

4）小车起动加速时间、减速时间可根据实际情况自定。

5）小车具有正、反转及高、低两种运行速度的运行功能，高速运行在 50Hz，低速运行在 30Hz。

6）具有小车行走工位的七段数码管显示。小车运行工位示意图如图 4-46 所示。

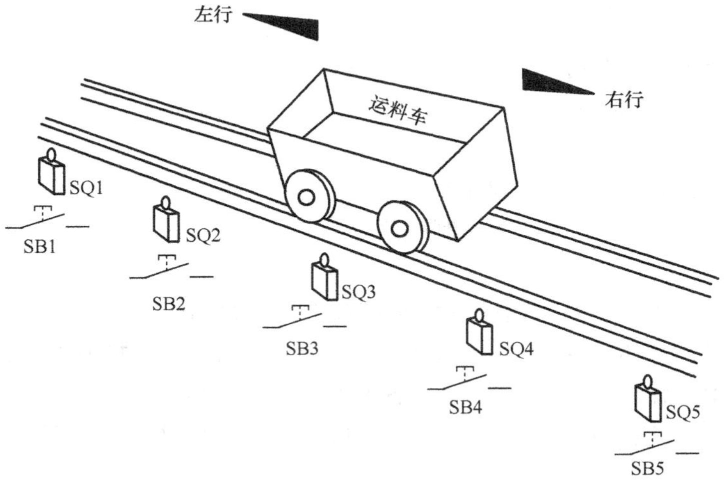

图 4-46　小车运行工位示意图

二、编制 PLC 程序及变频器参数的设定

1. 结合控制要求进行 PLC 程序的编写

1）I/O 分配见表 4-19。

表 4-19　I/O 分配

输　　入			输　　出		
名　　称	代　　号	输入点编号	输出点编号	代　　号	名　　称
启停开关	SA1	X0	Y0	—	数码管 A
小车呼叫按钮	SB1	X1	Y1	—	数码管 B
小车呼叫按钮	SB2	X2	Y2	—	数码管 C
小车呼叫按钮	SB3	X3	Y3	—	数码管 D
小车呼叫按钮	SB4	X4	Y4	—	数码管 E
小车呼叫按钮	SB5	X5	Y5	—	数码管 F
低速开关	SB6	X6	—	—	—
位置行程开关	SQ1	X11	Y6	—	数码管 G
位置行程开关	SQ2	X12	Y10	STF	右行
位置行程开关	SQ3	X13	Y11	STR	左行
位置行程开关	SQ4	X14	Y12	RL	低速运行
位置行程开关	SQ5	X15	—	—	—

2）小车运行自动控制接线如图 4-47 所示。

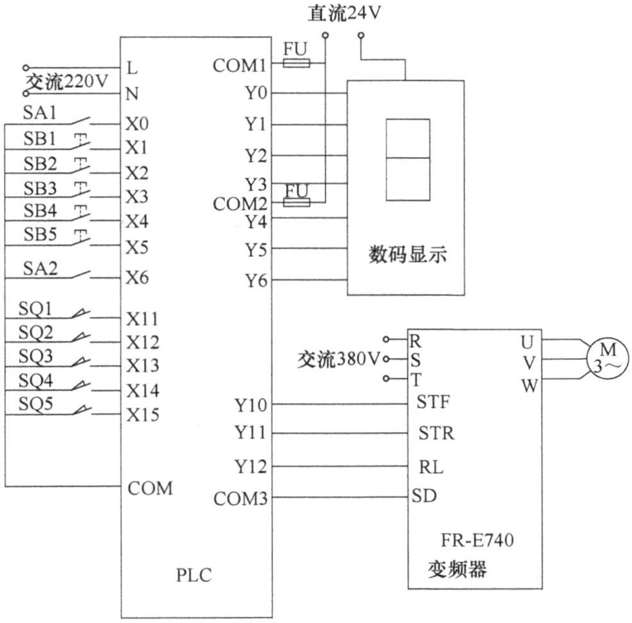

图 4-47　小车运行自动控制接线

3）小车运行程序参考梯形图如图 4-48 所示。

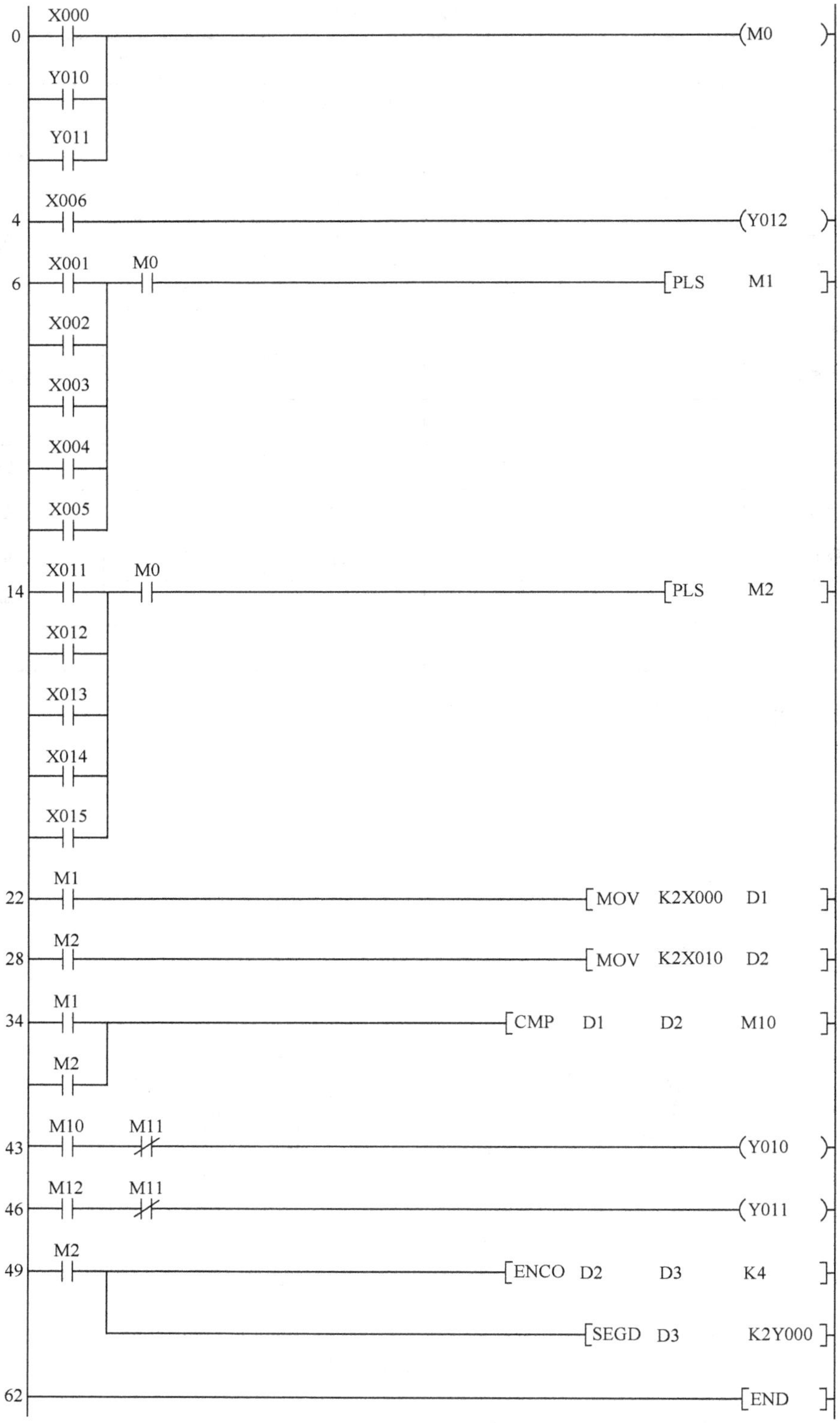

图 4-48　小车运行控制程序参考梯形图

2. 设置变频器的参数

结合实际控制应用及要求设置变频器的参数，见表4-20。

表4-20　小车控制变频器参数设定

参数代码	功　　能	设定数据
Pr. 0	转矩提升	4%
Pr. 1	上限频率	50Hz
Pr. 2	下限频率	0Hz
Pr. 3	基准频率	50Hz
Pr. 6	多段速频率	30Hz
Pr. 7	加速时间	2s
Pr. 8	减速时间	1s
Pr. 9	电子过电流保护	7.48A
Pr. 14	适用负荷选择	0
Pr. 20	加减速基准频率	50Hz
Pr. 21	加减速时间单位	0
Pr. 77	参数写入选择	0
Pr. 78	逆转防止选择	0
Pr. 79	运行模式选择	3
Pr. 80	电动机（功率）	3.7kW
Pr. 81	电动机（极数）	4极
Pr. 82	电动机励磁电流	6.8A
Pr. 83	电动机额定电压	380V
Pr. 84	电动机额定频率	50Hz
Pr. 178	STF端子功能的选择	60
Pr. 179	STR端子功能的选择	61
Pr. 180	RL端子功能的选择	0

三、操作步骤

1. 系统的安装接线及运行调试

1）首先将主、控电路按图4-47进行连线，并与实际操作中的情况相结合。

2）经检查无误后方可通电。

3）在通电后不要急于运行，应先检查各电气设备的连接是否正常，然后进行单一设备的逐个调试。

4）按照系统要求进行变频器参数的设置。

5）按照系统要求进行 PLC 程序的编写并传入 PLC 内，并进行模拟运行调试，观察输入和输出点是否和要求一致。

6）对整个系统统一调试，包括安全性和运行情况的稳定性。

7）在系统正常情况下，接通启停开关，小车就开始按照控制要求自动运行。根据程序由变频器控制小车的转速，以达到多段速的控制，从而实现运料小车的高、低速自动控制。

8）断开启停开关 SA1，小车停止运行。

2. 注意事项

1）线路必须经检查无误后才能上电。

2）在系统运行调整中要有准确的实际记录，运行是否平稳及节能效果如何。

3）对运行中出现的故障现象准确地描述分析。

4）注意在运送物料时不得超负荷运行，否则电动机和变频器将过载而停止运行。

第八节　物料传送分拣控制系统

自动化生产控制的自动分拣和传送控制系统能对已加工的工件进行分拣和传输，该系统可由传送带与机械手配合组成物料自动分拣控制。

自动分拣控制系统是工业自动控制及现代物流系统的重要组成部分，能够实现物料同时进行多口多层连续的分拣。自动化、信息化以及方便地系统集成是目前物流行业控制系统发展的趋势。

一、自动分拣控制系统的构成及特点

自动分拣控制系统的电气控制部分由上位计算机、传感器、光电控制器、变频器、电动机及继电器控制部分等构成。

自动分拣控制系统的主要特点如下：

1）能连续、大批量地分拣货物。由于采用流水线自动作业方式，自动分拣系统不受气候、时间、人的体力等的限制，可以连续运行，同时由于自动分拣系统单位时间内分拣得件数多，比用人工高几十倍，甚至更高，大大提高了劳动效率，减小了劳动强度。

2）分拣误差率极低。自动分拣系统的分拣靠光电传感器和接近开关完成，减少了分拣的误差。

3）能最大限度地减少人员的使用。分拣作业本身并不需要使用人员，人员的使用仅局限于在系统出现故障和手动调试时。

4）运输传送带与变频器配合可选择最合适的输送速度。

以下是一个简单的物料传送及分拣系统：由传送系统和分拣系统组成。传送系统由机械手完成工件的抓取和转移；分拣系统由传送带输送并对不同的工件按要求进行区别、分类和拣出。此系统结合传感器和位置控制等技术，并运用梯形图编程，实现对铝块及白色、蓝色两种塑料块共三种材料的自动分拣，该系统的通用性强，可靠性好，程序开发简单，可适应材料分拣生产线的需求。物料分拣系统结构如图 4-49 所示。

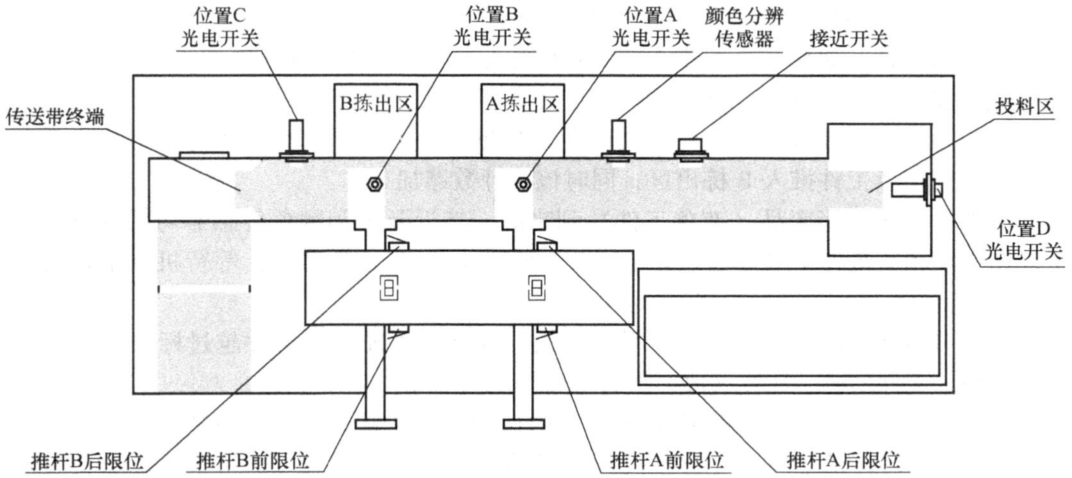

图 4-49　物料分拣系统结构

二、控制要求

根据图 4-49 所示的物料分拣控制系统进行物料分拣控制，控制要求如下：

1. 机械手传送系统

机械手传送系统由三台直流电动机拖动，通过三台电动机的正反转切换来控制机械臂的上下、左右及水平旋转运动，且均为恒压、恒速控制。机械手通过电磁铁的通、断电完成对工件的吸取和释放动作，具体要求如下：

(1) 初始状态　机械手电磁铁处于放置工件位置（料盘）上方，机械臂位于上限、左限（伸出）位置。整个系统起动时机械手应优先检测初始状态，并保证处于初始位置。

(2) 抓取转移工件　当有符合要求的工件到达传送带左端时，机械手开始工作。机械手抓取转移工件的过程为：从初始位置逆时针旋转到被抓工件上方、下降至下限位、吸取工件、停留 1s、上升至上限位、顺时针旋转至料盘正上方、下降至下限位、释放工件、停留 1s、返回初始位置。为避免意外发生，从机械手吸合工件到释放至料盘期间，传送系统不响应停止信号。

(3) 工件返回重拣　当需要把被机械手转移的工件取回重新分拣时，机械手首先在废品料盘中吸取工件，然后按照同上述相反的过程把工件放回到传送带终端（传送带左端），最后机械手返回到初始位置。

2. 工件分拣系统

系统由变频器控制的三相异步电动机拖动，可实现正、反转变换，有高速（对应频率为 50Hz）、中速（对应频率为 30 Hz）和低速（对应频率为 15Hz）三种速度，从而控制传送带传送速度的快慢。

系统包括五个传感检测位置，从右至左分别为：接近开关（感应金属工件）、颜色分辨传感器（感应白色工件，对蓝色不敏感）、位置 A 光电开关、位置 B 光电开关、位置 C 光电开关。

系统有四个工件放置区域：投料区、A 拣出区、B 拣出区、传送带终端。

3. 具体控制要求

(1) 变速控制　当传送带正转时，若被检测区域中没有检测到任何工件，电动机以高速运行，反之电动机以低速运行。当传送带反转时，电动机工作在中速 30Hz，即变频器的

X1、X2 同时接通。加、减速时间分别为 2s、1s。

（2）材质分拣　如果金属工件通过接近开关时被感知，那么该工件到达光电开关 A 处，推杆 A 把金属工件推入 A 拣出区，同时该区计数器加 1。

（3）颜色分拣　如果白色工件通过颜色传感器时被感知，那么该工件到达光电开关 B 处，推杆 B 把白色工件推入 B 拣出区，同时该区计数器加 1。

（4）废品分拣　当废品（蓝色工件）到来时，接近开关和颜色传感器均无感应，那么该工件作为废品运送到位置 C 处的光电开关，延时 1s 后传送带停止，等待机械手来把工件抓走，等待重新加工。

（5）工件放置　投放工件时应在投料区内，并且要等前一个工件越过标志线后才能放第二个工件。工件随机、连续摆放，没有个数限制。

（6）工件包装　当 A 拣出区或 B 拣出区内达到 4 只工件时，即相应的拣出区计数器累计数值等于 4 时，传送带停止（暂停），等待包装。等待 5s 后包装完毕，传送带继续按照暂停前的状态运行（同时该计数器清零）。

（7）工件转移　被分拣工件中混杂着的废品（蓝色工件）到达传送带终端时需要停止传送，此状态也为暂停状态。当机械手将废品转移到废品料盘且返回初始位置后，暂停状态结束，传送带继续按照暂停前的状态运行。

（8）返回重拣　当需要把废品区的工件返回到传送带上重新进行分拣时，先按下重拣按钮，此时蜂鸣器长鸣，提示不得在投料区投放工件；等传送带把已经在传送带上的料分拣完毕后，机械手执行工件返回重拣动作。当工件被机械手放回到传送带终端后 1s，传送带以反向中速运行，把该工件送回到投料区（光电开关 D 感应到）后停止，然后立即转换为正向高速运行，进入正常分拣程序。

（9）启停控制　按下起动按钮时：系统起动，但需等待机械手检测并回到初始状态后，传送带才开始高速运行等待检测工件。按下停止按钮时，如果机械手吸合工件并正在转移，则不响应该停止信号，须等废品工件安全释放到料盘时（或从料盘转移到传送带终端后）才可停止整个传送过程。

三、PLC 程序的编制与变频器参数的设定

1. I/O 分配表

物料分拣系统 PLC 控制 I/O 分配见表 4-21。

表 4-21　物料分拣系统 PLC 控制 I/O 分配

输　入			输　出		
名　称	代　号	输入点编号	输出点编号	代　号	名　称
机械手上限位	SQ1	X0	Y0	STF	变频器正转
机械手下限位	SQ2	X1	Y1	STR	变频器反转
机械手前限位	SQ3	X2	Y2	RL	低速运行
机械手后限位	SQ4	X3	Y3	RH	高速运行
机械手左限位	SQ5	X4	Y4	KA1	推杆 A 伸出
机械手右限位	SQ6	X5	Y5	KA2	推杆 A 缩回
重拣按钮	SB3	X6	Y6	KA3	推杆 B 伸出
起动按钮	SB1	X10	Y7	KA4	推杆 B 缩回
停止按钮	SB2	X11	Y10	KA5	机械手上升

（续）

输　入			输　出		
名　称	代　号	输入点编号	输出点编号	代　号	名　称
颜色检测开关	SQ10	X12	Y11	KA6	机械手下降
金属检测开关	SQ11	X13	Y12	KA7	机械手伸出
光电开关 A	SQ12	X14	Y13	KA8	机械手缩回
光电开关 B	SQ13	X15	Y14	KA9	机械手右转
光电开关 C	SQ14	X16	Y15	KA10	机械手左转
光电开关 D	SQ15	X17	Y16	KA11	机械手吸合
推杆 A 前限位	SQ20	X20	Y17	KA12	蜂鸣器
推杆 A 后限位	SQ21	X21	Y20		数码显示 A1
推杆 B 前限位	SQ22	X22	Y21		数码显示 B1
推杆 B 后限位	SQ23	X23	Y22		数码显示 C1
			Y23		数码显示 D1
			Y24		数码显示 A2
			Y25		数码显示 B2
			Y26		数码显示 C2
			Y27		数码显示 D2

2. 物料分拣控制系统接线图

物料分拣控制系统接线图如图 4-50 所示。

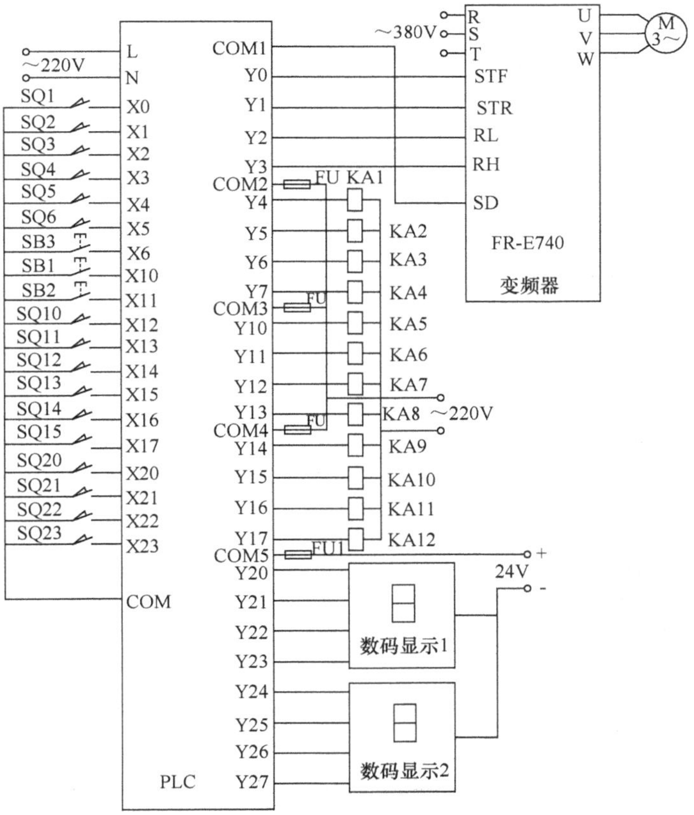

图 4-50　物料分拣控制系统接线图

3. 物料分拣系统控制梯形图

物料分拣系统控制参考梯形图如图4-51所示。

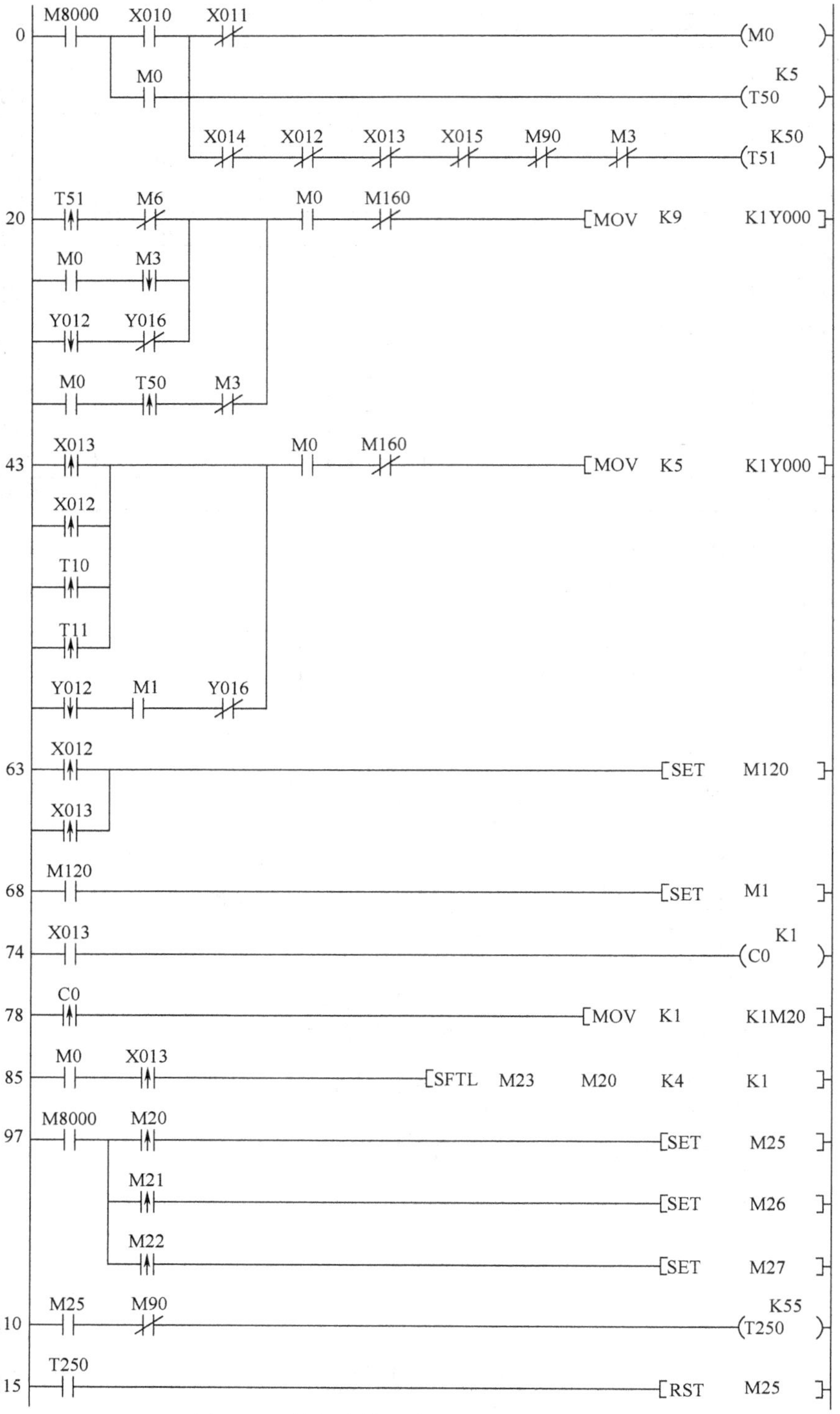

图4-51 物料分拣系统控制PLC参考梯形图

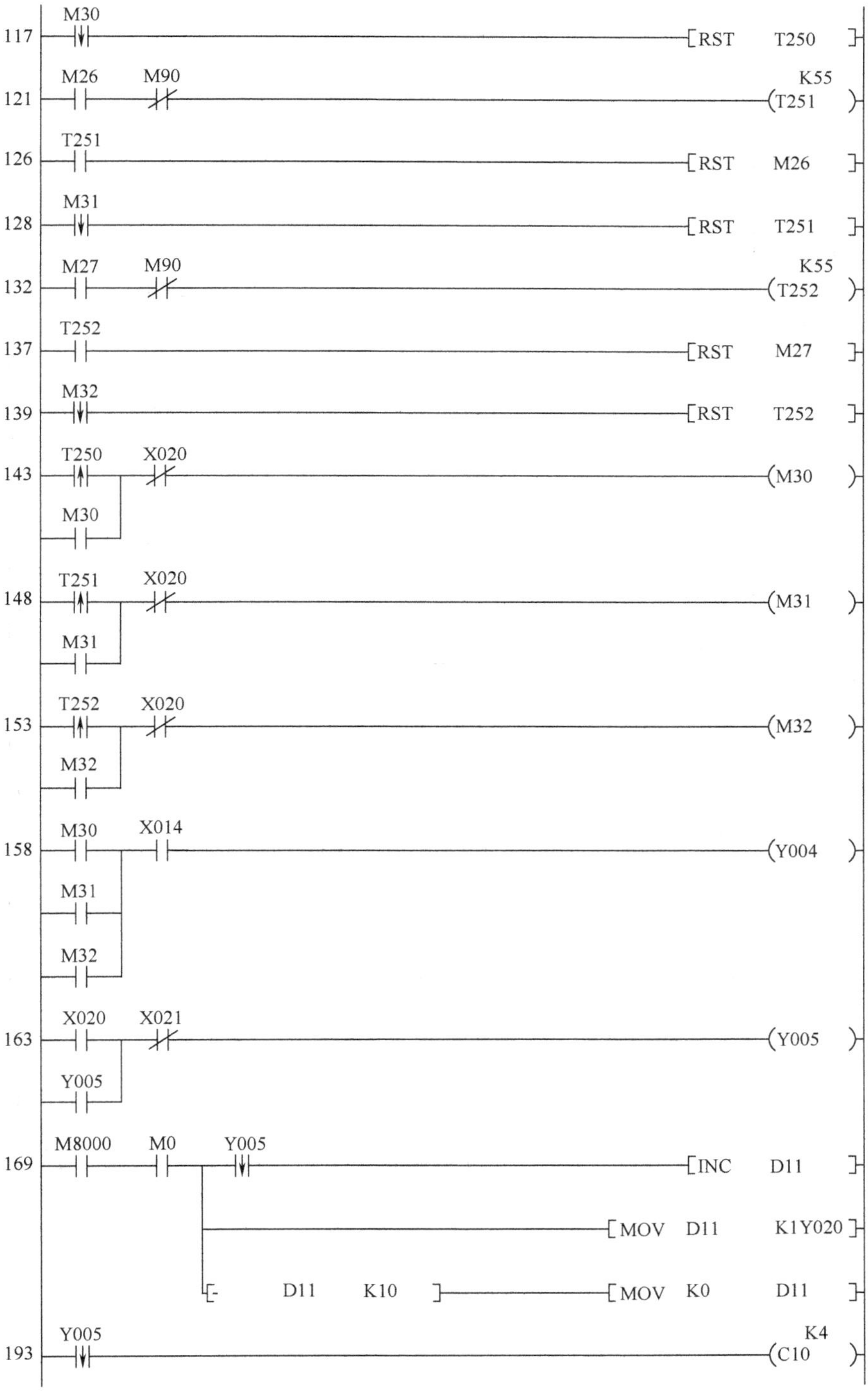

图 4-51　物料分拣系统控制 PLC 参考梯形图（续）

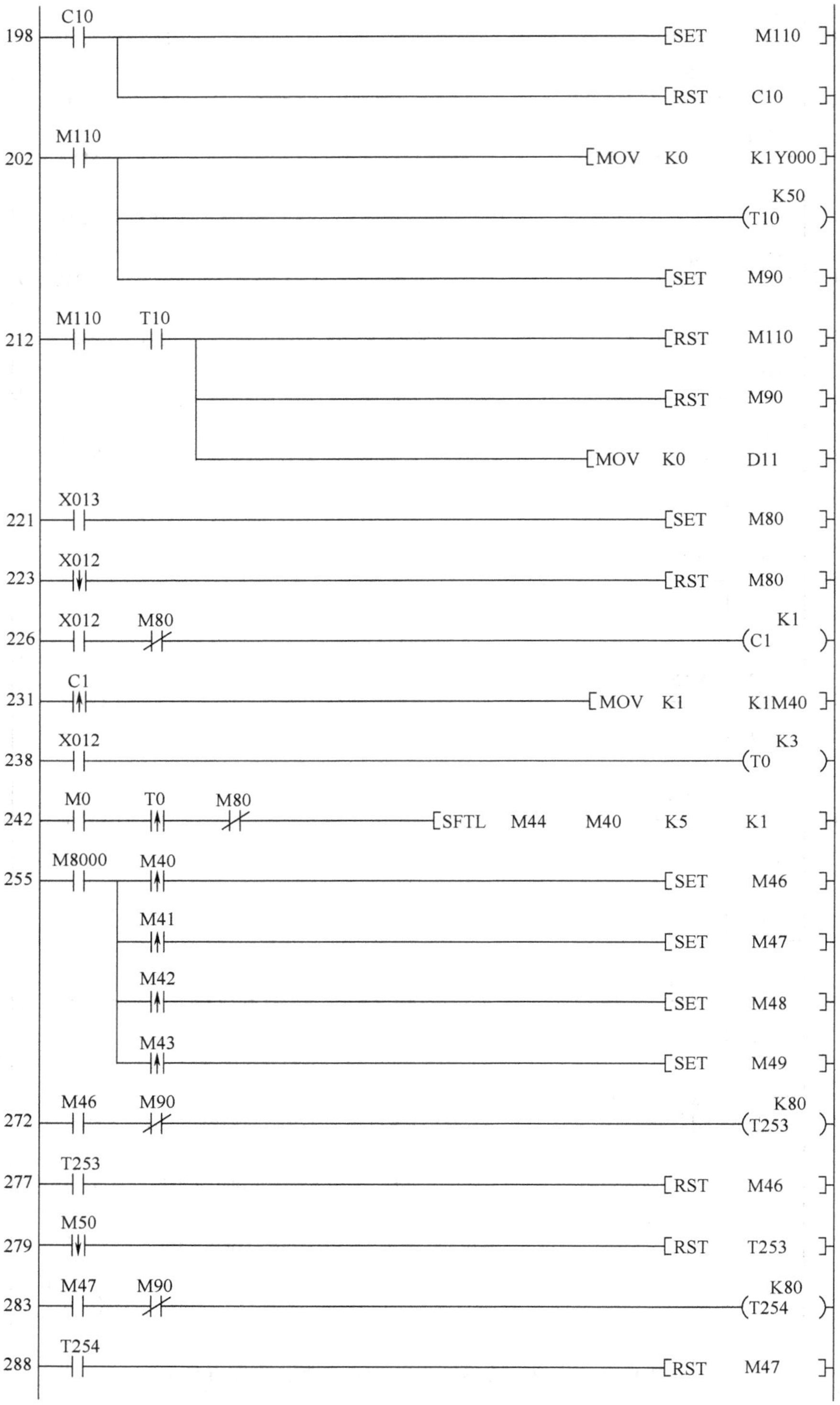

图 4-51　物料分拣系统控制 PLC 参考梯形图（续）

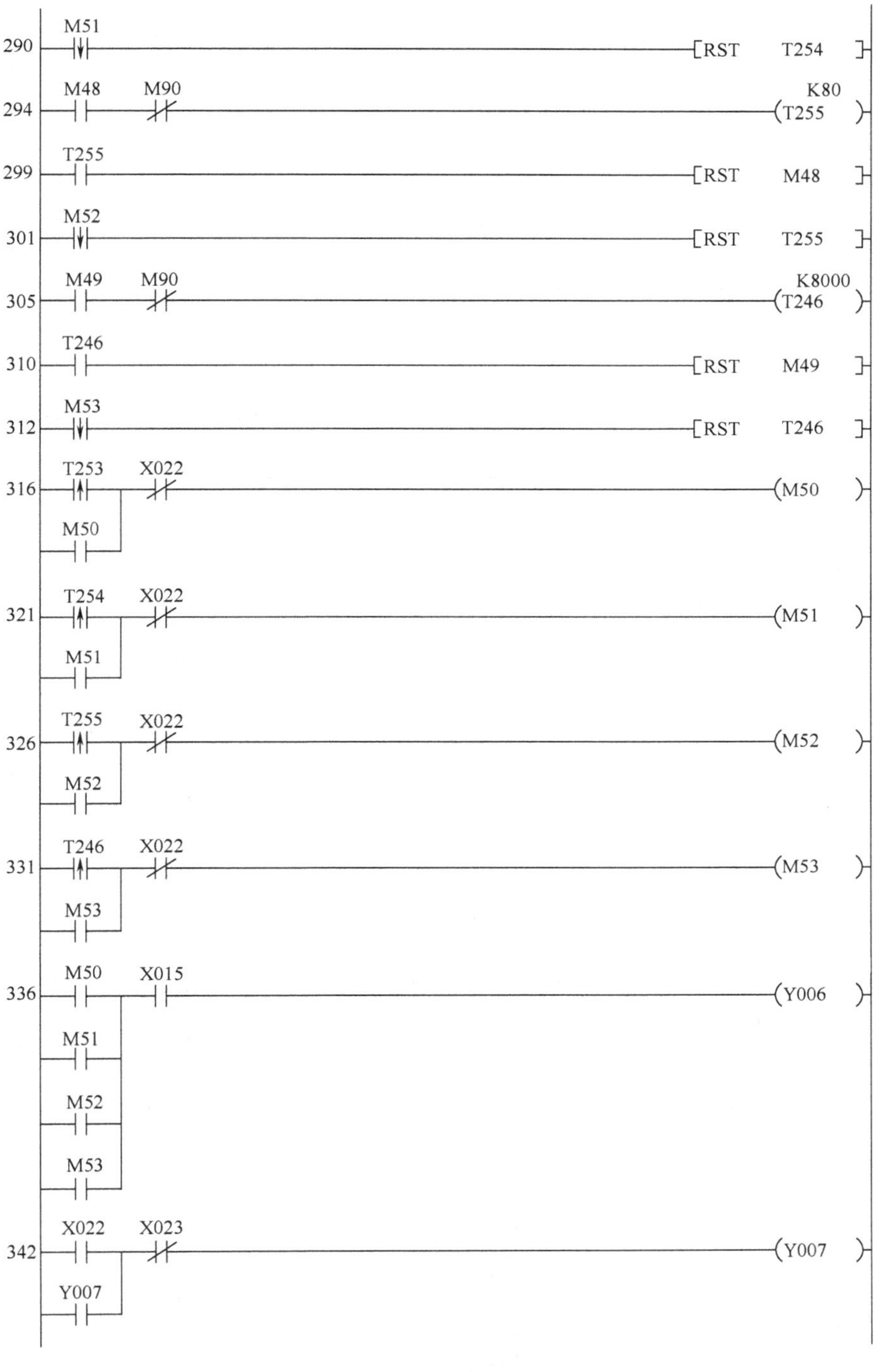

图 4-51　物料分拣系统控制 PLC 参考梯形图（续）

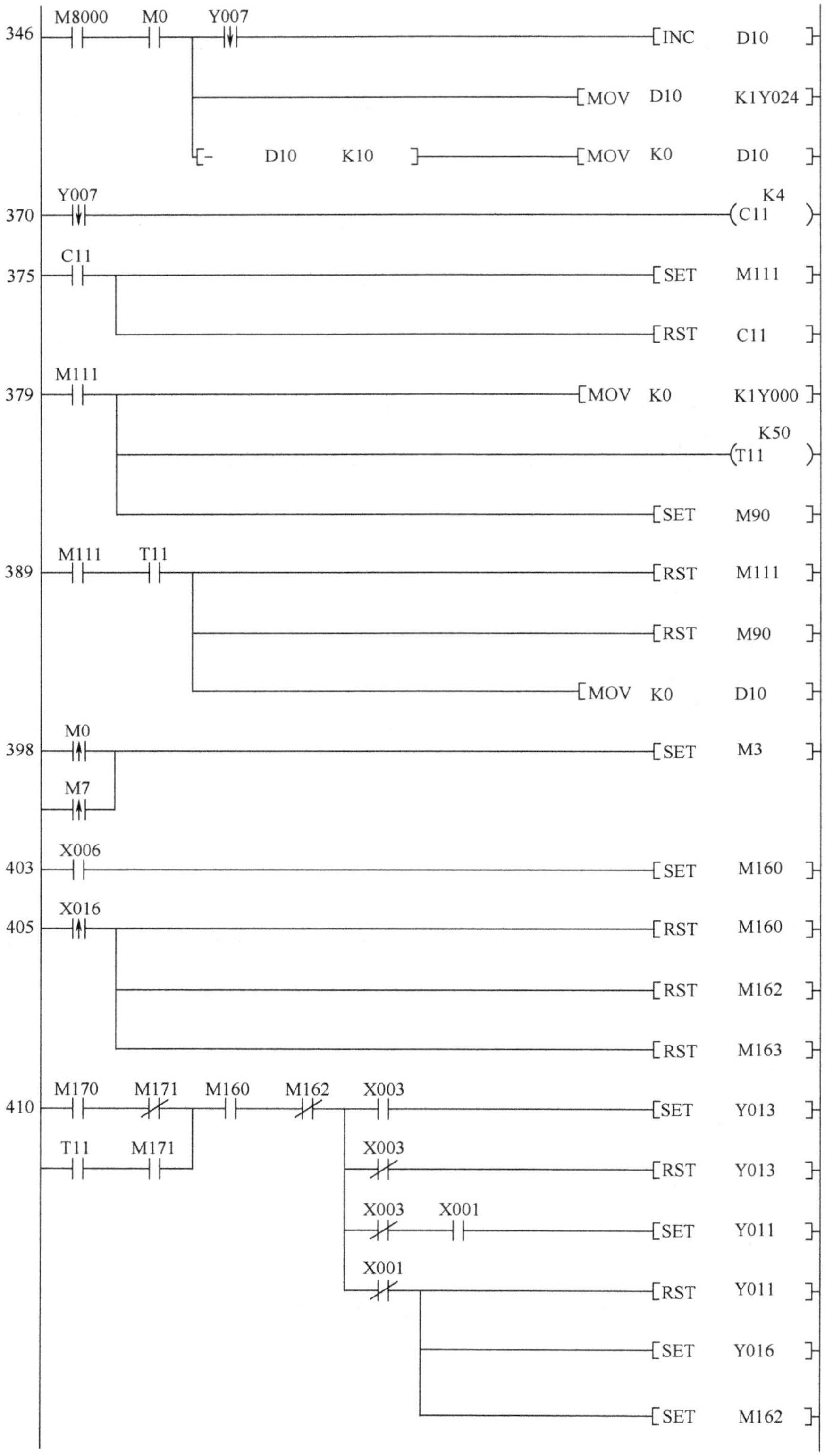

图 4-51　物料分拣系统控制 PLC 参考梯形图（续）

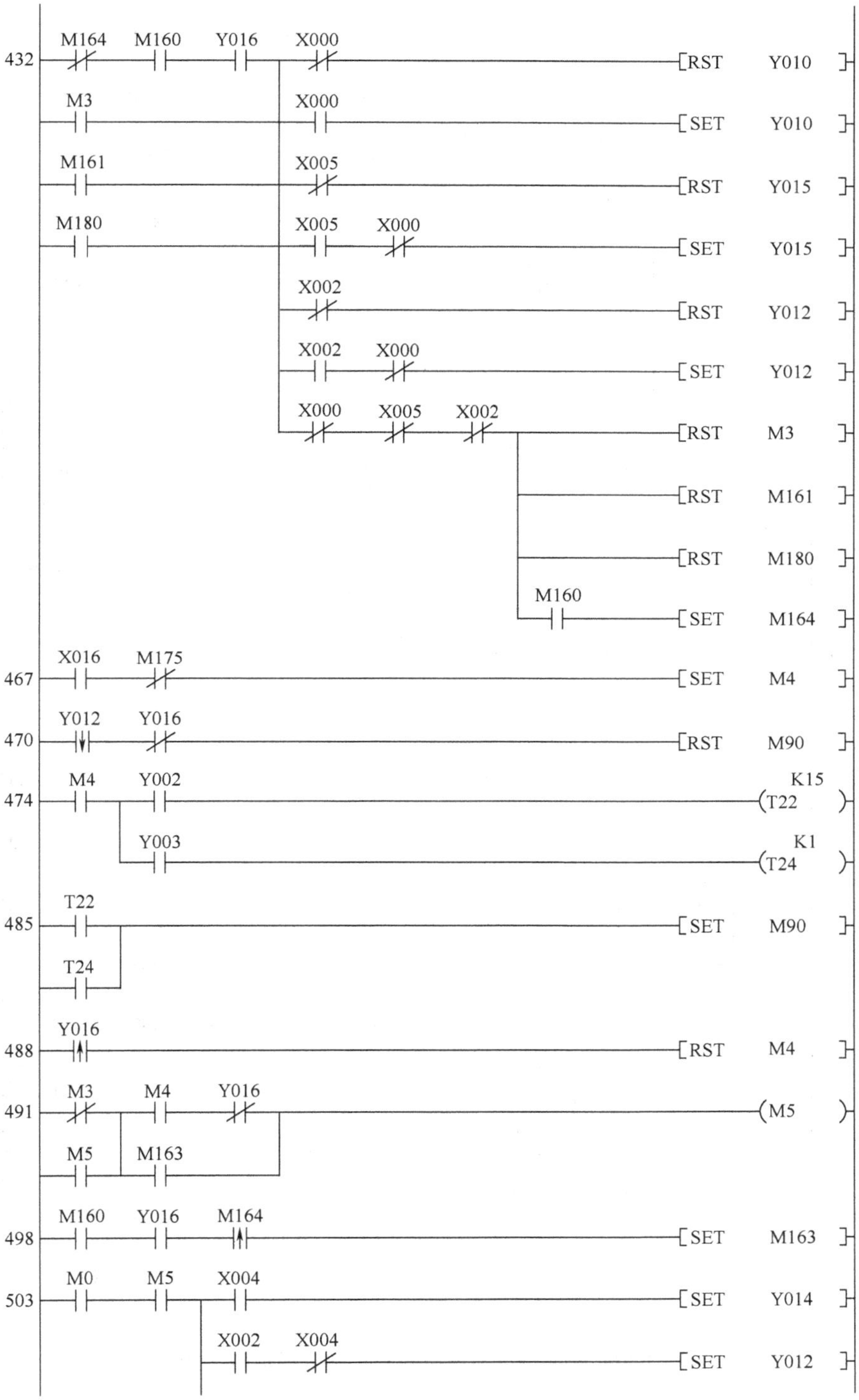

图 4-51　物料分拣系统控制 PLC 参考梯形图（续）

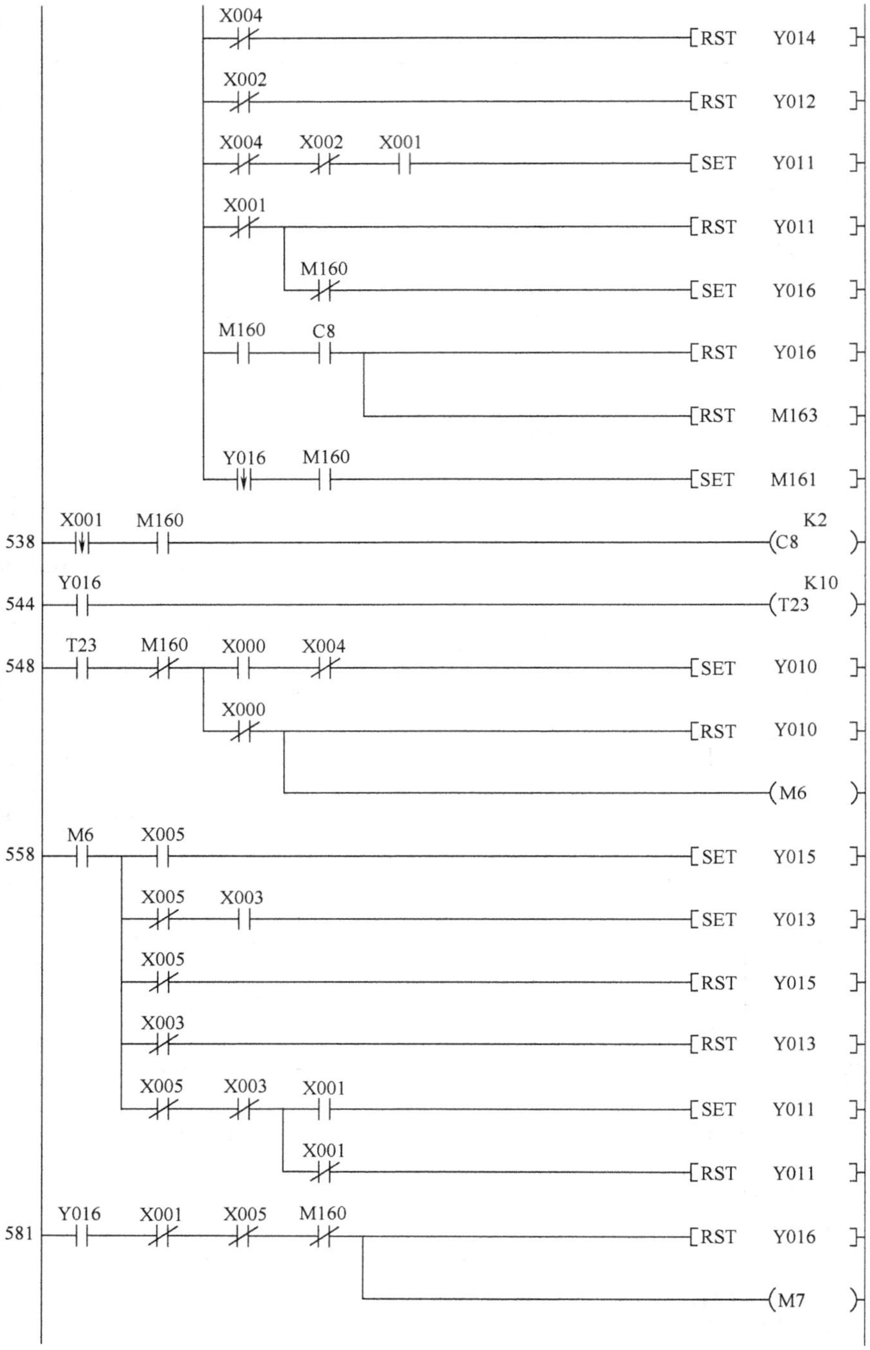

图 4-51 物料分拣系统控制 PLC 参考梯形图（续）

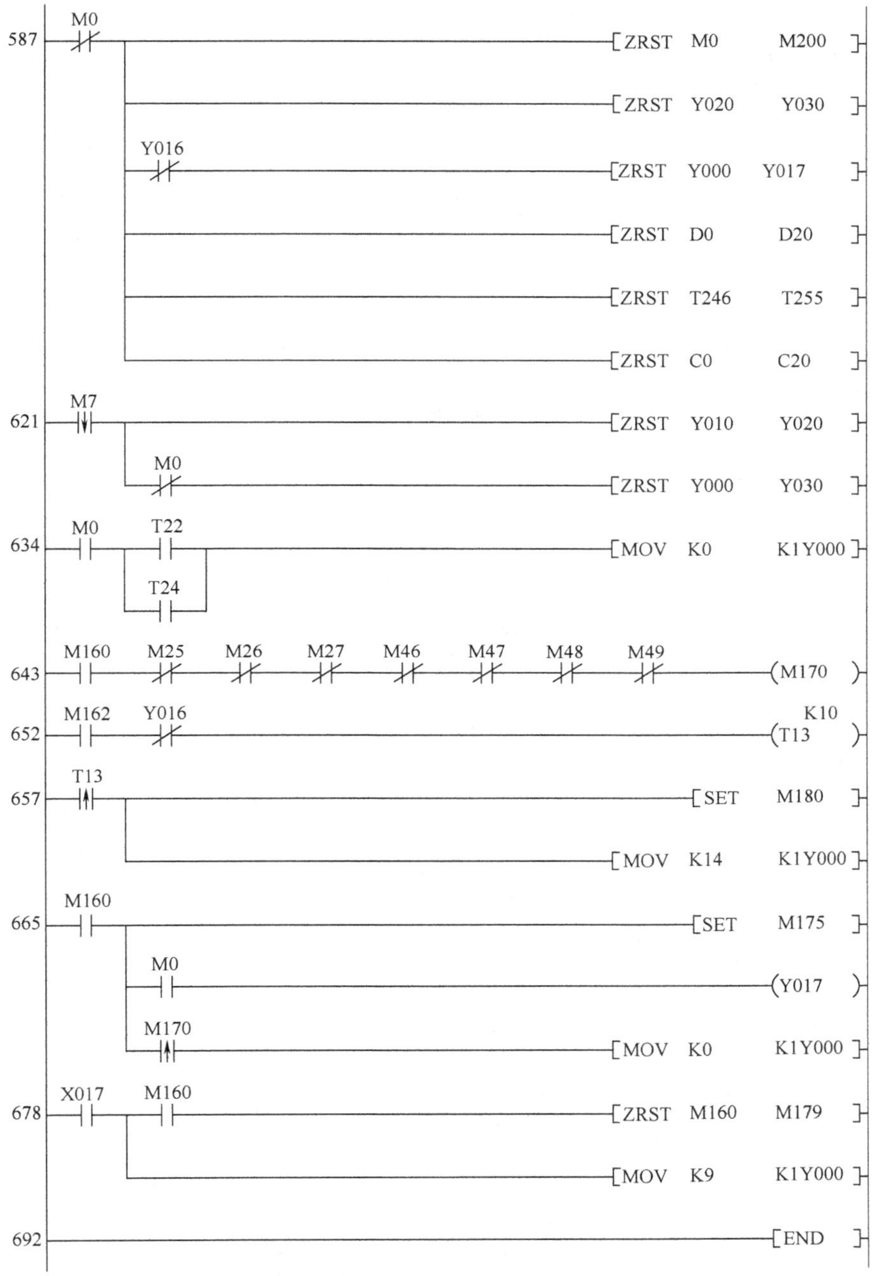

图 4-51 物料分拣系统控制 PLC 参考梯形图（续）

4. 按物料传送要求进行变频器参数设定

物料传送运行参数见表 4-22，运行状态与接线端子对照见表 4-23。

表 4-22 物料传送运行参数

参数代码	功 能	设定数据
Pr. 0	转矩提升	3%
Pr. 1	上限频率	50Hz
Pr. 2	下限频率	0Hz
Pr. 3	基准频率	50Hz
Pr. 4	多段速（高速）	50Hz
Pr. 6	多段速（低速）	15Hz
Pr. 7	加速时间	3s
Pr. 8	减速时间	2s
Pr. 9	电子过电流保护	14.3A
Pr. 14	适用负荷选择	0
Pr. 20	加减速基准频率	50Hz
Pr. 21	加减速时间单位	0
Pr. 25	多段速（中速）	30Hz
Pr. 77	参数写入选择	0
Pr. 78	逆转防止选择	0
Pr. 79	运行模式选择	3
Pr. 80	电动机（容量）	5.5kW
Pr. 81	电动机（极数）	4 极
Pr. 82	电动机励磁电流	13A
Pr. 83	电动机额定电压	380V
Pr. 84	电动机额定频率	50Hz
Pr. 178	STF 端子功能的选择	60
Pr. 179	STR 端子功能的选择	61
Pr. 180	RL 端子功能的选择	0
Pr. 182	RH 端子功能的选择	2

表 4-23 运行状态与接线端子对照

速 度	高 速	中 速	低 速
控制端子	RH	RH、RL	RL
参数号	Pr. 4	Pr. 25	Pr. 6
设定值/Hz	50	30	15

四、操作步骤

1. 系统的安装接线及运行调试

1）首先将主、控电路按图 4-50 进行连线，并与实际操作中的情况相结合。

2）经检查无误后方可通电。

3）在通电后不要急于运行，应先检查各电气设备的连接是否正常，然后进行单一设备的逐个调试。

4）按照系统要求进行变频器参数的设置。

5）按照系统要求进行 PLC 程序的编写并传入 PLC 内，并进行模拟运行调试，观察输入和输出点是否和要求一致。

6）对整个系统统一调试，包括安全性和运行情况的稳定性。

7）当按下起动按钮 SB1 时，系统起动，但需要等待机械手检测并回到初始状态后，传送带才开始高速运行等待检测工件，当检测到工件时传送带低速运行，当按下重拣按钮 SB3 时，进行物料重拣，系统控制将按照所设定好的程序要求运行。

8）按下停止按钮 SB2 时，物料分拣系统停止，如果机械手吸合工件并正在转移的过程中，则不响应该停止信号，须等废品工件安全释放到料盘时（或从料盘转移到传送带终端后）才可停止整个传送系统。

2. 注意事项

1）线路必须检查清楚才能上电。

2）在系统运行调整中要有准确的实际记录，如运行是否平稳。

3）对运行中出现的故障现象准确地描述分析。

4）在运行过程中如遇到问题，应能分析是程序故障还是外部硬件故障，必须做到对较复杂系统控制的清晰理解。

5）由于系统控制较复杂，必须认真检查，严禁误操作，注意设备及人身安全。

第九节　啤酒灌装生产线自动控制系统

啤酒灌装生产线是啤酒生产企业不可缺少的主要生产设备，装酒过程的酒位控制、灌装压力控制、同步速度调节等会影响啤酒灌装生产线的灌装质量。

啤酒传送生产线的运行速度不是一成不变的，在传送的起始、运行的过程以及定位停止的控制中，都需要变频器的参与。选择变频器时，首先要确定电动机的功率，了解生产线对于调速的要求，再根据这些内容来选择变频器与相关电气元件，并进行安装连接，实现调试运行。

有一条啤酒灌装生产线，传送带电动机的功率为 4kW，传送线工艺简图如图 4-52 所示，工艺流程如下：

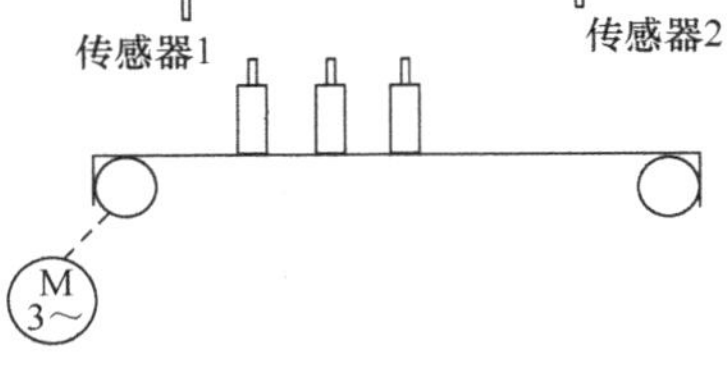

图 4-52　啤酒传送线工艺简图

按下起动按钮，电动机低速运行，根据工艺要求，当传感器 1 检测到瓶子后，若传感器 2 在 10s 内检测不到 12 个瓶子，则速度调整为中速；若在 15s 内检测不到 12 个瓶子，则速度调整为高速。高、中、低速分别对应于 20Hz、30Hz、40Hz，如果在 1min 内无瓶，则停机。

一、器件选择

1. 变频器选择

啤酒生产线的负载类型属于恒转矩负载，其功率为 4kW，电流为 8.7A，由于负载属于直接起动，即三相异步电动机直接用工频起动，起动电流为其额定电流的5～7倍。功率小于10kW的电动机直接起动时，可按下式选取变频器：

$$I_{1CN} \geqslant I_K / k_g$$

式中 I_K——在额定电压、额定频率下电动机起动时的堵转电流（A）；

k_g——变频器的允许过载倍数 k_g 为1.3～1.5；

I_{1CN}——变频器的额定容许电流。

因此变频器的功率选择为5.5kW，大于电动机的额定功率4kW，可满足 $I_{1CN} \geqslant I_K / k_g$ 的条件；变频器类型：恒转矩。

2. PLC选择

根据控制信号数量分析，选择输入输出40点的PLC，型号为FX2N-64MR。

3. 导线选择

主电动机的导线按照经验 $1mm^2$ 可以通过6A计算，对于4kW电动机来说，导线的截面积为 $2.5mm^2$ 就足够了。控制信号的导线电流是毫安级的，考虑到导线需要有一定的强度，因此选择 $0.75mm^2$。

二、确定PLC输入/输出地址

根据控制要求可知，输入信号有起动、停止，还有检测传感器；变频器的频率调整是通过DIN1～DIN3控制端子的组合状态来控制的，PLC输入/输出地址分配见表4-24。

表4-24 PLC输入/输出地址分配

输入		输出	
起动	X0	Y0	STF
传感器1	X1	Y1	RL
传感器2	X2	Y2	RM
停止	X3	Y3	RH

三、绘制PLC、变频器系统接线图

PLC、变频器系统接线图如图4-53所示。

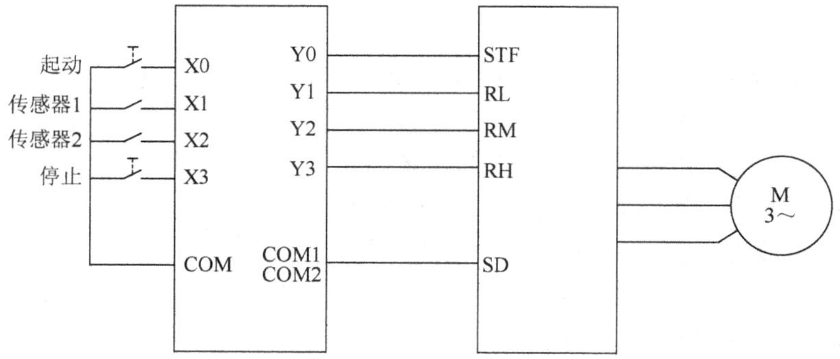

图4-53 PLC、变频器系统接线图

四、变频器参数设定

变频器的基本运行参数设定见表 4-25。

表 4-25 变频器的基本运行参数设定

参数名称	参数号（Pr.）	设定值
提升转矩	0	5%
上限频率	1	50Hz
下限频率	2	3Hz
基准频率	3	50Hz
多段高速	4	40Hz
多段中速	5	30Hz
多段低速	6	20Hz
加速时间	7	5s
减速时间	8	5s
电子过电流保护	9	3A（以实际使用的电动机为准）
加减速基准频率	20	50Hz
操作模式	79	3

五、程序编制

PLC 参考程序如图 4-54 所示。

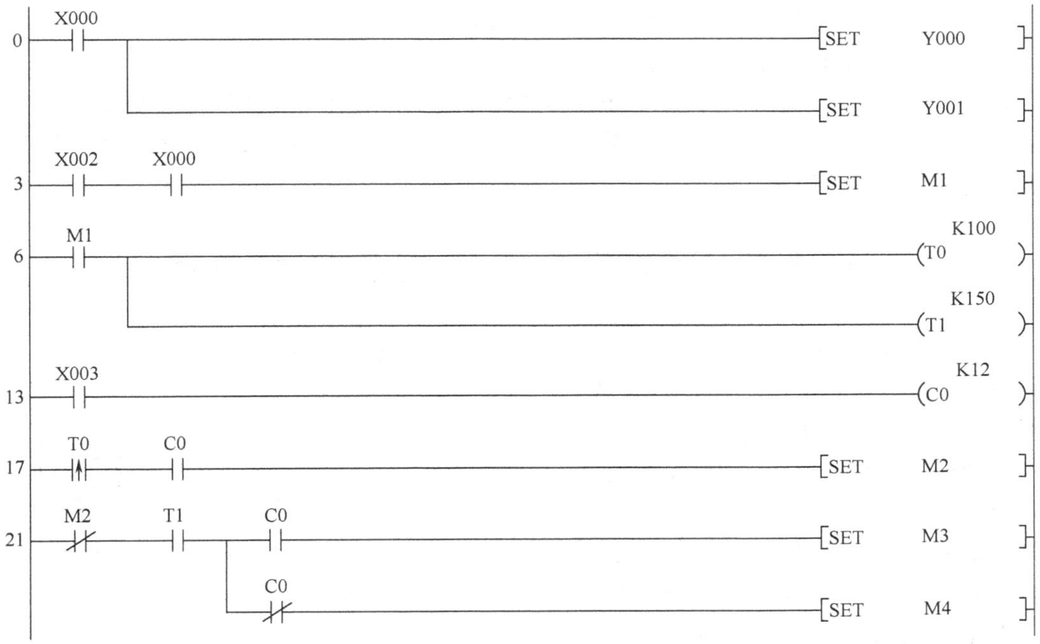

图 4-54 PLC 参考程序

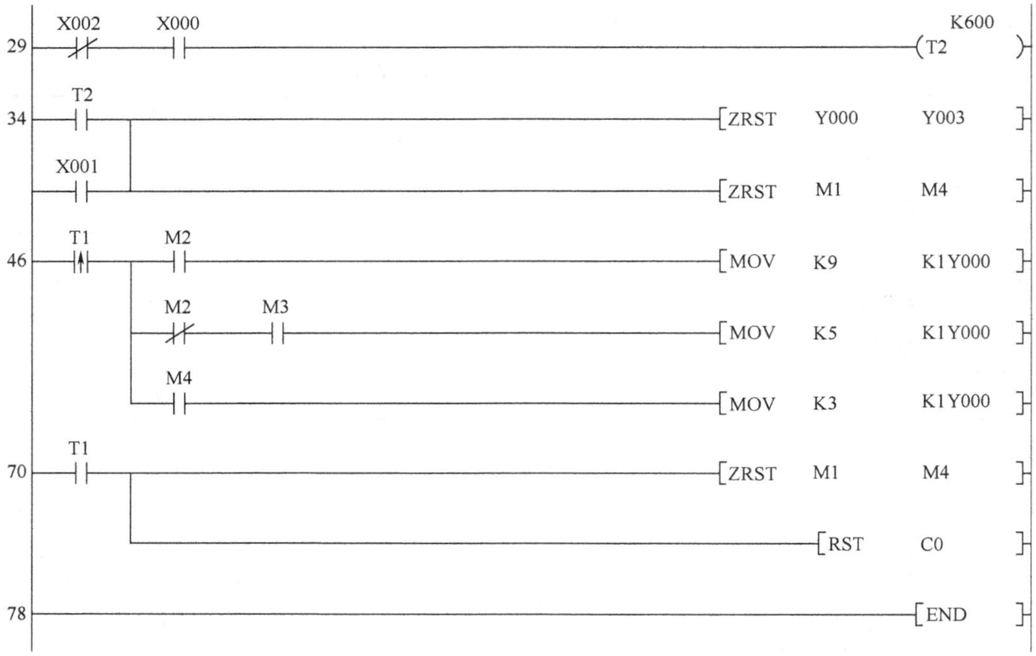

图 4-54　PLC 参考程序（续）

六、操作步骤

1）按图 4-53 所示电路进行接线。

2）确认无误后接通电源，设置变频器相关运行参数。

3）根据程序流程图编写 PLC 控制程序，并进行系统程序调试。

4）将 PLC 置于“RUN”状态，变频器的操作模式设置在“EXT”外部操作模式，起动系统，起动时应该为最低速。监控计数情况，记录系统运行是否与设计要求符合，若不符合则需检查程序与参数设置。

第十节　啤酒生产线装箱控制系统

啤酒灌装结束后，要打包装箱进入流通环节，本节就是学习如何进行计数、装箱等内容。有一模拟设备的示意图如图 4-55 所示，传送带传送啤酒瓶到 A（运行频率为 20Hz），当有 4 瓶进入第一道时，则第二道立即推进，又有 4 瓶进入第二道后，第三道推进，当满 12 瓶后，传送带速度降低（运行频率为 15Hz），待装箱夹头下降抓取啤酒瓶之后，再次按照 20Hz 运行，如此循环。

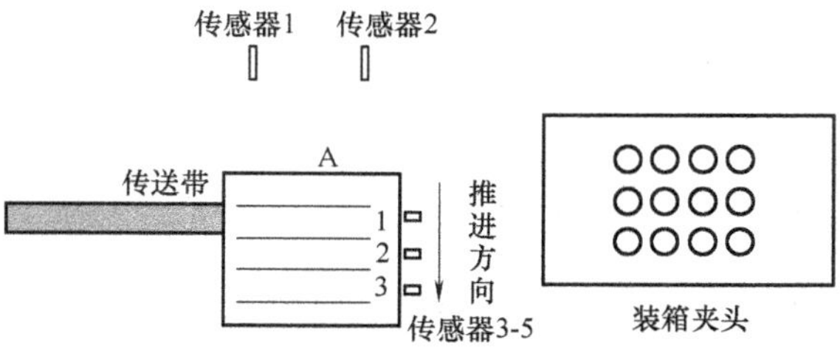

图 4-55　模拟设备的示意图

一、确定 PLC 输入/输出地址

PLC 输入/输出地址见表 4-26。

表 4-26 PLC 输入/输出地址

输入		输出	
起动	X0	STF	Y0
停止	X6	RL	Y1
传感器 1	X1	RH	Y2
传感器 2	X2	垂直运行正转	Y10
传感器 3	X3	垂直运行反转	Y11
传感器 4	X4	水平运行正转	Y12
传感器 5	X5	水平运行反转	Y13
左行限位	X10	啤酒瓶推进一格	Y14
上行限位	X11	夹头抓紧	Y15
右行限位	X12	—	—
下行限位	X13	—	—

二、PLC 控制线路图

PLC 控制线路图如图 4-56 所示。

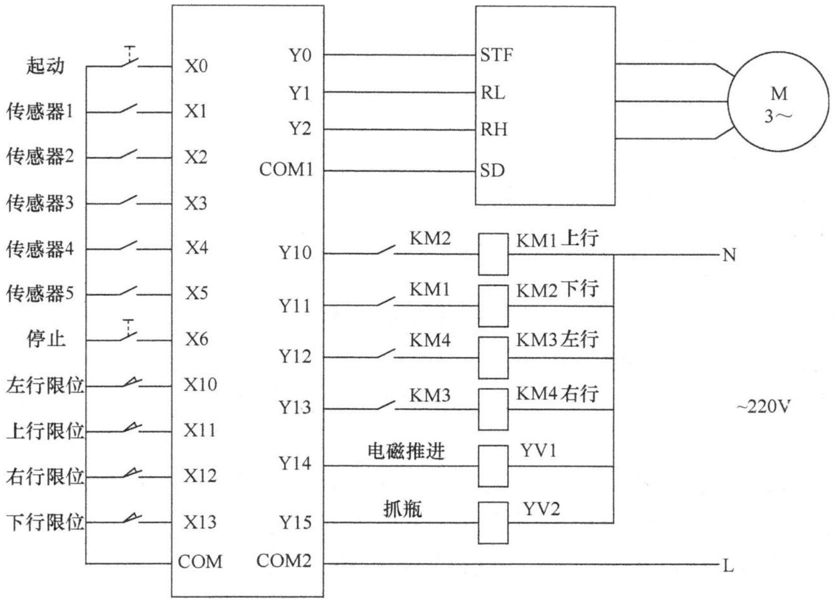

图 4-56 PLC 控制线路图

三、变频器参数设定

变频器基本运行参数设定见表 4-27。

表 4-27　变频器基本运行参数设定

参数名称	参数号（Pr.）	设定值
提升转矩	0	5%
上限频率	1	50Hz
下限频率	2	3Hz
基准频率	3	50Hz
多段高速	4	40Hz
多段中速	5	30Hz
多段低速	6	20Hz
加速时间	7	5s
减速时间	8	5s
电子过电流保护	9	3A（以实际使用的电动机为准）
加减速基准频率	20	50Hz
操作模式	79	3

四、编写 PLC 程序

PLC 参考程序梯形图如图 4-57 所示。

五、操作步骤

1）按图 4-56 所示的电路进行接线。

2）确认无误后接通电源，设置变频器相关运行参数。

3）根据控制要求进行系统程序调试。

4）将 PLC 置于“RUN”状态，变频器的操作模式设置在“EXT”外部操作模式，起动系统。

5）按下起动按钮，传送带起动，记录变频器的运行频率（此时应为 20Hz）。

6）观察传感器信号及啤酒瓶排列情况，监控 PLC 程序。

7）当满 12 瓶时，传送带的速度降低，记录变频器的频率。

如上述过程均能实现，说明该系统运行正常。

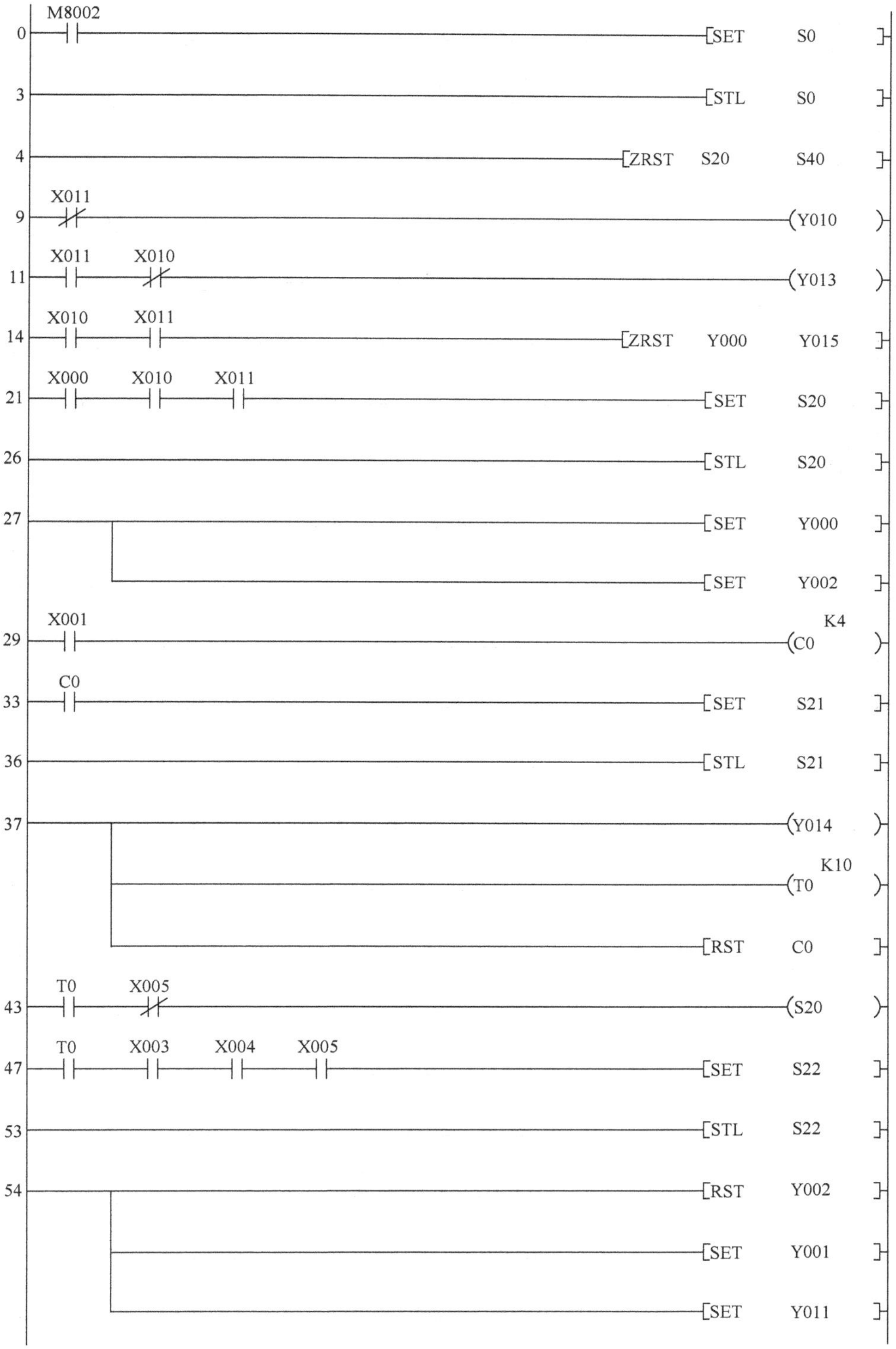

图 4-57 PLC 参考程序梯形图

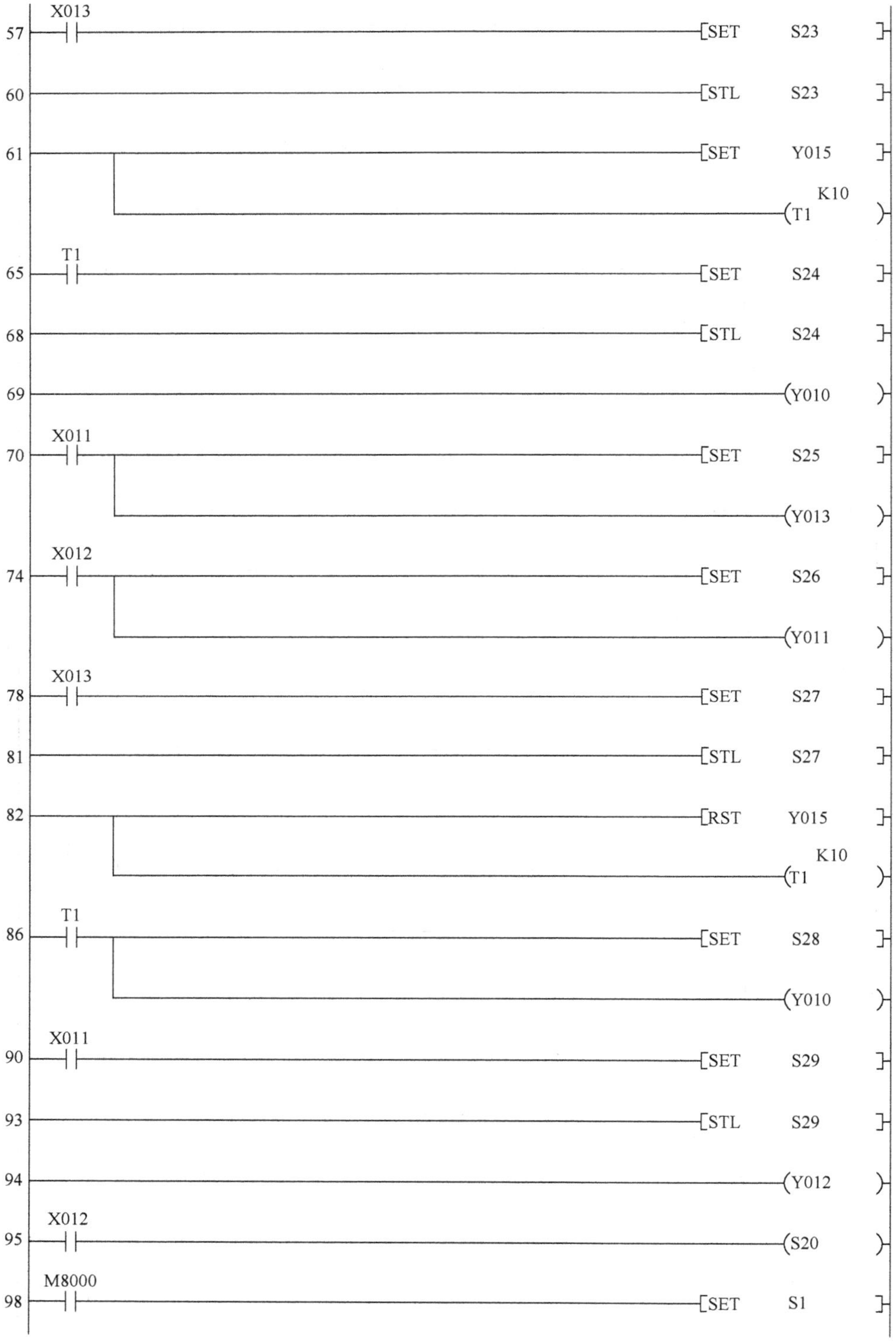

图 4-57　PLC 参考程序梯形图（续）

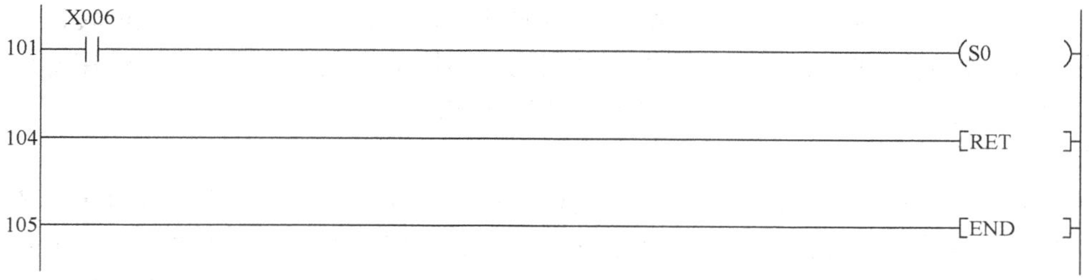

图 4-57　PLC 参考程序梯形图（续）

第十一节　离心机变频控制系统

在工业控制中，离心机应用非常广泛。离心机利用离心力的原理，可以将液体与固体颗粒分开，或将液体与液体的混合物分开，或将固体中的液体排除甩干，或将固体按密度不同分级。离心机大量应用于石油、化工、制药、食品、选矿、煤炭、水处理、纺织等部门。

一、离心机的用途及分类

1. 离心机的用途

离心机有一个绕本身轴线高速旋转的圆筒，称为转鼓。电动机驱动转鼓转动，悬浮液进入转鼓后与转鼓同速旋转，在离心力作用下分离，并分别排出。通常转鼓转速越高，分离效果也越好。离心分离机的原理有离心过滤和离心沉降两种。离心过滤是使悬浮液在离心力的作用下，使液体通过过滤介质成为滤液，而固体颗粒被截留在过滤介质表面，从而实现液、固分离；离心沉降是将悬浮液密度不同的成分在离心力场中迅速沉降分层，实现液、固（或液、液）分离。

2. 离心机的分类

1）按物料在离心力场中所受的离心力与物料在重力场中所受到的重力之比分。可将离心机分为以下几种形式：

① 常速离心机，这种离心机的转速较低，转鼓直径较大。

② 高速离心机，这种离心机的转速较高，一般转鼓直径较小，而长度较长。

③ 超高速离心机，由于转速很高（50000r/min 以上），所以转鼓做成细长管式。

2）按操作方式，可将离心机分为以下形式：

① 间隙式离心机，其加料、分离、洗涤和卸渣等过程都是间隙操作，并采用人工、重力或机械方法卸渣，如三足式和上悬式离心机。

② 连续式离心机，其进料、分离、洗涤和卸渣等过程有间隙自动进行和连续自动进行两种。

3）按卸渣方式，可将离心机分为：刮刀卸料离心机、活塞推料离心机、螺旋卸料离心机、离心力卸料离心机、振动卸料离心机和颠动卸料离心机。

4）按工艺用途，可将离心机分为：过滤式离心机、沉降式离心机和离心分离机。

5）按安装方式，还可将其分为立式、卧式、倾斜式、上悬式和三足式等。

从分离机械的发展来看，数字交流变频器将替代原来的电磁调速、直流调速、液力耦合调速、多速电机，而逐步成为分离机械的主要驱动装置。变频器驱动离心机的转鼓，起动平稳，分离因数可调；彻底克服了传统直流电刷式离心机噪声大、故障率高、使用寿命短、转速不稳定等缺点，是重力沉降分离设备的更新换代产品。

二、设计要求

在水泥厂的电杆成型控制过程中，电动机带动钢模旋转产生离心力，混凝土远离旋转中心产生沉降，并分布于杆模四周；当速度继续升高时，离心力使混凝土混合物中的各种材料颗粒沿离心力的方向挤向杆壁四周，达到均匀密实成型。电杆离心成型的工艺步骤分为三步：低速阶段，使混凝土分布于钢模内壁四周；中速阶段，防止离心过程混凝土结构受到破坏，向高速阶段短时过渡；高速阶段，将混凝土沿离心力方向挤向内模壁四周，达到均匀密实成型，并排除多余水分。各阶段运行速度的变化由离心机的控制频率的变化体现，如图4-58所示。

具体控制要求如下：

1）按下合闸按钮，变频器电源接触器 KM 闭合，变频器通电；按下分闸按钮，变频器电源接触器 KM 断开，变频器断电。

2）操作工发出指令，PLC 发出指令，变频器由 0Hz 开始提速，提速至固定频率 20Hz，电动机以低速运行。

3）电动机低速运行 2min 后，由 PLC 发出中速指令，变频器的固定频率改为 30Hz，电动机以中速运行。

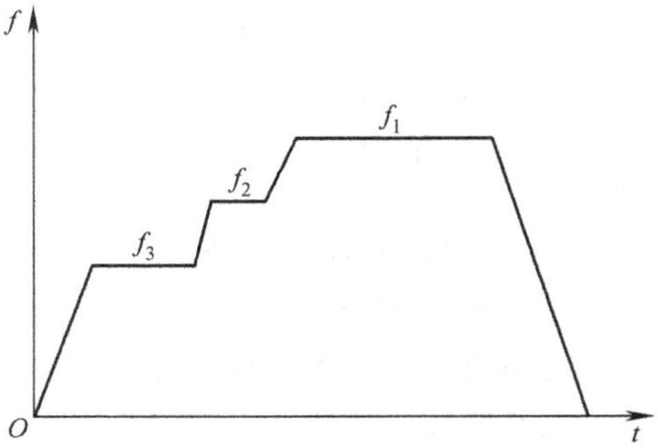

图 4-58　离心机的控制频率

4）电动机中速运行 0.5min 后，由 PLC 发出高速指令，变频器的固定频率改为 50Hz，电动机以高速运行，6min 工作过程结束。

三、操作步骤

1. 离心机的变频器控制

（1）变频器的选择　变频器的容量应大于负载所需的输出，变频器的容量不低于电动机的功率，变频器的电流大于电动机的电流。离心机是运转速度较高的大惯性负载，在停车时，为防止因惯性而产生的回馈制动使泵升电压过高，需加入制动电阻限制回馈电流，并且将斜坡下降时间设定得长一些。

（2）变频器调试时需注意的问题

1）离心机负载起动转矩要求较高，起动非常困难，所以一定要将变频器的 *U/f* 优化设置成自动转矩提升。起动时如果因为瞬间起动电流过大而报警，可以通过电机自辨识的方法来解决。

2）离心机惯性大，减速时如果出现过电压报警，可以适当延长减速时间来解决此问题。

2. 离心机的 PLC 控制

根据系统控制要求进行 PLC、变频器设计，同时进行系统控制接线。

1）PLC 的 I/O 接口分配见表 4-28。

2）离心机控制系统 PLC 参考程序如图 4-59 所示。

表 4-28　PLC 的 I/O 分配

输　入			输　出		
输入地址	元　件	作　用	输出地址	元　件	作　用
X0	SB1	主接触器通电	Y1	STF	低速运行
X1	SB2	主接触器断电	Y2	RH	中速运行
X2	SB3	操作起动	Y3	RM	高速运行
			Y4	RL	正转运行起动
			Y0	KM	变频器接通

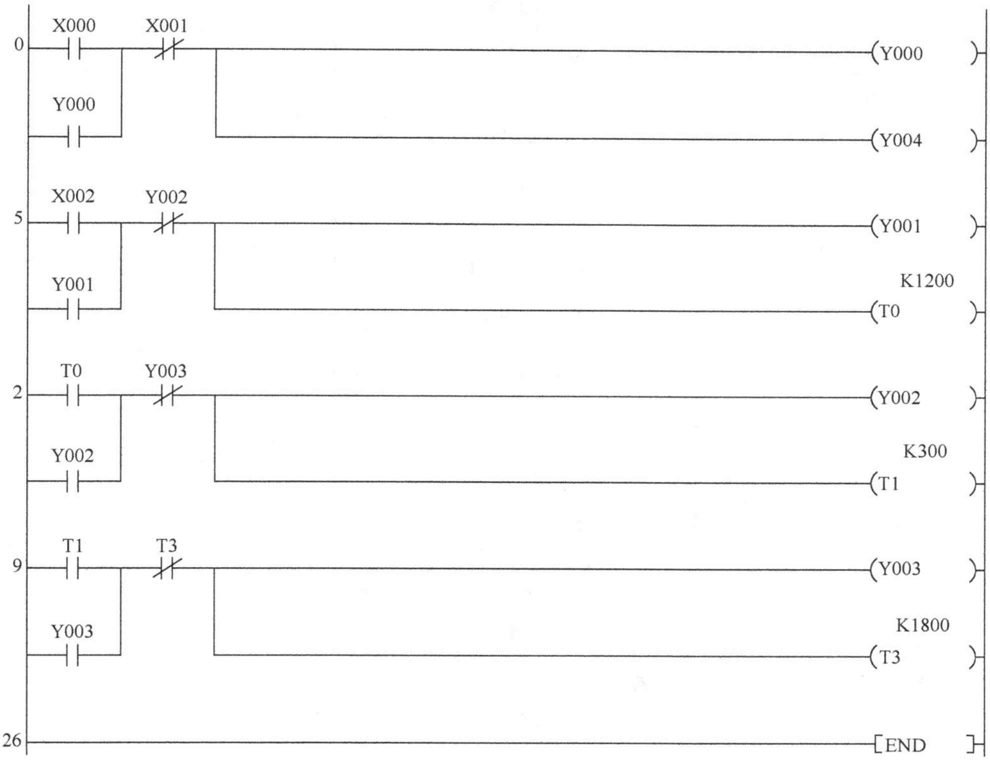

图 4-59　离心机控制系统 PLC 参考程序

3）离心机控制系统变频器参数设置，见表 4-29。

表 4-29　离心机控制系统变频器参数设置

参数代码	功　能	设定数据
Pr. 0	转矩提升	4%
Pr. 1	上限频率	50Hz
Pr. 2	下限频率	10Hz
Pr. 3	基准频率	50Hz
Pr. 4	多段速（高速）	50Hz

（续）

参数代码	功　能	设定数据
Pr. 5	多段速（中速）	30Hz
Pr. 6	多段速（低速）	20Hz
Pr. 7	加速时间	5s
Pr. 8	减速时间	20s
Pr. 9	电子过电流保护	7.48A
Pr. 14	适用负荷选择	0
Pr. 20	加减速基准频率	50Hz
Pr. 21	加减速时间单位	0
Pr. 77	参数写入选择	0
Pr. 78	逆转防止选择	1
Pr. 79	运行模式选择	3
Pr. 80	电动机（功率）	3.7kW
Pr. 81	电动机（极数）	4 极
Pr. 82	电动机励磁电流	6.8A
Pr. 83	电动机额定电压	380V
Pr. 84	电动机额定频率	50Hz
Pr. 178	STF 端子功能的选择	60
Pr. 180	RL 端子功能的选择	0
Pr. 181	RM 端子功能的选择	1
Pr. 182	RH 端子功能的选择	2

4）离心机控制变频系统原理如图 4-60 所示。

3. 系统的安装接线及运行调试

1）首先将主、控电路按图 4-60 进行连线，并与实际操作中的情况相结合。

2）经检查无误后方可通电。

3）在通电后不要急于运行，应先检查各电气设备的连接是否正常，然后进行单一设备的逐个调试。

4）按照系统要求进行 PLC 程序的编写，并传入 PLC 内，进行模拟运行调试，观察输入和输出点是否和要求一致。

5）按照系统要求进行变频器参数的设定。

6）对整个系统统一调试，包括安全和运行情况的稳定性。

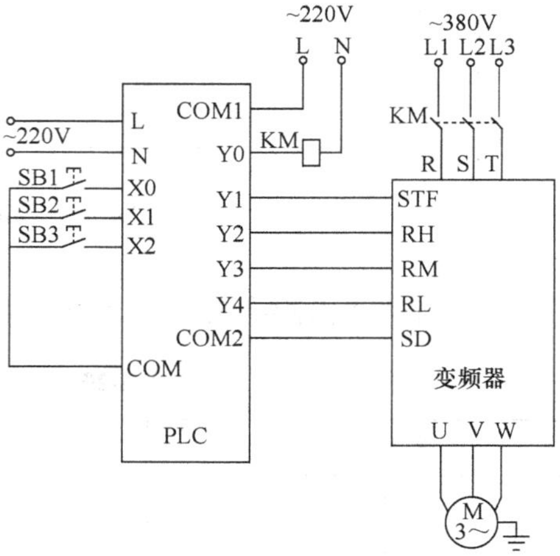

图 4-60　离心机控制变频调速系统原理

7）在系统正常情况下，按下合闸按钮，按照控制要求运行调试。根据程序调节模拟量输入，从而调节变频器控制离心机控制系统电动机的转速，实现离心机的变频调速自动控制。

4. 注意事项

1）线路必须经检查无误后才能上电。

2）在系统运行调整中要有准确的实际记录，包括是否转速变化范围小，是否运行平稳及节能效果如何。

3）对运行中出现的故障现象准确地描述分析。

4）注意在离心机控制时不得长期超负荷运行，否则电动机和变频器将过载而停止运行。

5）在运行过程中要认真观测离心机控制系统的变频自动控制方式及特点。

第十二节　电梯控制系统

一、电梯设备的变频调速

电梯是一种垂直运输工具，在运行中不但具有动能，而且具有势能。电梯驱动电动机经常处在正转和反转、起动和制动过程中。对于载重大、速度高的电梯，提高运行效率、节约电能是重点要解决的问题。图 4-61 所示为电梯驱动机构电路图。

电梯的动力来自电动机，一般选 11kW 或 15kW 的电动机。曳引机的作用有三个：一是调速，二是驱动曳引钢丝绳，三是在电梯停车时实施制动。为了加大载重能力，钢丝绳的一端是轿箱，另一端加装了配重装置，配重的质量随电梯载重的大小而变化。计算公式如下：

$$配重的质量 = (载重量/2 + 轿箱自重) \times 45\%$$

式中的 45% 是平衡系数，一般要求平衡系数在 45% ~ 50% 之间，这种驱动机构可使电梯的载重能力大为提高。

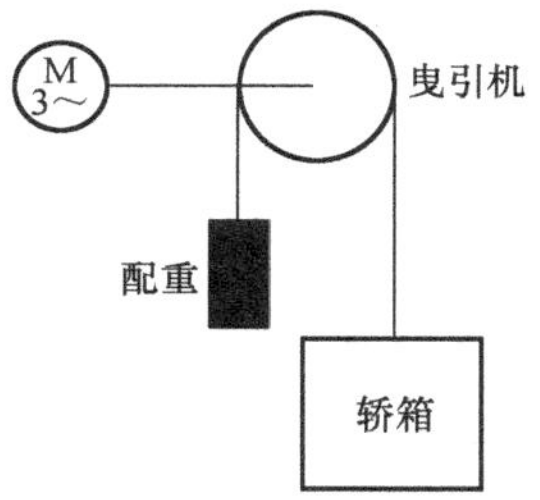

图 4-61　电梯驱动机构电路图

二、系统构成

如图 4-62 所示为变频电梯电力传动系统框图，系统主要由以下几部分构成：

1. 整流与再生部分

这部分的功能有两个：一是将电网三相正弦交流电整流成直流，向逆变部分提供直流电源；二是在减速制动时，有效地控制传动系统的能量回馈给电网。主电路器件是 IGBT 模块或 IPM 模块。根据系统的运行状态，既可作为整流器使用，也可作为有源逆变器使用。在传动系统采用能耗制动方案时，这部分可单独采用二极管整流模块，无需 PWM 控制电路及相关部分。

2. 逆变器部分

逆变器部分同样是由 IGBT 或 IPM 模块组成，其作为无源逆变器，向交流电动机供电。

3. 平波部分

在电压源系统中，由电解电容器构成平波器。

4. 检测部分

PG 为交流电动机速度与位置传感器，CT 为主电路交流电流检测器，TP 为与三相交流电网同步的信号检测器，R 为支流母线电压检测器。

5. 控制电路

控制电路一般由计算机、DSP 及 PLC 等构成，可选 16 位或 32 位计算机。控制电路主要完成电力传动系统的指令形成及电流、速度和位置控制，同时产生 PWM 控制信号，并对电梯进行故障诊断、检测和显示，完成电梯的控制逻辑管理、通信和群控等信息处理任务。

三、工作原理

如图 4-62 所示，电压反馈信号 U_F 与交流电源同步信号 U_S 送入 PWM1 电路，产生符合电动机作为电动状态运行的 PWM1 信号，控制整流与再生部分中的开关器件，使之只处于二极管整流工作状态。当电动机减速或制动时便产生再生作用，功率开关器件在 PWM 信号的作用下进入再生状态，电能回馈给交流电网。交流电抗器（ACL）主要是限制回馈到电网的再生电流，减少对电网的干扰，又能起到保护功率开关器件的作用。逆变器将直流电转换成幅值与频率可调的交流电，输入交流电动机驱动电梯运行。系统实行电流环与速度环的 PID 控制，并产生正弦 PWM2 信号，控制逆变器输出正弦交流电。

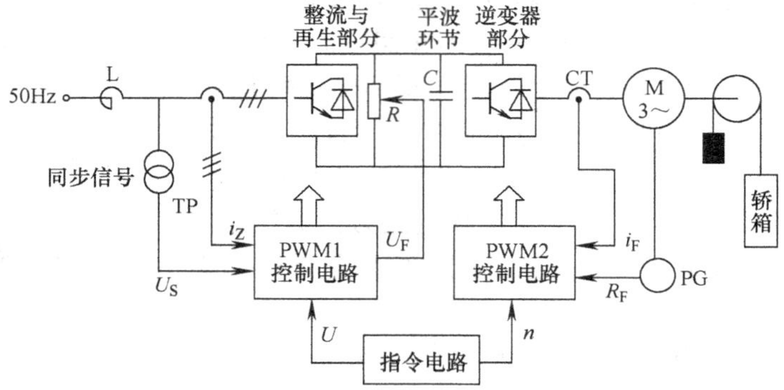

图 4-62　变频电梯电力传动系统框图

四、系统特点

1）交流感应电动机结构简单、制造容易、维护方便，适于高速运行。

2）电力传动效率高、节能显著。电梯属于位能负载，在运行时具有动能，因此，在制动时，将其能量回馈电网具有很大意义。

3）结构紧凑、体积小、质量轻、占地面积小。

五、电梯的控制方式

表 4-30 列出了电梯控制方式的比较，对于绳索式电梯来说，通常采用的速度控制方式有很多种，但为了改善性能，正在逐步采用变频器的控制方式。

中、低速电梯所采用的速度控制方式主要是笼型的定子电压晶闸管控制，这种方式很难实现转矩控制，且低速时由于使用在低效率区，能量损耗大。

另外，高速、超高速电梯所采用的晶闸管直流供电方式，由于使用直流电动机，增加了换向器和电刷的维护工作，而且晶闸管相位控制在低速运行时功率因数较低。采用交流变频调速控制方式可去除上述缺点。

表 4-30 电梯控制方式的比较

<table>
<tr><td>分 类</td><td colspan="4">其 他 方 式</td><td colspan="4">变 频 器 方 式</td></tr>
<tr><td rowspan="5">中低速</td><td>电动机</td><td>齿轮</td><td>电梯速度
/(m/min)</td><td>速度控制
方式</td><td>电动机</td><td>齿轮</td><td>电梯速度
/(m/min)</td><td>速度控制方式</td></tr>
<tr><td rowspan="3">笼型电动机</td><td rowspan="4">带齿轮</td><td>15 ~ 30</td><td>1 挡速度</td><td rowspan="6">笼型电动机</td><td rowspan="4">带齿轮</td><td rowspan="4">30 ~ 105</td><td rowspan="6">变频器</td></tr>
<tr><td>45 ~ 160</td><td>2 挡速度</td></tr>
<tr><td>45 ~ 105</td><td>电子电压晶
闸管控制</td></tr>
<tr><td rowspan="3">直流电动机</td><td>90 ~ 105</td><td>发电机—
电动机方式</td></tr>
<tr><td>高速</td><td rowspan="2">不带齿轮</td><td>120 ~ 240</td><td rowspan="2"></td><td>带斜齿轮</td><td>120 ~ 240</td></tr>
<tr><td>超高速</td><td>300 以上</td><td>不带齿轮</td><td>300 以上</td></tr>
</table>

用变频器控制调速时，从舒适性考虑，加减速的最大值通常限制在 $0.9m/s^2$ 以下。由于必须使电梯速度从零速到最高速平滑地变化，变频器的输出频率也应从几乎是零频率开始到额定频率为止平滑地变化。

对于中、低速电梯，变频方式与通常的定子电压控制方式相比较，耗电量减少 50% 以上，且平均功率因数显著改善，电源设备容量也下降了 50%。

对于高速、超高速电梯，就节能而言，由于电动机效率提高，功率因数改善，因此，输入电流减少，整流器损耗相应减少，与通常的晶闸管直流供电方式相比，预计节能 5% ~ 10%。另外，由于平均功率因数提高，电梯的电源设备容量可能减少 20% ~ 30%。

六、控制要求

有一个三层电梯控制系统，需要进行 PLC 和变频器配合进行自动控制，控制要求如下：

1）电梯停在一层或二层，三层呼叫时，则电梯上行至三层停止。

2）电梯停在三层或二层，一层呼叫时，则电梯下行至一层停止。

3）电梯停在一层，二层呼叫时，则电梯上行至二层停止。

4）电梯停在三层，二层呼叫时，则电梯下行至二层停止。

5）电梯停在一层，二层和三层同时呼叫时，则电梯上行至二层停止 T 秒，然后继续自动上行至三层停止。

6）电梯停在三层，二层和一层同时呼叫时，则电梯下行至二层停止 T 秒，然后继续自动下行至一层停止。

7）电梯上行途中，下降呼叫无效；电梯下降途中，上行呼叫无效。

8）轿厢所停位置层召唤时，电梯的运行动作不影响召唤。

9）电梯楼层定位采用旋转编码器脉冲定位（采用型号为 OVW2-06-2MHC 的旋转编码器，脉冲为 600 脉冲/r，DC 24V 电源），不设磁感应位置开关。

10）有上行、下行定向指示，上行或下行延时起动。

11）电梯到达目的层站时，先减速后平层，减速脉冲个数根据现场确定。

12）电梯具有快车速度 50Hz、爬行速度 6Hz，当平层信号到来时，电梯从 6Hz 减速到 0Hz。

13）电梯起动的加速时间、减速时间可根据实际情况而定。

14）有轿厢所停位置楼层数码管显示。

七、操作步骤

1. 结合系统进行PLC的输入、输出点分配及系统控制接线和变频器参数的设定

（1）I/O接口分配　I/O接口分配见表4-31。

表4-31　I/O接口分配

输　入	功　能	输　出	功　能
X0	C235计数端	Y1	1层呼叫指示
X7	计数在一层时强迫复位	Y2	2层呼叫指示
		Y3	3层呼叫指示
X1	1层呼叫	Y6	电梯上升箭头
X2	2层呼叫	Y7	电梯下降箭头
X3	3层呼叫	Y10	电梯上升STF信号
		Y11	电梯下降STR信号
		Y12	RH减速运行至6Hz
		Y20～Y26	电梯轿厢位置数码显示

（2）设定变频器的参数　曳引电动机变频参数见表4-32。

表4-32　曳引电动机变频参数

参数代码	功　能	设定数据
Pr. 0	转矩提升	2%
Pr. 1	上限频率	50Hz
Pr. 2	下限频率	0Hz
Pr. 3	基准频率	50Hz
Pr. 4	多段速	6Hz
Pr. 7	加速时间	2s
Pr. 8	减速时间	1s
Pr. 9	电子过电流保护	24.2A
Pr. 14	适用负荷选择	0
Pr. 20	加减速基准频率	50Hz
Pr. 21	加减速时间单位	1
Pr. 77	参数写入选择	0
Pr. 78	逆转防止选择	0
Pr. 79	运行模式选择	3
Pr. 80	电动机（功率）	11kW
Pr. 81	电动机（极数）	4极
Pr. 82	电动机励磁电流	22A
Pr. 83	电动机额定电压	380V
Pr. 84	电动机额定频率	50Hz

（续）

参数代码	功　　能	设定数据
Pr. 178	STF 端子功能的选择	60
Pr. 179	STR 端子功能的选择	61
Pr. 182	RH 端子功能的选择	2

（3）电梯编码器的相关问题　采用600P的电梯编码器，4极电动机的转速按1500r/min计算，则50Hz时的每秒脉冲个数为：[（1500r/min）÷60s]×600个=15000个脉冲/s；设电梯每层相隔75000个脉冲，在60000个脉冲时减速为6Hz，电梯运行前必须先操作X7复位。

三层电梯脉冲个数的计算，每层运行5s，提前1s减速，具体计算如下：

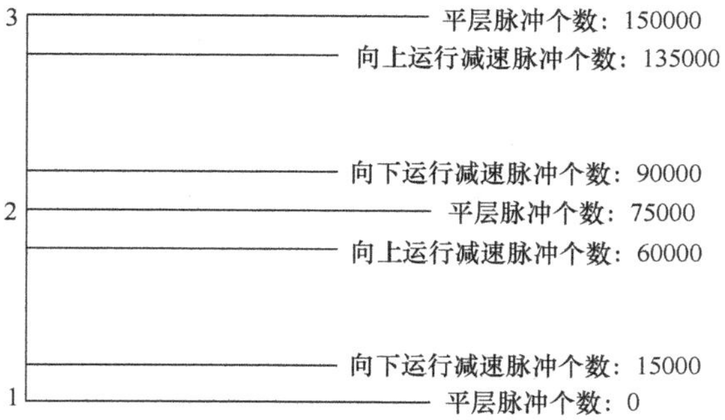

（4）电梯控制系统的接线　带编码器的三层电梯控制综合接线图如图4-63所示。

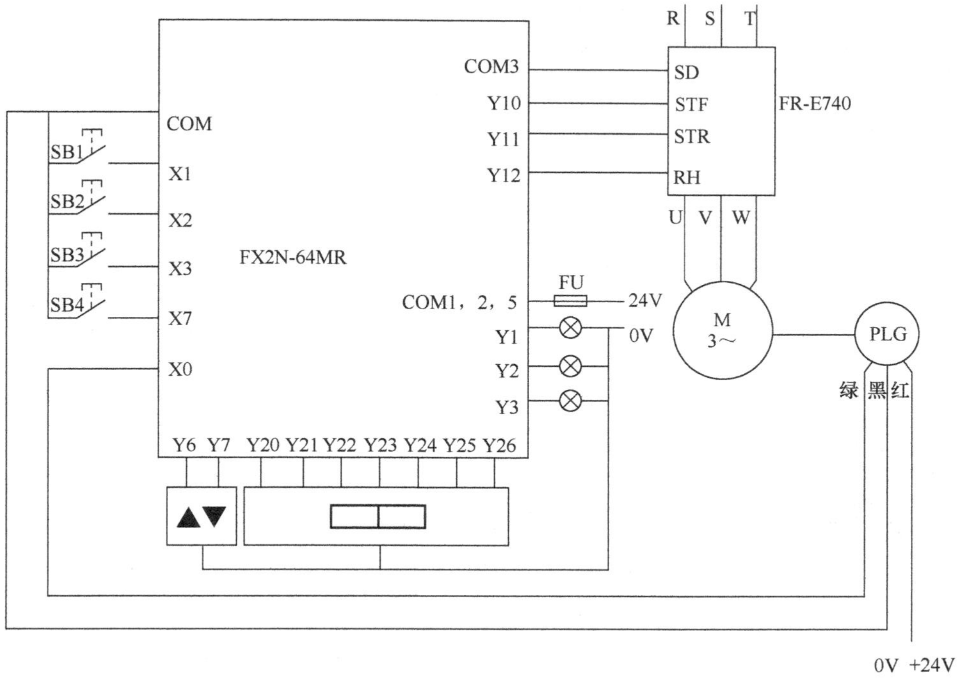

图4-63　带编码器的三层电梯控制综合接线图

（5）参考程序　带编码器的三层电梯控制系统的参考程序如图 4-64 所示。

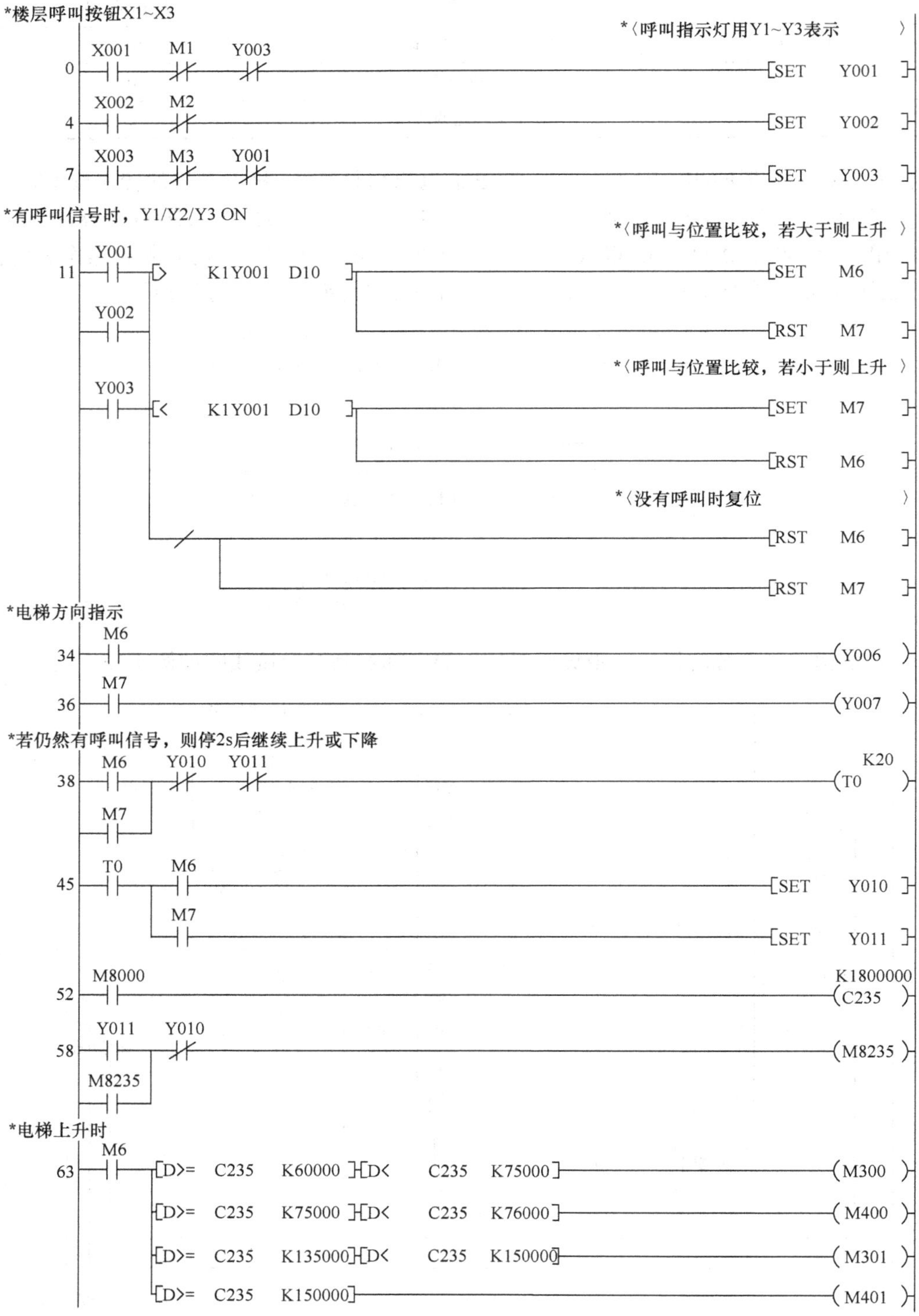

图 4-64　带编码器的三层电梯控制参考梯形图

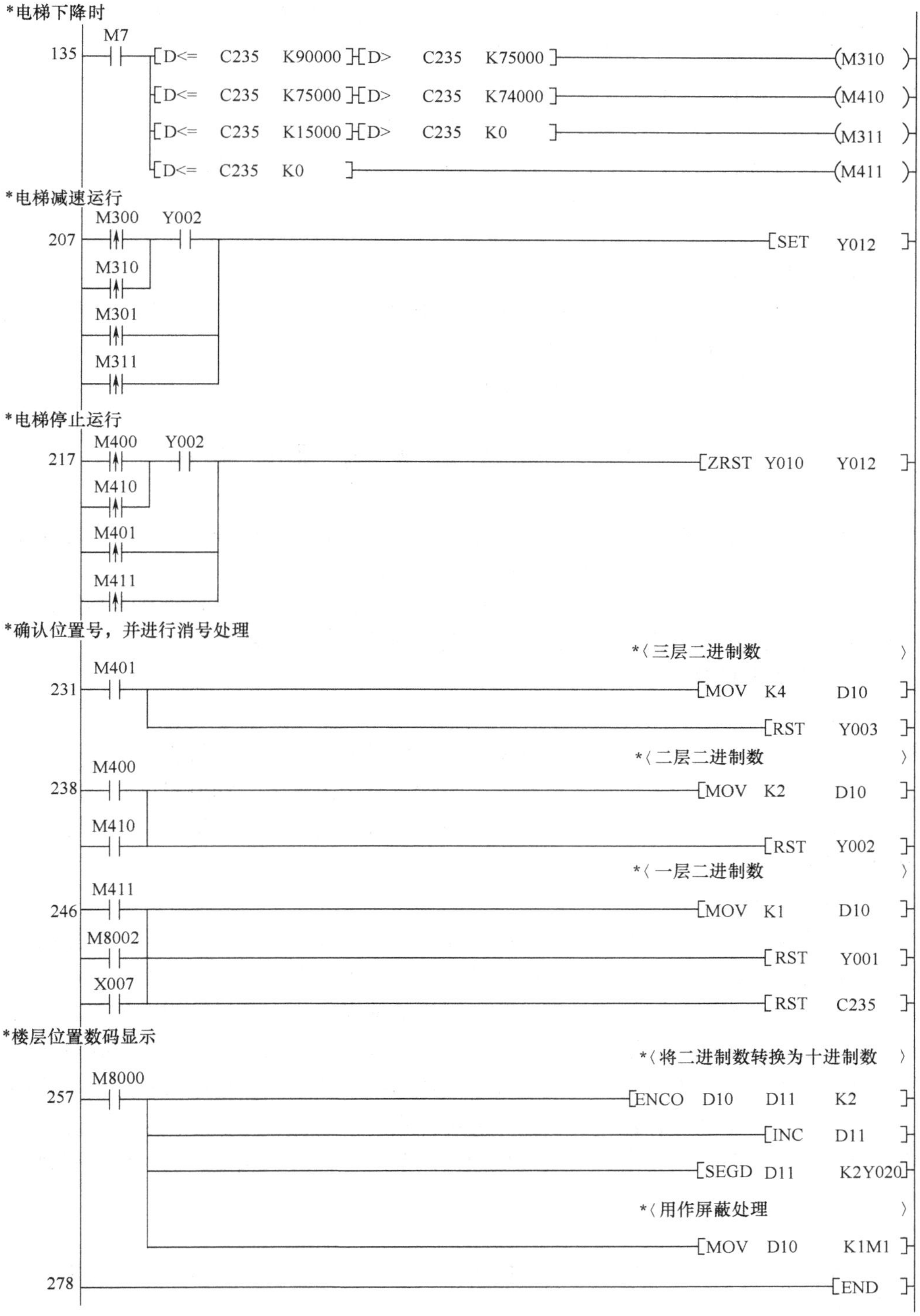

图 4-64　带编码器的三层电梯控制参考梯形图（续）

2. 系统的安装接线及运行调试

1）结合实际要求和情况进行设备及元器件的合理布置和安装；然后根据图纸进行导线连接，变频器和电动机及 PLC 编码器的连线如图 4-64 所示。

2）经检查无误后方可通电。

3）按照要求进行 PLC 程序编写及变频器参数的设定。

4）PLC 程序传输完成及变频器参数设置好后，首先进行单一测试，然后进行整个系统统一调试，在测试合格后才可进行正常载重运行。

3. 注意事项

1）线路必须经检查无误后才能上电。

2）读者可根据要求和实际情况在系统调试中对变频器转矩提升和其相关参数进行修改，注意系统运行中的安全性和稳定性。

3）对运行中出现的故障现象准确地描述分析。

第十三节　鼓风机变频调速系统

在国民经济建设中锅炉起着重要作用，作为能源转换的重要设备，锅炉广泛地应用在电力、机械、冶金、化工、纺织、造纸、食品等行业及日常生活中。工业锅炉根据采用的燃料不同，通常分为燃煤、燃油和燃气三种。这三种锅炉的燃烧过程控制系统基本相同，只是燃料量的调节手段有所区别，锅炉燃烧过程的自动控制是一项重要的控制内容。

一、锅炉的工作原理

1. 锅炉结构

锅炉是由锅炉本体、燃烧设备、控制系统三部分组成。锅炉本体吸收燃烧设备所放出的热量，将锅炉给水加热为需要的热水或蒸汽。燃烧设备是由炉膛、烟道组成的系统，燃料与空气混合燃烧后将热量传递给锅炉本体系统，而烟气自身温度逐渐降低，直至经除尘器、引风机由烟囱排入大气。

2. 锅炉工作过程

这里以燃煤锅炉为例，简要介绍锅炉的工作过程。上煤机将煤送入炉排，炉排向炉后移动，炉排上的煤进入炉膛后，与鼓风机鼓入的空气混合进行燃烧放热，煤燃尽成炉渣进入灰渣斗排出炉外。煤燃烧产生的高温烟气，在引风机的抽吸作用下经过炉膛，烟气不断将热量传递给炉膛，而烟气本身温度逐渐下降，最后经引风机、省煤器、除尘器、烟囱排入大气。传统的控制方式中，鼓、引风机的风量一般采用风门挡板控制，炉排电机及给粉机采用滑差调速，其弊端是调节不及时，操作复杂，不能确保锅炉的最佳运行状态，浪费能源。对工业锅炉燃烧过程实现变频器调速主要是通过变频器调节送风机的送风量、引风机的引风量和燃料进给。

二、鼓风机原理

鼓风机是一种将气体进行压缩并传送的机械装置。按其机械特性可分为恒转矩鼓风机和二次方鼓风机。

1. 恒转矩鼓风机

恒转矩鼓风机主要是罗茨鼓风机，其结构如图 4-65 所示。罗茨风机为定容积式风机，输送的风量与转数成比例。罗茨风机两个轴上装有两个完全相同并啮合的齿轮，一个轴为主动轮，另一个为从动轮，当三叶型叶轮转动时，风机两根轴上的叶轮与椭圆形壳体内孔面、叶轮端面、风机前后端盖之间及风机叶轮之间始终保持微小的间隙，在同步齿轮的带动下，风从风机进风口沿壳体内壁输送到排出的一侧。罗茨风机主要应用在气压要求较高的场合，其机械特性为恒转矩特性，如图 4-66 所示。

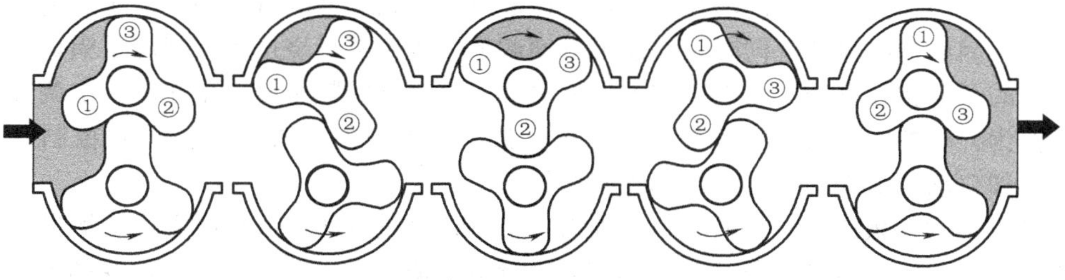

图 4-65　罗茨鼓风机结构

2. 二次方鼓风机

这类鼓风机以离心式鼓风机应用最广，特性最为典型，其结构如图 4-67 所示。当电动机转动时，风机的叶轮随着转动。叶轮在旋转时产生离心力，将空气从叶轮中甩出，汇集在机壳中。由于速度慢、压力高，空气便从通风机出口排出流入管道。当叶轮中的空气被排出后，吸气口就形成了负压，吸气口外面的空气在大气压作用下又被压入叶轮中。因此，在叶轮连续旋转作用下不断排出和补入气体，从而达到连续鼓风的目的。离心式风机机械特性为二次方特性，如图 4-68 所示。

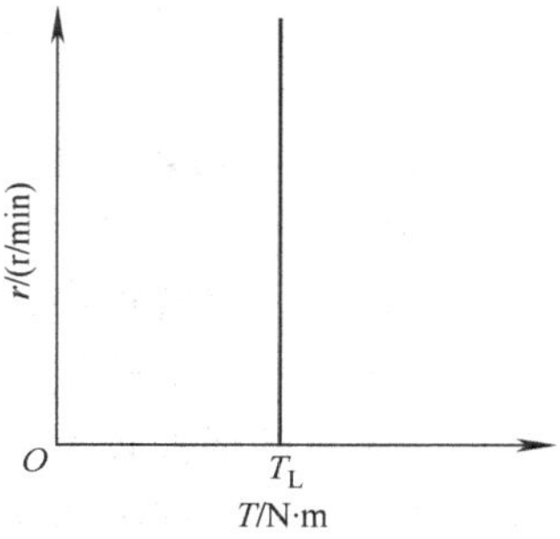

图 4-66　罗茨风机机械特性

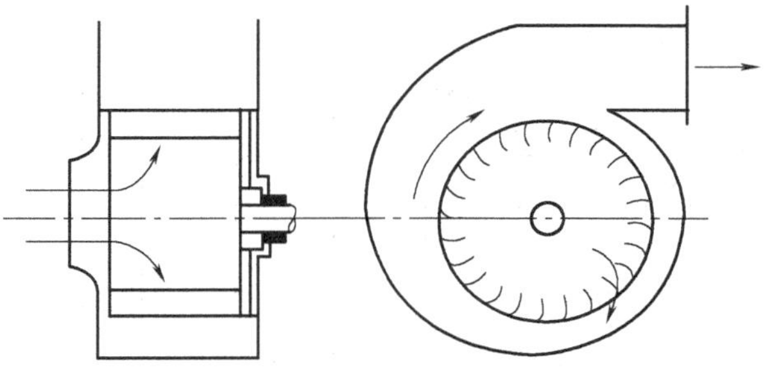

图 4-67　离心式鼓风机

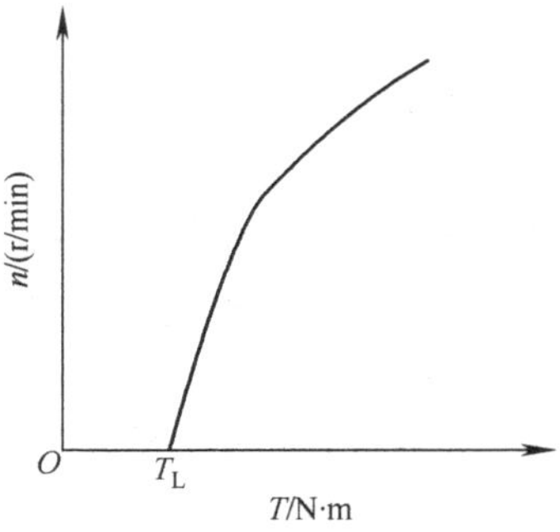

图 4-68　离心式风机机械特性

三、鼓风机的控制

燃料在锅炉中燃烧，需要一定比例的氧气进行充分燃烧。鼓风机的作用就是将空气输送入炉膛，满足燃料燃烧所需要的氧气。鼓风机送入炉膛的空气量与燃料量比例必须合适，过大、过小都将影响燃料的正常燃烧和锅炉效率。

1. 鼓风机的控制方式

传统的鼓风机控制方式采用调节风门、挡板开度的大小来调整空气量。不论生产的需求大小，鼓风机都是全速运转，随着锅炉运行情况的变化，能量由风门的节流损失消耗掉了，从而导致生产成本增加，设备使用寿命缩短，设备维护、维修费用高居不下。

近年来，出于节能的迫切需要和对产品质量不断提高的要求，采用变频器驱动的方案开始逐步取代风门、挡板、阀门的控制方案。在鼓风机变频调速的过程中，由于避免了风门的节流损失，因而节电显著，同时因实现了自动调节，改善了燃烧过程，提高了锅炉效率。由于送风量的调节比较复杂，可以采用人工方法进行变频器的频率设定工作。人工调节的方法是系统作为开环控制，根据给煤量的大小进行数字或模拟量（外接电位器）控制。人工方法虽然不如自动调节理想，但也能起到满意的效果。

鼓风机自动变频调节风量的控制过程为：根据含氧量的测定或炉膛温度的测量，将测量信号变为电压、电流信号，通过 PID 调节器进行测量值与设定值的比较，由变频器控制鼓风机变频调速，保障烟气氧量稳定在燃料燃烧要求的最佳范围，完成送风量的调节。自动变频鼓风机控制系统既提高了控制精度，又节约了能源（电能和燃料），使鼓风机控制具有一定的合理性。

2. 变频器的功能设置

离心式鼓风机在实际应用中最为广泛，其机械特性具有二次方的特点，因此其转速一旦超过额定转速，阻转矩将大幅增大，容易使电动机和变频器处于过载状态。因此，鼓风机采用变频器控制时，上限频率不应超过额定频率。

由于风机的惯性较大，如果加速时间或减速时间过短，将引起过电流或过电压。因此，变频器的加速时间和减速时间应预置得长一些。变频器的加速方式和减速方式采用半 S 方式较好。

四、控制要求

采用 PLC 和变频器对图 4-69 锅炉鼓风机系统进行控制。

1）控制系统要能在变频和工频两种控制情况下进行控制。

2）工频/变频转换开关 SA 在工频位置时，按下起动按钮 SB1，KM3 通电，电动机在工频情况下运行；按下停止按钮 SB2，电动机停止运行。

3）工频/变频转换开关 SA 在变频位置时，按下起动按钮 SB1，KM1 和 KM2 通电，电动机在变频情况下运行；按下停止按钮 SB2，电动机停止运行。

4）变频器频率由温度传感器测定后，经过 PID 调节器进行控制。

5）当变频器出现故障后，锅炉鼓风机自动停止变频运行，5s 后转入工频运行，同时报警灯亮。故障排除后，按下复位按钮 SB3，报警指示灯灭，锅炉鼓风机停止工频运行，5s 后转入变频运行。

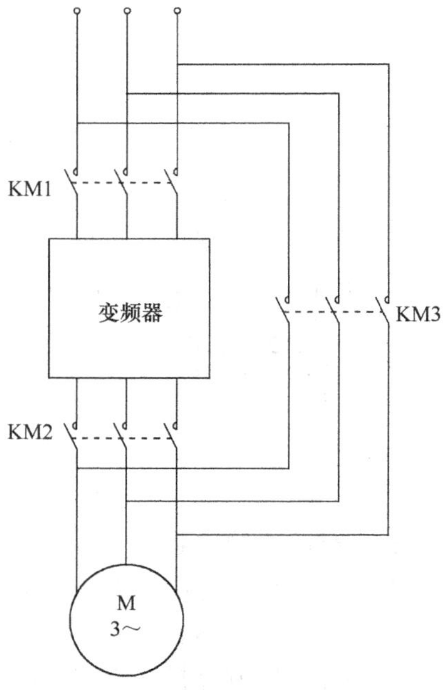

图 4-69　锅炉鼓风机控制系统

五、操作步骤

1. 系统控制的设计与接线

根据系统控制要求进行 PLC、变频器设计，同时进行系统控制接线。

1）PLC 的 I/O 接口分配见表 4-33。

2）锅炉鼓风机控制系统 PLC 参考程序如图 4-70 所示。

表 4-33　PLC 的 I/O 接口分配

输入			输出		
输入地址	元　件	作　用	输出地址	元　件	作　用
X1	SB1	起动按钮	Y4	STF	变频器正转运行
X2	SB2	停止按钮	Y0	KA1	变频器变频运行
X3	SA1	工频转换	Y1	KA2	变频器工频运行
X4	SA2	变频转换	Y2	HL	变频器故障指示灯
X5	SB3	复位按钮			
X6	A/B	变频器故障输出			

3）锅炉鼓风机控制系统变频器参数设置，见表 4-34。

表 4-34　锅炉鼓风机控制系统变频器参数设置

参数代码	功　能	设定数据
Pr. 1	上限频率	50Hz
Pr. 2	下限频率	0Hz
Pr. 3	基准频率	50Hz
Pr. 7	加速时间	5s
Pr. 8	减速时间	5s
Pr. 9	电子过电流保护	20.4A
Pr. 14	适用负荷选择	0
Pr. 20	加减速基准频率	50Hz
Pr. 40	RUN 旋转方向的选择	0
Pr. 77	参数写入选择	0
Pr. 78	逆转防止选择	1
Pr. 79	运行模式选择	2
Pr. 80	电动机（功率）	7.5kW
Pr. 81	电动机（极数）	4 极
Pr. 82	电动机励磁电流	17A
Pr. 83	电动机额定电压	380V
Pr. 84	电动机额定频率	50Hz
Pr. 126	端子 4 的设定增益频率	50Hz
Pr. 178	STF 端子功能的选择	60
Pr. 190	RUN 端子功能的选择	0
Pr. 192	ABC 端子功能的选择	99
Pr. 267	端子 4 的输入选择	0

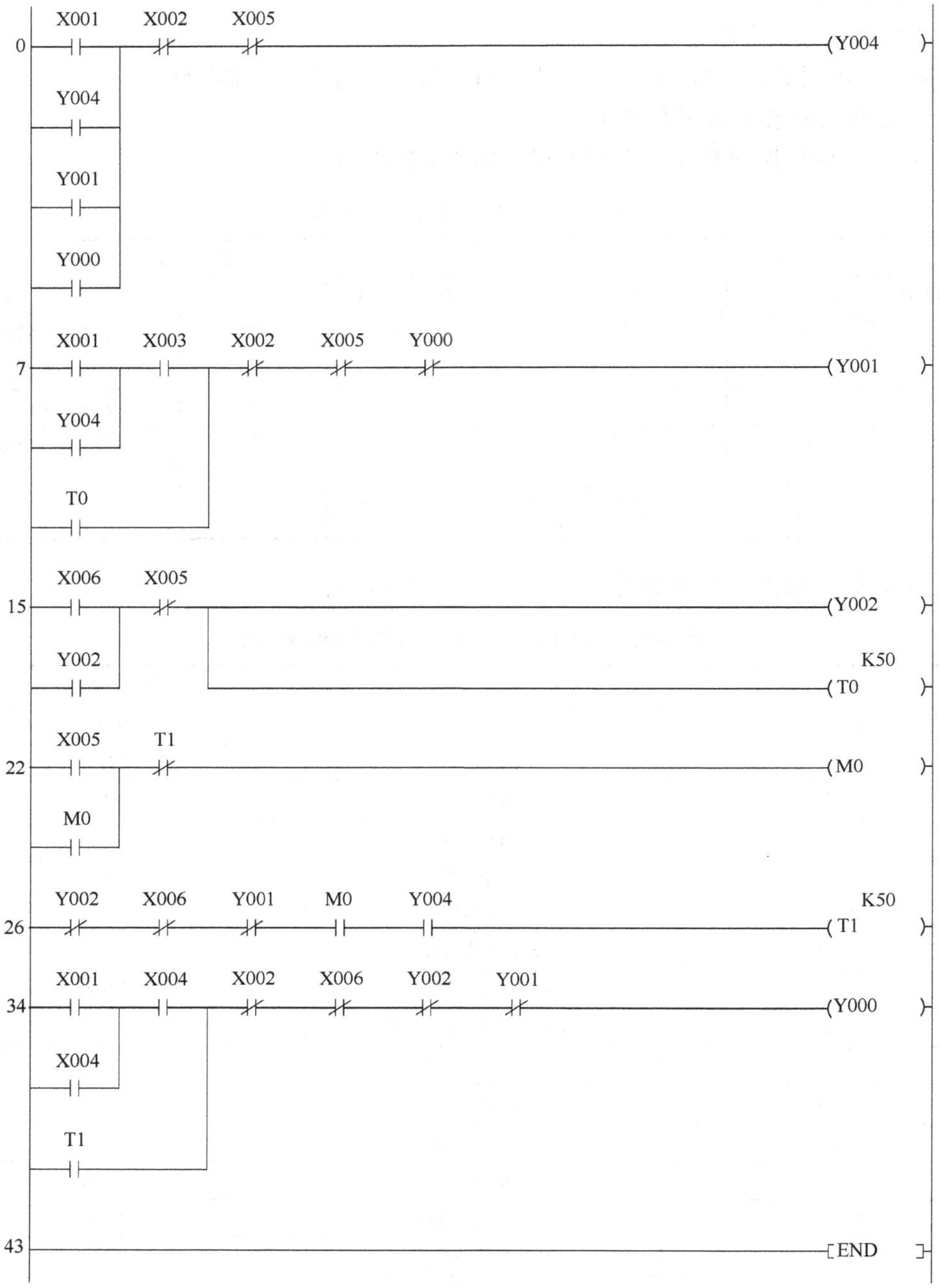

图 4-70　锅炉鼓风机控制系统 PLC 参考程序

4）锅炉鼓风机控制变频调速系统原理如图 4-71 所示。

2. 系统的安装接线及运行调试

1）首先将主、控电路按图 4-69 和图 4-71 进行连线，并与实际操作中的情况相结合。

2）经检查无误后方可通电。

3）在通电后不要急于运行，应先检查各电气设备的连接是否正常，然后进行单一设备

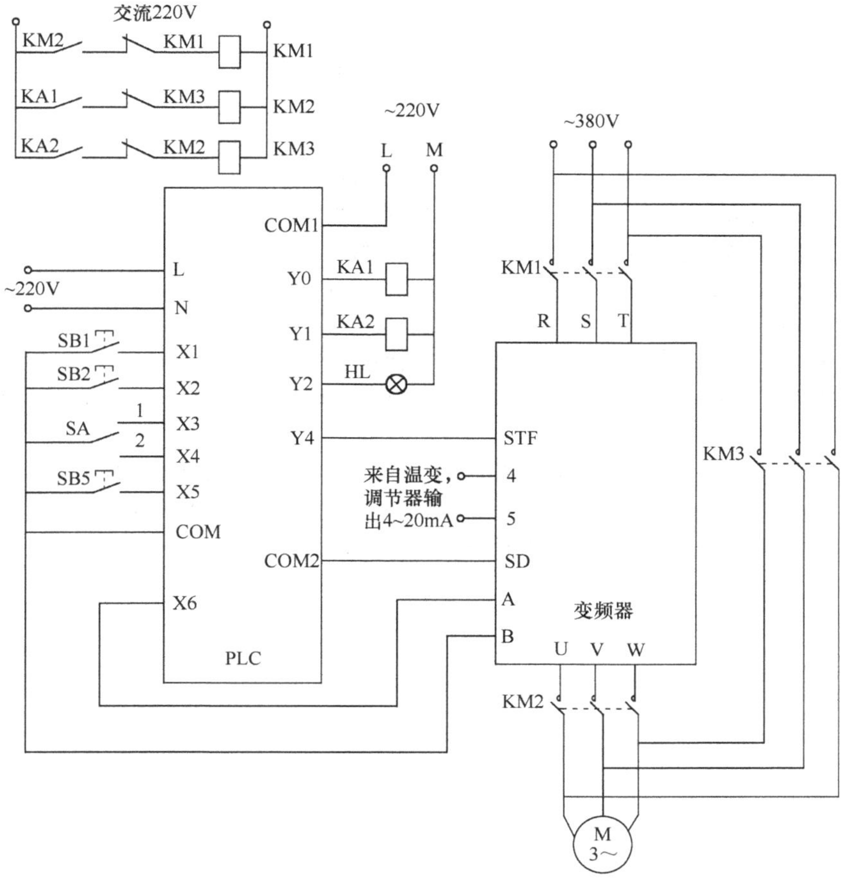

图 4-71　锅炉鼓风机控制变频调速系统原理图

的逐个调试。

4）按照系统要求进行 PLC 程序的编写并传入 PLC 内，并进行模拟运行调试，观察输入和输出点是否和要求一致。

5）按照系统要求进行变频器参数的设置。

6）对整个系统统一调试，包括安全性和运行情况的稳定性。

7）在系统正常情况下，按下合闸按钮，开始按照控制要求运行调试。根据程序调节模拟量的输入，从而调节变频器控制锅炉鼓风机控制系统电动机的转速，实现锅炉鼓风机的变频调速自动控制。

3. 注意事项

1）线路必须经检查无误后才能上电。

2）在系统运行调整中要有准确的实际记录，包括温度变化范围是否小，运行是否平稳及节能效果如何。

3）对运行中出现的故障现象准确地描述分析。

4）注意在鼓风机变频调速控制时不得长期超负荷运行，否则电动机和变频器将过载而停止运行。

5）在运行过程中要认真观测锅炉鼓风机控制系统的变频自动控制方式及特点。

参考文献

[1] 宋峰青. 变频技术 [M]. 北京：中国劳动社会保障出版社，2004.

[2] 刘建华. 变频调速技术 [M]. 北京：中国劳动社会保障出版社，2006.

[3] 李华德. 交流调速控制系统 [M]. 北京：电子工业出版社，2003.

[4] 王建，徐洪亮，张宏. 变频器操作实训 [M]. 北京：机械工业出版社，2007.

[5] 唐修波. 变频技术及应用 [M]. 北京：中国劳动社会保障出版社，2006.

[6] 岳庆来. 变频器、可编程序控制器及触摸屏综合应用技术 [M]. 北京：机械工业出版社，2007.

[7] 吴启红. 变频器、可编程序控制器及触摸屏综合应用技术实操指导书 [M]. 北京：机械工业出版社，2007.

[8] 王建，徐洪亮. 三菱变频器入门与典型应用 [M]. 北京：中国电力出版社，2009.

[9] 李永忠，鄢光辉. 变频器与触摸屏应用技术易读通 [M]. 北京：中国电力出版社，2008.

[10] 丁都章. 变频调速技术与系统应用 [M]. 北京：机械工业出版社，2007.

读者信息反馈表

感谢您购买《变频器实用技术（三菱）》一书。为了更好地为您服务，有针对性地为您提供图书信息，方便您选购合适图书，我们希望了解您的需求和对我们教材的意见和建议，愿这小小的表格为我们架起一座沟通的桥梁。

<table>
<tr><td>姓　　名</td><td></td><td>所在单位名称</td><td colspan="3"></td></tr>
<tr><td>性　　别</td><td></td><td>所从事工作（或专业）</td><td colspan="3"></td></tr>
<tr><td>通信地址</td><td colspan="2"></td><td>邮　　编</td><td colspan="2"></td></tr>
<tr><td>办公电话</td><td colspan="2"></td><td>移动电话</td><td colspan="2"></td></tr>
<tr><td>E- mail</td><td colspan="5"></td></tr>
<tr><td colspan="6">1. 您选择图书时主要考虑的因素：（在相应项前面画√）
（　　）出版社　（　　）内容　（　　）价格　（　　）封面设计　（　　）其他
2. 您选择我们图书的途径（在相应项前面画√）
（　　）书目　（　　）书店　（　　）网站　（　　）朋友推介　（　　）其他</td></tr>
<tr><td colspan="6">希望我们与您经常保持联系的方式：
□ 电子邮件信息　□ 定期邮寄书目
□ 通过编辑联络　□ 定期电话咨询</td></tr>
<tr><td colspan="6">您关注（或需要）哪些类图书和教材：</td></tr>
<tr><td colspan="6">您对我社图书出版有哪些意见和建议（可从内容、质量、设计、需求等方面谈）：</td></tr>
<tr><td colspan="6">您今后是否准备出版相应的教材、图书或专著（请写出出版的专业方向、准备出版的时间、出版社的选择等）：</td></tr>
</table>

非常感谢您能抽出宝贵的时间完成这张调查表的填写并回寄给我们，我们愿以真诚的服务回报您对机械工业出版社技能教育分社的关心和支持。

请联系我们——

地　　址　北京市西城区百万庄大街22号　机械工业出版社技能教育分社

邮　　编　100037

社长电话　（010）88379080　88379083　68329397（带传真）

E- mail　jnfs@ mail. machineinfo. gov. cn